黄 风 编著

工业机器人
应用案例集锦

Industrial
Robots

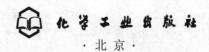

化学工业出版社

·北京·

本书从实用的角度出发，对工业机器人在各方面的应用做了详尽的介绍，提供了大量的编程案例。为了使读者对机器人的编程案例有清楚的认识，本书首先对编程应用中机器人的基本功能、编程指令、状态变量、参数功能及软件应用等方面做了深入浅出的介绍。结合具体的工业应用案例来对照学习具体的编程指令及参数设置，可加深对编程指令的理解。

　　本书可供工业机器人设计、应用的工程技术人员，高等院校机械、电气控制、自动化等专业师生学习和参考。

图书在版编目（CIP）数据

　　工业机器人应用案例集锦/黄风编著 . —北京：化学工业出版社，2017.4

　　ISBN 978-7-122-29028-1

　　Ⅰ.①工…　Ⅱ.①黄…　Ⅲ.①工业机器人-案例-汇编

Ⅳ.①TP242.2

　　中国版本图书馆 CIP 数据核字（2017）第 027032 号

责任编辑：张兴辉　　　　　　　　　　文字编辑：陈　喆
责任校对：宋　玮　　　　　　　　　　装帧设计：王晓宇

出版发行：化学工业出版社（北京市东城区青年湖南街 13 号　邮政编码 100011）
印　　装：高教社（天津）印务有限公司
787mm×1092mm　1/16　印张 20¾　字数 549 千字　2017 年 5 月北京第 1 版第 1 次印刷

购书咨询：010-64518888（传真：010-64519686）　售后服务：010-64518899
网　　址：http：//www.cip.com.cn

凡购买本书，如有缺损质量问题，本社销售中心负责调换。

定　　价：89.00 元　　　　　　　　　　　　　　　版权所有　违者必究

　　20世纪60年代，一场大风暴的来临前夕，在山城桂林的一个"小人书摊"前，一个小孩坐在小凳上看一本科幻的小人书，书中讲述了一个机器人冒充足球队员踢球的故事，这个冒名顶替的"足球队员"又能跑，又能抢，关键是射门准确，只要球队处于劣势，把他换上场就无往而不胜。这个故事太吸引人了，小孩恨不得自己就是那个机器人。这个小孩就是当年的我。50年过去了。有些科幻成了现实，有些现实超越了科幻。

　　工业机器人是机器人领域中的重要分支，是智能制造的核心技术。工业机器人行业是国家和地方政府大力扶持的高新技术行业，据国际机器人联合会估计，2014年全球工业机器人销量约为225000台，较2013年增长27%。工业机器人销量在全球所有主要市场均出现增长，其中亚洲市场增长过半。中国表现尤为耀眼，2014年工业机器人销量约为56000台，中国地区工业机器人销售量同比增长54%，这表明中国正在加快工业机器人普及速度。

　　本书从实用的角度出发，对工业机器人在各方面的应用做了详尽的介绍，提供了大量的编程案例。为了使读者对机器人的编程案例有清楚的认识，本书首先对编程应用中机器人的基本功能、编程指令、状态变量、参数功能及软件应用等方面做了深入浅出的介绍。

　　本书第1章是机器人的特有功能介绍，是机器人区别于其他运动控制器的特殊功能。工业机器人实质上也是一种运动控制器，机器人具有的特殊功能是其他运动控制器所没有的。

　　根据"二八原则"，可能只有20%的功能是最常用的，因此在第2章介绍的是最常用的编程指令，便于读者快速入门和应用。第3章介绍了机器人的状态变量，状态变量表示了机器人的实际工作状态，在实际编程中会经常使用。第4章介绍了机器人编程中要使用的各种计算函数。正确地使用计算函数可以大大简化编程工作。

　　第5章介绍了"参数功能及设置"。参数赋予了机器人各种功能，在实际使用中对参数的设置是必不可少的。本章结合软件的使用对重点参数的功能及设置做了说明。这也是从使用者的角度着想的。

　　第6章～第16章介绍了机器人在仪表检测、抛光、码垛、机床上下料、视觉追踪、机器人与触摸屏联合使用等各方面的应用案例。在这些应用案例中，不是泛泛而谈的空论，而是有详细的解决方案，硬件配置、工作流程图，最后提供了详尽的编程案例。这些案例将给工程师们在实际的应用中以有效的帮助。这些案例也是本书的精华所在。

　　第17章介绍了编程软件的使用。事实上所有的编程和参数设置都是在软件上完成的。该软件同时还具备状态监视和模拟运行的功能。

　　第18章介绍了报警及故障排除方法。

　　感谢林步东先生对本书的写作提供了大量的支持。

　　笔者水平有限，书中难免有不足之处，恳请读者批评指正。

　　笔者邮箱：hhhfff57710@163.com。

编著者

目 录

CONTENTS

第 1 章

机器人特有的功能

机器人不同于一般的数控机床和运动控制器,一般的机器人有 4~6 个轴,即 6 个自由度,其运动的空间复杂性比一般的数控机床要大。机器人有许多自身特有的功能,为了便于阅读后续的章节,需要对这些特有的功能进行解释。

1.1 机器人坐标系及原点

1.1.1 世界坐标系

（1）定义

"世界坐标系"是表示机器人"当前位置"的坐标系。所有表示位置点的数据是以"世界坐标系"为基准的（"世界坐标系"类似于数控系统的 G54 坐标系,事实上就是"工件坐标系"）。

（2）设置

"世界坐标系"是以机器人的"基本坐标系"为基准设置的（这是因为每一台机器人的"基本坐标系"是由其安装位置决定的）,只是确定"世界坐标系"基准时,是从新的"世界坐标系"来观察"基本坐标系"的位置,从而确定新的"世界坐标系"本身,所以"基本坐标系"是机器人坐标系中的第一基准坐标系。

在大部分的应用中,"世界坐标系"与"基本坐标系"相同,如图 1-1 所示,图中 X_W-Y_W-Z_W 是"世界坐标系"。当前位置是以"世界坐标系"为基准的,如图 1-2 所示。

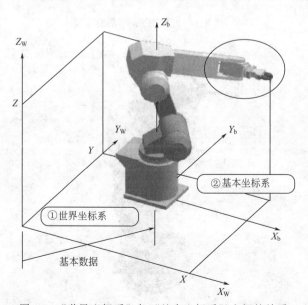

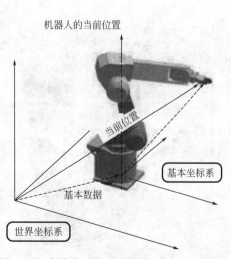

图 1-1 "世界坐标系"与"基本坐标系"之间的关系　　图 1-2 "当前位置"以"世界坐标系"为基准

1.1.2 基本坐标系

"基本坐标系"是以机器人底座安装基面为基准的坐标系,在机器人底座上有图示标志。基本坐标系如图 1-3 所示。实际上"基本坐标系"是机器人第一基准坐标系,"世界坐标系"也是以"基本坐标系"为基准的。

1.1.3 机械 IF 坐标系

机械 IF 坐标系也就是"机械法兰面坐标系",是以机器人最前端法兰面为基准确定的坐标系,以 X_m-Y_m-Z_m 表示,如图 1-4 所示。与法兰面垂直的轴为"Z 轴",Z 轴正向朝外,X_m 轴、Y_m 轴在法兰面上。法兰中心与定位销孔的连接线为 X_m 轴,但必须注意 X_m 轴的"正向"与定位销孔相反。

由于在机械法兰面要安装抓手,所以这个"机械法兰面"就有了特殊意义。特别注意:机械法兰面转动,机械 IF 坐标系也随之转动。而法兰面的转动受 J_5 轴、J_6 轴的影响(特别是 J_6 轴的旋转带动了法兰面的旋转,也就带动了机械 IF 坐标系的旋转,如果以机械 IF 坐标系为基准执行定位,就会影响很大),参见图 1-5、图 1-6。图 1-6 是 J_6 轴逆时针旋转了的机械 IF 坐标系。

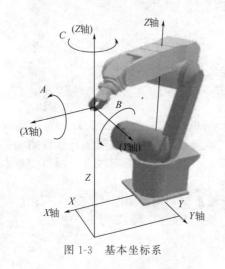

图 1-3　基本坐标系

图 1-4　机械 IF 坐标系的定义

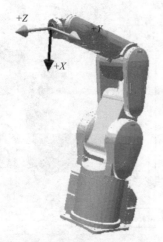

图 1-5　机械 IF 坐标系的图示　　图 1-6　J_6 轴逆时针旋转了的机械 IF 坐标系

1.1.4 工具（TOOL）坐标系

（1）工具（TOOL）坐标系的定义及设置基准

① 定义　由于实际使用的机器人都要安装夹具抓手等辅助工具，所以，机器人的实际控制点就移动到了工具的中心点上。为了控制方便，以工具的中心点为基准建立的坐标系就是"TOOL"坐标系。

② 设置　由于夹具抓手直接安装在机械法兰面上，所以"TOOL"坐标系就是以机械IF坐标系为基准建立的。建立"TOOL"坐标系有参数设置方法和指令速度法，实际上都是确定"TOOL"坐标系原点在机械IF坐标系中的位置和形位（POSE）。

"TOOL"坐标系的原点数据："TOOL"坐标系与机械IF坐标系的关系如图1-7所示。"TOOL"坐标系用 X_t-Y_t-Z_t 表示。"TOOL"坐标系是在机械IF坐标系基础上建立的。在"TOOL"坐标系的原点数据中，X、Y、Z 表示"TOOL"坐标系在机械IF坐标系内的直交位置点，

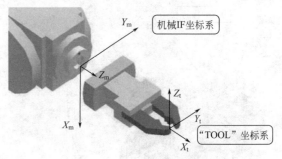

图1-7　"TOOL"坐标系与机械IF坐标系的关系

A、B、C 表示"TOOL"坐标系绕机械IF坐标系 X_m、Y_m、Z_m 轴的旋转角度。

"TOOL"坐标系的原点不仅可以设置在"任何"位置，而且坐标系的形位（POSE）也可以通过A、B、C值任意设置（相当于一个立方体在一个万向轴接点任意旋转）。在图1-7中，"TOOL"坐标系绕 Y 轴旋转了$-90°$，所以 Z_t 轴方向就朝上（与机械IF坐标系中的 Z_m 方向不同）。而且当机械法兰面旋转（J_6 轴旋转）时，"TOOL"坐标系也会随着旋转，分析时要特别注意。

（2）动作比较

① JOG　或示教动作

A. 未设置"TOOL"坐标系时，使用机械IF坐标系，以出厂值法兰面的中心为"控制点"，在 X 方向移动（此时，X 轴垂直向下），其移动形位（POSE）如图1-8所示。

B. 设置了"TOOL"坐标系后，以"TOOL"坐标系动作。注意在 X 方向移动时，是沿着"TOOL"坐标系的 X_t 方向动作的。这样就可以平行或垂直于抓手面动作，使JOG动作更简单易行，如图1-9所示。

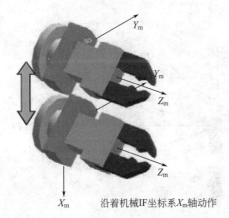

图1-8　在"TOOL"X 方向移动的形位

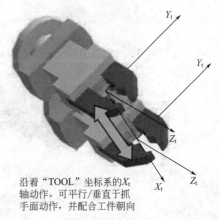

沿着"TOOL"坐标系的X_t 轴动作。可平行/垂直于抓手面动作，并配合工件朝向

图1-9　在"TOOL"坐标系 X_t 方向移动

C. *A* 方向动作。

a. 未设置 "TOOL" 坐标系时，使用机械 IF 坐标系，绕 X_m 轴旋转，抓手前端大幅度摆动，如图 1-10 所示。

b. 设置 "TOOL" 坐标系绕 X_t 轴旋转。设置 "TOOL" 坐标系后，绕 X_t 轴旋转，抓手前端绕工件旋转。在不偏离工件位置的情况下，改变机器人形位（POSE），如图 1-11 所示。

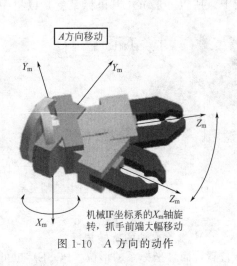

机械IF坐标系的X_m轴旋转，抓手前端大幅移动

图 1-10　*A* 方向的动作

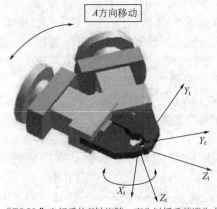

"TOOL" 坐标系的X轴旋转。变为以抓手前端为中心的旋转动作，可在不偏离工件位置的情况下变更姿势

图 1-11　在 "TOOL" 坐标系中绕 X_t 轴旋转

以上是在 JOG 运行时的情况。

② 自动运行

a. 近点运行。在自动程序运行时，"TOOL" 坐标系的原点为机器人 "控制点"。在自动程序中，定位点是以 "世界坐标系" 为基准的。但是，Mov 指令中的近点运行功能中的 "近点" 的位置则是以 "TOOL" 坐标系的 Z_t 轴正负方向为基准移动的。这是必须充分注意的。

指令例句：

```
1 Mov P1,50
```

其动作是：将 "TOOL" 坐标系原点移动到 P_1 点的 "近点"，"近点" 为 P_1 点沿 "TOOL" 坐标系的 Z_t 轴＋向移动 50mm（图 1-12）。

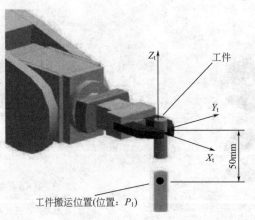

工件搬运位置(位置：P_1)

图 1-12　在 "TOOL" 坐标系中的近点动作

b. 相位旋转。绕工件位置点旋转（Z_t），可以使工件旋转一个角度。

例：指令在 P_1 点绕 Z_t 轴旋转 $45°$（使用两点的乘法指令）。

1 MovP1 * (0,0,0,0,0,45)' ——注意,使用两点的乘法指令。

实际的运动结果如图 1-13 所示。

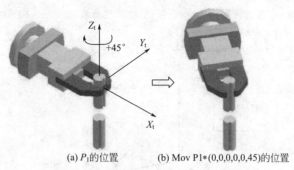

(a) P_1 的位置   (b) Mov P1*(0,0,0,0,0,45)的位置

图 1-13 在"TOOL"坐标系中的相位旋转

1.1.5 工件坐标系

工件坐标系是以"工件原点"确定的坐标系。在机器人系统中，可以通过参数预先设置 8 个"工件坐标系"。也可以通过 Base 指令设置"工件坐标系原点"或选择"工件坐标系"。另外，可以指令"当前点"为"新的世界坐标系的原点"。

Base 指令就是设置世界坐标系的指令。

（1）参数设置法

表 1-1 为工件坐标系相关参数。可在软件上做具体设置。

表 1-1 工件坐标系相关参数

类型	参数符号	参数名称	功　能
动作	WKnCORD $n = 1 \sim 8$	工件坐标系	设置工件坐标系
	WKnWO	工件坐标系原点	
	WKnWX	工件坐标系 X 轴位置点	
	WKnWY	工件坐标系 Y 轴位置点	
设置		可设置 8 个工件坐标系	

（2）指令设置法

设置"世界坐标系"的偏置坐标（偏置坐标为以"世界坐标系"为基准观察到的基本坐标系原点在"世界坐标系"内的坐标），如图 1-14 所示。

1　Base(50,100,0,0,0,90)′——设置一个新的"世界坐标系"(如图 1-14 所示)。

2　Mvs P1′——前进到 P_1 点。

3　Base P2′——以 P_2 点为偏置量,设置一个新的"世界坐标系"。

4　Mvs P1′——前进到 P_1 点。

5　Base 0 设置"世界坐标系"与"基本坐标系"相同(回初始状态)。

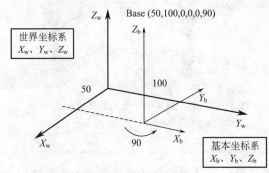

图 1-14　使用 Base 指令设置新的坐标系

（3）以工件坐标系号选择"新世界坐标系"的方法

1　Base1′——选择 1# 工件坐标系 WK1CORD。

2　Mvs P1′——运动到 P_1。

3　Base2′——选择 2# 工件坐标系 WK2CORD。

4　Mvs P1′——运动到 P_1。

5　Base0′——选择"基本坐标系"。

1.1.6　JOG 动作

在示教单元上,可以进行以下 JOG 操作。

（1）关节型 JOG

如图 1-15 所示,以关节轴为对象,以角度为单位实行的"点动操作"就是关节型 JOG。可以对 $J_1 \sim J_6$ 轴分别执行 JOG 操作。

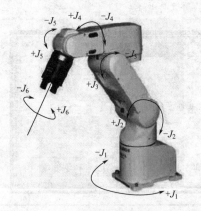

图 1-15　关节型 JOG 示意图

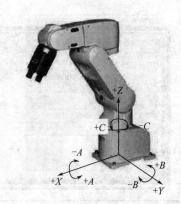

图 1-16　三轴直交 JOG 示意图

（2）三轴直交 JOG

在直交型 JOG 中，以图 1-16 所示的坐标系为基准，即以"世界坐标系"为基准，机器人控制点在 $X/Y/Z$ 方向上以 mm 为单位运动；而 $A/B/C$ 轴的运动则是旋转运动，以角度为单位。在旋转时，机器人控制点位置不变，抓手的方位改变。

（3）圆筒型 JOG

首先要建立一个圆筒型坐标系，如图 1-17 所示。在圆筒型坐标系中，X 坐标表示圆筒的半径，Z 坐标表示圆筒的高度，Y 坐标表示圆筒的旋转角度（也就是 J_1 轴的角度），其余 $A/B/C$ 轴的旋转方向如图 1-17 所示。这样圆筒型 JOG 就相当于机器人控制点在一个圆筒壁上做运动。或者说，如果是一个圆筒壁上的运动，就选取圆筒型 JOG 最为适宜。

（4）工件 JOG

工件 JOG 就是以工件坐标系进行的点动操作（JOG）。事实上，如果要做轨迹型的运动，工件的图纸应该是已经设计完毕的，工件的安装与机器人的相对位置也是固定的。工件坐标系如图 1-18 所示，所以工件 JOG 就是沿着工件坐标系进行的 JOG 运动。与直交型 JOG 相同，只是坐标系位置不同。机器人控制点在 $X/Y/Z$ 方向上以 mm 为单位运动；而 $A/B/C$ 轴的运动则是旋转运动，以角度为单位。

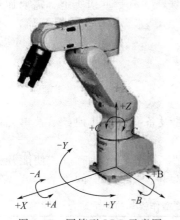

图 1-17　圆筒型 JOG 示意图

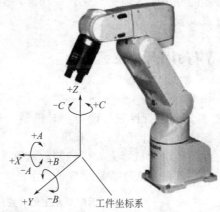

图 1-18　在工件坐标系内的 JOG 运动

（5）JOG TOOL

JOG TOOL 以工具坐标系为基准进行的 JOG 运动。

TOOL 型 JOG 就是以 TOOL 坐标系为基准进行的 JOG 运行，如图 1-19 所示。这种

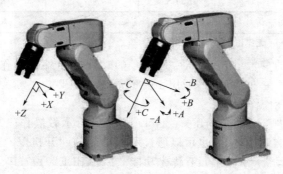

图 1-19　以 TOOL 坐标系为基准进行的 JOG 运行

TOOL 型 JOG 以 TOOL 坐标系为基准，在 TOOL 坐标系的 $X/Y/Z$ 方向做直线运动，单位为 mm；在 $A/B/C$ 轴方向做旋转运动，以角度为单位。

TOOL 型 JOG 与直交 JOG 的不同之处就是依据的坐标系不同，所以使用时要预先设置 MEXTL 参数，也就是预先设置 "TOOL" 坐标系。

1.2 专用输入输出信号

1.2.1 机器人控制器的通用输入输出信号

机器人控制器的通用输入输出信号即由 I/O 卡输入输出的信号。这些输入输出信号最初没有做如何定义，可以由编程工程师给予任意定义，这与通用的 PLC 使用是相同的。

1.2.2 机器人控制器的专用输入输出信号

由于机器人工作的特殊性，机器人控制器有很多 "已经定义的功能"，也称为 "专用输入输出功能"。这些功能可以定义在 "通用输入输出信号的任何一个端子"。机器人控制器中的专用输入输出类似于数控系统中的固定接口，其输入信号用于向 "控制器" 发出指令，输出信号表示 "控制器" 的工作状态。

控制器的专用输入输出只是各种功能，至于这些功能赋予到哪些引脚上，需要通过（软件）参数来设置。

1.3 特有功能

（1）操作权

① 对机器人进行控制的设备 对机器人进行控制的设备有以下几种：示教单元；操作面板（外部信号）；计算机；触摸屏。

某一类设备对 "机器人" 的控制权就称为 "操作权"。示教单元上有一 "使能开关" 就是 "操作权" 开关。表 1-2 是示教单元上的 "使能开关" 与 "操作权" 的关系。

表 1-2 示教单元上的 "使能开关" 与 "操作权" 的关系

设定开关	使能开关	无 效		有 效	
	控制器	自动	手动	自动	手动
操作权	示教单元	NO	NO	NO	YES
	控制器操作面板	YES	NO	NO	NO
	计算机	YES	NO	NO	NO
	外部信号	YES	NO	NO	NO

注：YES—有操作权，NO—无操作权。

② 与操作权相关的参数 IOENA—本信号的功能是使外部操作信号有效和无效。在 RT ToolBox2 软件中—在 [参数]—[通用 1] 中设置本参数。

③ 实际操作 实际操作如下：

a. 在示教单元中 "ENABLE" 开关=ON，可以进行示教操作。即使外部 IO 操作权=ON，外部没有选择 "自动模式"，也可以通过示教单元的 "开机"—"运行"—"操作面板"—"启动" 进行程序 "启动"（示教单元有优先功能 "ENABLE"）。

b. 如果在操作面板上选择了 "自动模式"，而 "ENABLE" =ON，系统会报警，使

"ENABLE"＝OFF，报警消除。

c. 如果需要进入调试状态，必须使 IOENA＝OFF。

d. 如果使用外部信号操作，则需要使 IOENA＝ON。

（2）最佳速度控制功能

机器人在两点之间运动，在需要保持形位（POSE）要求的同时，还需要控制速度，防止速度过大出现报警。最佳速度控制功能有效时，机器人控制点运动速度不固定。用 Spd M ＿ NSpd 指令设置"最佳速度控制"。

（3）最佳加减速度控制功能

最佳加减速度控制功能是机器人根据加减速时间，抓手及工件重量、工件重心位置，自动设置最佳加减速时间的功能。用 Oadl（Optimal Acceleration）指令设置"最佳加减速度控制"。

（4）柔性控制功能

柔性控制功能是用于对机器人的综合力度进行控制的功能，通常用于压嵌工件的动作。以直角坐标系为基础，根据伺服编码器反馈脉冲，进行机器人柔性控制。用 Cmp Too 指令设置"伺服柔性控制功能"。

（5）碰撞检测功能

碰撞检测功能指在自动运行和 JOG 运行中，系统时刻检测 TOOL 或机械臂是否与周边设备发生碰撞干涉。用 ColChk（Col Check）指令设置"碰撞检测功能"的有效或无效。

机器人配置有对"碰撞而产生的异常"进行检测的"碰撞检测功能"，出厂时将"碰撞检测功能"设置为无效状态。"碰撞检测功能"的有效/无效状态切换可通过参数 COL 及 ColChk 指令完成。此功能必须作为对机器人及外围装置的保护加以运用。

"碰撞检测功能"是通过机器人的动力学模型，在随时推算动作所需的转矩的同时，对异常现象进行检测的功能。因此，当抓手、工件条件的设置（参数：HNDDAT＊、WRK-DAT＊的设置值）与实际相差过大时，或是速度、电机转矩有急剧变动的动作（特殊点附近的直线动作或反转动作，低温状态或长期停止后启动运行）时，急剧的转矩变动就会被检测为"碰撞"。

简单地说：就是一直检测"计算转矩与实际转矩的差值"，当该值过大时，就报警。

（6）连续轨迹控制功能

连续轨迹控制功能指在多点连续定位时，使运动轨迹为一连续轨迹。本功能可以避免多次的分段加减速从而提高效率。用 Cnt（Continuous）指令设置"连续轨迹控制功能"。

（7）程序连续执行功能

程序连续执行功能指机器人记忆断电前的工作状态，再次上电后，从原状态点继续执行原程序的功能。

（8）附加轴控制功能

附加轴控制功能指机器人能够控制行走台等外部伺服驱动系统。

（9）多机器控制功能

多机器控制功能指控制多个机器人运行。

（10）与外部机器通信功能

机器人与外部机器通信有下列方法：

① 通过外部 I/O 信号 CR750Q—PLC 通信输入 8192/输出 8192；CR750D—输入 256/输出 256。

② 与外部数据的链路通信 所谓数据链路是指与外部机器（视觉传感器等）收发补偿

量等数据，通过"以太网端口"进行（仅 CR750D）。

（11）中断功能

中断功能指在编程语言中有中断指令，可中断当前程序，执行预先编制的程序。对工件掉落等情况特别适用。

（12）子程序功能

编程语言中有子程序调用功能。将完全相同的程序动作编制为"子程序"，在需要的时候调用。

（13）码垛指令功能

机器人配置有码垛指令，有多行、单行、圆弧码垛指令，实际上是确定矩阵点格中心点位置的指令。

（14）用户定义区

用户可设置 32 个任意空间，监视机器人前端控制点是否进入该区域。将机器人状态输出到外部并报警。

（15）动作范围限制

可以用下列 3 种方法限制机器人动作范围：

① 关节轴动作范围限制（$J_1 \sim J_6$）。

② 以直角坐标系设置限制范围。

③ 以任意设置的平面为界面设置限制范围（在平面的前面或后面），由参数 SFCnAT设置。

（16）特异点

使用直角坐标系的位置数据进行直线插补动作时，如果 J_5 轴角度为 0，则 J_4 轴与 J_6 轴之间的角度有无数种组合，实际运动中，J_4 轴或 J_6 轴不停地旋转，这个点就称为"特异点"。一般无法使机器人按希望的位置和形位（POSE）动作。

（17）保持紧急停止时的运动轨迹

指急停信号输入时，可以保持原来的动作轨迹停止，由此可以防止急停"手臂滞后"引起的与周围的干涉。

1.4 机器人的形位（POSE）

1.4.1 一般说明

（1）坐标位置和旋转位置

如图 1-20 所示，机器人的位置控制点由以下 10 个数据构成。

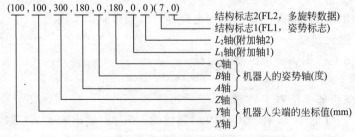

图 1-20 表示机器人位置控制点的 10 个数据

机器人的"位置控制点"：出厂时为法兰面中心点，当设置了抓手坐标系（"TOOL"坐标系）后，即为"TOOL"坐标系原点。

① X，Y，Z—"机器人控制点"在直角坐标系中的坐标。

② A，B，C—绕 X、Y、Z 轴旋转的角度。就一个"点"位而言，没有旋转的概念。所以旋转是指以该"位置点"为基准，以抓手为刚体，绕世界坐标系的 X、Y、Z 轴旋转。这样即使同一个"位置点"，抓手的形位（POSE）也有 N 种变化。

> ⚠️ **注意**
>
> X、Y、Z、A、B、C 全部以世界坐标系为基准。

③ L_1，L_2—附加轴（伺服轴）定位位置。

④ FL1—结构标志（上下左右高低位置），FL2—各关节轴旋转度数。

（2）结构标志

① FL1—结构标志（上下左右高低位置）。用一组 2 进制数表示，上下左右高低用不同的 bit 位表示，如图 1-21 所示。

② FL2—各关节轴旋转度数。用一组 16 进制数表示，如图 1-22 所示。

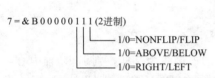

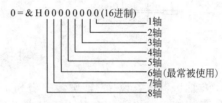

图 1-21　表示 FL1—结构标志的 2 进制数　　　图 1-22　表示 FL2—各关节轴旋转度数的 16 进制数

1.4.2　对结构标志 FL1 的详细说明

机器人的位置控制点是由 X，Y，Z，A，B，C（FL1，FL2）标记的，由于机器人结构的特殊性，即使是同一位置点，机器人也可能出现不同的形位（POSE）。为了区别这些形位（POSE），采用了结构标志。用位置标记的（X，Y，Z，A，B，C）（FL1，FL2）中的"FL1"标记，标记方法如下。

（1）垂直多关节型机器人

① 左右标志

a. 5 轴机器人：以 J_1 轴旋转中心线为基准，判别第 5 轴法兰中心点 R 位于"该中心线"的左边还是右边。如果在右边（RIGHT），则 FL1bit2＝1；如果在左边（LEFT），则 FL1bit2＝0，如图 1-23（a）所示。

b. 6 轴机器人：以 J_1 轴旋转中心线为基准，判别 J_5 轴中心点 P 位于"该中心线"的左边还是右边。如果在右边（RIGHT），则 FL1bit2＝1；如果在左边（LEFT），则 FL1bit2＝0，如图 1-23（b）所示。

> ⚠️ **注意**
>
> FL1 标志信号用一组 2 进制码表示，检验左右位置用 bit2 表示。

② 上下判断

a. 5 轴机器人：以 J_2 轴旋转中心和 J_3 轴旋转中心的连接线为基准，判别 J_5 轴中心点 P 是位于"该中心连接线"的上面还是下面。如果在上面（ABOVE），则 FL1bit1＝1；如果在下面（BELOW），则 FL1bit1＝0，如图 1-24（a）所示。

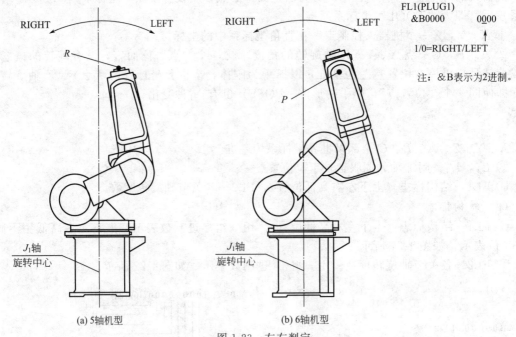

FL1(PLUG1)
&B0000   0000
↑
1/0=RIGHT/LEFT

注: &B表示为2进制。

(a) 5轴机型　　　　　　(b) 6轴机型

图 1-23　左右判定

b. 6轴机器人：以 J_2 轴旋转中心和 J_3 轴旋转中心的连接线为基准，判别 J_5 轴中心点 P 是位于"该中心连接线"的上面还是下面。如果在上面（ABOVE），则 FL1bit1＝1；如果在下面（BELOW），则 FL1bit1＝0，如图 1-24(b) 所示。

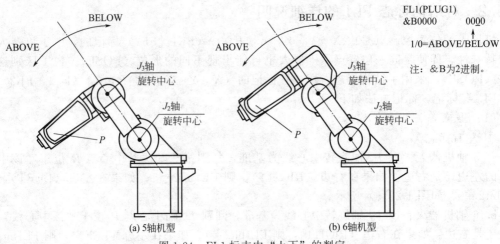

FL1(PLUG1)
&B0000   0000
↑
1/0=ABOVE/BELOW

注: &B为2进制。

(a) 5轴机型　　　　　　(b) 6轴机型

图 1-24　FL1 标志中"上下"的判定

！ **注意**

FL1 标志信号用一组 2 进制码表示，检验上下位置用 bit1 表示。

③ 高低判断　第 6 轴法兰面（6 轴机型）方位判断。以 J_4 轴旋转中心和 J_5 轴旋转中心的连接线为基准，判别 6 轴的法兰面是位于"该中心连接线"的上面还是下面。如果在下面（NONFLIP），则 FL1bit0＝1；如果在上面（FLIP），则 FL1bit0＝0；如图 1-25 所示。

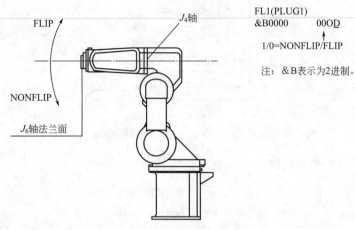

图 1-25　J_6 轴法兰面位置的判定

 注意

　　FL1 标志信号用一组 2 进制码表示，检验高低位置用 bit0 表示。

　　(2) 水平运动型机器人

　　以 J_1 轴旋转中心和 J_2 轴旋转中心的连接线为基准，判别机器人前端位置控制点是位于 "该中心连接线" 的左边还是右边。如果在右边 (RIGHT)，则 FL1bit2＝1；如果在左为 (LEFT)，则 FL1bit2＝0，如图 1-26 所示。

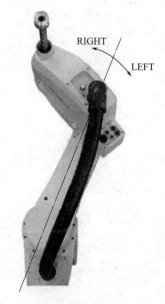

图 1-26　水平运动型机器人的 FL1 标志

1.4.3　对结构标志 FL2 的详细说明

　　FL2 标志为各关节轴旋转度数，用一组 16 进制数表示，如图 1-27 所示。

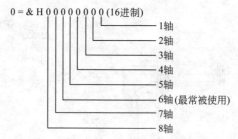

图 1-27　表示 FL2—各关节轴旋转度数的 16 进制数

各轴的旋转角度与数值之间的关系如图 1-28 所示。

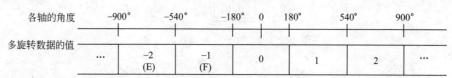

图 1-28　旋转度数与 16 进制数的关系

以 J_6 轴为例：

旋转角度＝－180°～0～180°时，FL2＝H00000000；

旋转角度＝180°～540°时，FL2＝H00100000；

旋转角度＝540°～900°时，FL2＝H00200000；

旋转角度＝－180°～－540°时，FL2＝H00F00000；

旋转角度＝－540°～－900°时，FL2＝H00E00000。

第 2 章

主要指令详解

三菱机器人使用的指令很多，本章对最常用的指令做一介绍，可以使学习者达到快速入门的目的，也利于读者理解后续章节中应用案例的程序。

2.1 MELFA-BASIC V 的详细规格及指令一览表

2.1.1 MELFA-BASIC V 的详细规格

目前常用的机器人编程语言是 MELFA-BASIC V，在学习使用 MELFA-BASIC V 之前，需要学习编程相关知识。

（1）程序名

"程序名"只可以使用英文大写字母及数字，最多为 12 个字母。如果要使用"程序选择"功能，则只能使用数字作为"程序名"。

（2）指令

指令由以下部分构成：

1 Mov P1 Wth M _ Out （17）＝1

$$\underset{①}{\underline{1}}\quad \underset{②}{\underline{Mov}}\quad \underset{③}{\underline{P1}}\quad \underset{④}{\underline{Wth\ M\_Out(17)=1}}$$

① 步序号或称为"程序行号"。

② 指令。

③ 指令执行的对象：变量或数据。

④ 附随语句。

（3）变量

① 变量大分类　机器人系统中使用的变量可以大分类，如图 2-1 所示。

a. 系统变量：系统变量值是系统反馈的，表示系统工作状态的变量。变量名称和数据类型都是预先规定了的。

b. 系统管理变量：表示系统工作状态的变量。在自动程序中只用于表示"系统工作状态"，例如当前位置"P _ CURR"。

c. 用户管理变量：是系统变量的一种，但是用户可以对其处理。例如输出信号：M _ OUT（18）＝1。用户在自动程序中可以指令输出信号 ON/OFF。

d. 用户自定义变量：这类变量的名称及使用场合由用户自行定义，是使用最多的变量类型。

② 用户变量的分类

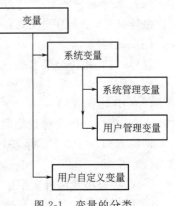

图 2-1　变量的分类

a. 位置变量：表示直交型位置数据，用 P 开头。例如 P1、P20。

b. 关节型变量：表示关节型位置数据（各轴的旋转角度），用 J 开头。例如 J1、J10。

c. 数值型变量：表示数值，用 M 开头。例如 M1、M5（例如：M1＝0.345，M5＝256）。

d. 字符串变量：表示字符串，在变量名后加 $ 。例如 C1$ ＝ "OPENDOOR"，即变量 C1$ 表示的是字符串 "OPENDOOR"。

③ 程序指令构成

a. 指令文字。构成程序的最小单位，即指令及数据。例如：

```
Mov  P1
```

Mov—指令，P1—数据。

附随语句：

```
1 Mov P1 Wth M_Out(17)＝1
```

Wth M _ Out（17）＝1 为附随语句，表示在移动指令的同时，执行输出 M _ Out（17）＝1。

b. 程序行号。编程序时，软件自动生成 "程序行号"，但是 GoTo 指令、GOSUb 指令不能直接指定行号，否则报警。

c. 标签（指针）。标签是程序分支的标记，用 " ∗ 加英文字母" 构成。如：

```
    GoTo  ＊LBL
```

……

∗LBL 就是程序分支的标记。

2.1.2 有特别定义的文字

（1）英文大小写

所有指令均可大小写，无区别。

（2）下划线（ _ ）

下划线标注全局变量。全局变量是全部程序都可以使用的变量。在变量的第 2 个字母位置用下划线表示时，这种类型变量即为全局变量。例如 P _ Curr，M _ 01，M _ ABC。

（3）撇号（'）

撇号（'）表示后面的文字为注释。例如：

100 Mov P1'TORU。

TORU 就是注释。

（4）星号（＊）

星号（＊）在程序分支处做标签时，必须在第 1 位加星号（＊）。例：200　＊KAKUNIN。

（5）逗号（,）

逗号（,）用于分隔参数或变量中的数据。

例：P1＝（200，150，…）。

（6）小数点（.）

小数点（.）用于标识小数、位置变量、关节变量中的成分数据。

例：　M1＝P2.X　标志 P2 中的 X 数据。

（7）空格

① 在字符串及注释文字中，空格是有文字意义的；

② 在行号后，必须有空格；

③ 在指令后，必须有空格；

④ 数据划分，必须有空格。

在指令格式中，"□"表示必须有空格。

2.1.3 数据类型

（1）字符串常数

用双引号圈起来的文字部分即"字符串常数"。例如：

"ABCDEFGHIJKLMN"□"123"

（2）位置数据结构

位置数据包括坐标轴，形位（POSE）轴，附加轴及结构标志数据，如图 2-2 所示。

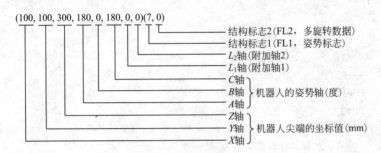

图 2-2　位置数据结构

① X，Y，Z—机器人"控制点"在直交坐标系中的坐标。

② A，B，C—以机器人"控制点"为基准的机器人本体绕 X、Y、Z 轴旋转的角度，称为"形位（POSE）"。

③ L_1，L_2—附加轴运行数据。

④ FL1—结构标志。表示控制点与特定轴线之间的相对关系。

⑤ FL2—结构标志。表示各轴的旋转角度。

2.2 动作指令详解

2.2.1 关节插补

（1）功能

Mov（Move）—从"起点（当前点）"向"终点"做关节插补运行。以各轴旋转等量的角度进行的插补运行简称为"关节插补"（插补就是各轴联动运行）。

（2）指令格式

Mov□〈终点〉□[,〈近点〉][轨迹类型〈常数 1〉,〈常数 2〉][〈附随语句〉]

（3）例句

Mov(Plt 1,10),100 Wth M_Out(17)＝1

（4）说明

Mov 语句是关节插补。从起点到终点，各轴以等量旋转的角度实现插补运行，其运行轨迹因此无法准确描述。

① 终点：指"目标点"。

②"近点"：指接近"终点"的一个点。

在实际工作中，往往需要快进到终点的附近（快进），再慢速运动到终点。"近点"在"终点"的 Z 轴方向位置，根据符号确定是上方或下方。使用近点设置，是一种快速定位的方法。

③"类型常数"：用于设置运行轨迹。例如：

Type 1＝1　绕行；Type 1＝0　捷径运行

绕行是指按示教轨迹，可能大于180°轨迹运行。捷径指按最短轨迹，即小于180°轨迹运行。

④ 附随语句：例如 Wth、WthIf，指在执行本指令时，同时执行其他的指令。

（5）样例程序

Mov P1'——移动到 P_1 点。

Mov P1＋P2'——移动到 P_1＋P_2 的位置点。

Mov P1 * P2'——移动到 P_1 * P_2 位置点。

Mov P1,－50'——移动到 P_1 点上方50mm 的位置点。

Mov P1 Wth M_Out(17)＝1'——向 P_1 点移动同时指令输出信号(17)＝ON。

Mov P1 WthIf M_In(20)＝1,Skip'——向 P_1 移动的同时，如果输入信号(20)＝ON，就跳到下一行。

Mov P1 Type 1,0'——指定运行轨迹类型为"捷径型"。

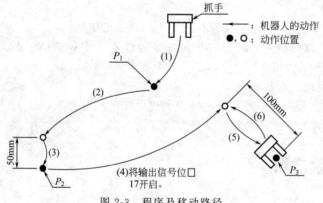

图 2-3　程序及移动路径

如图 2-3 所示的运行轨迹的运动程序如下：

1　Mov P1'——移动到 P_1 点。

2　Mov P2,－50'——移动到 P_2 点上方50mm 位置点。

3　Mov P2'——移动到 P_2 点。

4　Mov P3,－100,Wth M_Out(17)＝1'——移动到 P_3 点上方100mm 位置点,同时指令输出信号(17)＝ON。

5　Mov P3'——移动到 P_3 点。

6　Mov P3□－100'——移动到 P_3 点上方100mm 位置点。

7　End'——程序结束。

 注意

近点位置以 TOOL 坐标系的 Z 轴方向确定。

2.2.2 直线插补

（1）功能

本指令为直线插补指令，从起点向终点做插补运行，运行轨迹为"直线"。

（2）指令格式 1

Mvs□〈终点〉□,〈近点距离〉,[〈轨迹类型常数 1〉,〈插补类型常数 2〉)][〈附随语句〉]

（3）指令格式 2

Mvs□〈离开距离〉□[〈轨迹类型常数 1〉,〈插补类型常数 2〉)][〈附随语句〉]

（4）对指令格式的说明

①〈终点〉—目标位置点。

②〈近点距离〉—以 TOOL 坐标系的 Z 轴为基准，到"终点"的距离（实际是一个"接近点"）。往往用作快进、工进的分界点。

③〈轨迹类型常数 1〉：

Type 1＝1　绕行；　Type 1＝0　捷径运行。

④ 插补类型：

常数＝0　关节插补；常数＝1　直角插补；常数＝2　通过特异点

⑤ 在指令格式 2 中的〈离开距离〉是便捷指令，以 TOOL 坐标系的 Z 轴为基准，离开"终点"的距离。

指令的移动轨迹如图 2-4 所示。

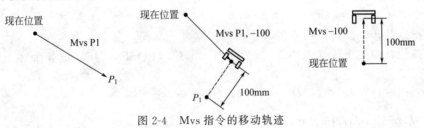

图 2-4　Mvs 指令的移动轨迹

（5）指令例句 1

向终点做直线运动：

```
1 Mvs P1
```

（6）指令例句 2

向"接近点"做直线运动，实际到达"接近点"，同时指令输出信号（17）＝ON：

```
1 Mvs P1,-100.0 Wth M_Out(17)=1
```

（7）指令例句 3

向终点做直线运动，（终点＝P_4＋P_5，"终点"经过加运算），实际到达"接近点"，同时如果输入信号（18）＝ON，则指令输出信号（20）＝ON：

```
1 Mvs P4+P5,50.0 WthIf M_In(18)=1,M_Out(20)=1
```

（8）指令例句 4

从当前点，沿 TOOL 坐标系 Z 轴方向移动 100mm：

Mvs,－100

2.2.3 三维真圆插补指令

（1）功能

本指令的运动轨迹是一完整的真圆，需要指定起点和圆弧中的两个点。运动轨迹如图 2-5 所示。

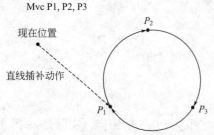

Mvc P1, P2, P3

现在位置

直线插补动作

图 2-5 Mvc—三维真圆插补指令的运行轨迹

（2）指令格式

Mvc□〈起点〉，〈通过点 1〉，〈通过点 2〉□附随语句

①〈起点〉，〈通过点 1〉，〈通过点 2〉—圆弧上的 3 个点。

②〈起点〉—真圆的"起点"和"终点"

（3）运动轨迹

从"当前点"开始到"P_1"点，是直线轨迹。真圆运动轨迹为 〈P_1〉—〈P_2〉—〈P_3〉—〈P_1〉。

（4）指令例句

1 Mvc P1,P2,P3′——真圆插补。

2 Mvc P1,J2,P3′——真圆插补。

3 Mvc P1,P2,P3 Wth M_Out(17)＝1′——真圆插补同时输出信号(17)＝ON。

4 Mvc P3,(Plt 1,5),P4 WthIf M_In(20)＝1,M_Out(21)＝1′——真圆插补同时如果输入信号(20)＝1,则输出信号(21)＝ON。

（5）说明

① 本指令的运动轨迹由指定的 3 个点构成完整的真圆。

② 圆弧插补的"形位（POSE）"为起点"形位（POSE）"，通过其余 2 点的"形位"不计。

③ 从"当前点"开始到"P_1"点，是直线插补轨迹。

2.2.4 连续轨迹运行

（1）功能

连续轨迹运行是指在运行通过各位置点时，不做每一点的加减速运行，而是以一条连续的轨迹通过各点，如图 2-6 所示（对于非连续轨迹运行，其运行轨迹和速度曲线见图 2-7）。

连续动作模式

P_1　　　　P_2

动作开始位置　　P_3

```
10 Cnt 1
20 Mov P1
30 Mov P2
40 Mov P3
50 Cnt 0
```
通过P_1、P_2的附近，往P_3移动

v（速度）　P_1　P_2　P_3

t（时间）

连续轨迹运行时的速度曲线

图 2-6 连续轨迹运行时的运行轨迹和速度曲线

（2）指令格式

Cnt□〈1/0〉[,〈数值 1〉][,〈数值 2〉]

加减速动作模式

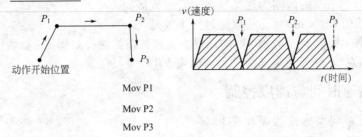

Mov P1
Mov P2
Mov P3

图 2-7　非连续轨迹运行时的运行轨迹和速度曲线

（3）术语解释

①〈1/0〉：Cnt 1—连续轨迹运行；Cnt 0—连续轨迹运行无效。

②〈数值 1〉：过渡圆弧尺寸 1。

③〈数值 2〉：过渡圆弧尺寸 2。

在连续轨迹运行，通过"某一位置点"时，其轨迹不实际通过位置点，而是一过渡圆弧，这过渡圆弧轨迹由指定的数值构成，如图 2-8 所示。

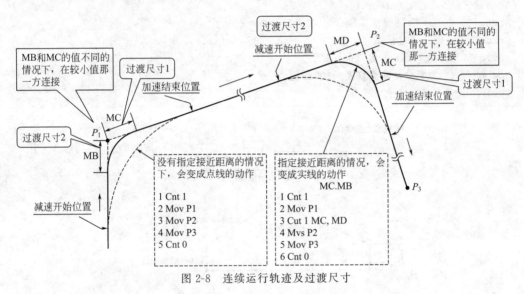

图 2-8　连续运行轨迹及过渡尺寸

（4）程序样例

1　Cnt 0′——连续轨迹运行无效。

2　Mvs P1′——移动到 P₁ 点。

3　Cnt 1′——连续轨迹运行有效。

4　Mvs P2′——移动到 P₂ 点。

5　Cnt 1,100,200′——指定过渡圆弧数据 100mm/200mm。

6　Mvs P3′——移动到 P₃ 点。

7　Cnt 1,300′——指定过渡圆弧数据 300mm/300mm。

8　Mov P4′——移动到 P₄ 点。

9　Cnt 0′——连续轨迹运行无效。

10　Mov P5′——移动到 P₅ 点。

（5）说明

① 从 Cnt1 到 Cnt0 的区间为连续轨迹运行有效区间。

② 系统初始值为：Cnt0（连续轨迹运行无效）。

③ 如果省略"数值1""数值2"的设置，其过渡圆弧轨迹如图 2-8 虚线所示，圆弧起始点为"减速开始点"，圆弧结束点为"加速结束点"。

2.2.5 加减速时间与速度控制

（1）加减速时间与速度控制相关指令

各机器人的最大速度由其技术规范确定。以下指令除 Spd 外均为"速度倍率"指令。

① Accel：加减速度倍率指令（%），设置加减速度的百分数。

② Ovrd：速度倍率指令（%），设置全部轴的速度百分数。

③ JOvrd：关节运行速度的倍率指令（%）。

④ Spd：抓手运行速度（mm/s）。

⑤ Oadl：选择最佳加减速模式有效或无效。

（2）指令样例

Accel'——加减速度为 100%。

Accel,60,80'——加速度倍率＝60%,减速度倍率＝80%。

Ovrd 50'——运行速度倍率＝50%。

JOvrd 70'——关节插补速度倍率＝70%。

Spd 30'——设置抓手基准点速度＝30mm/s。

Oadl ON'——最佳加减速模式有效。

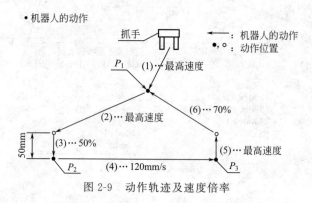

图 2-9 动作轨迹及速度倍率

（3）程序样例（参见图 2-9）

1 Ovrd 100'——设置速度倍率＝100%。

2 Mvs P1'——前进到 P_1 点。

3 Mvs P2,－50'——前进到 P_2 点的上方近点。

4 Ovrd 50'——设置速度倍率＝50%。

5 Mvs P2'——前进到 P_1 点。

6 Spd 120'——设置抓手基准点速度＝120mm/s,由于倍率＝50%,所以实际速度＝60mm/s。

7 Ovrd 100'——设置速度倍率＝100%。

8 Accel 70,70'——设置加减速度倍率＝70%。

9 Mvs P3'——前进到 P_3 点。

10 Spd M_NSpd'——设置抓手基准点速度＝初始值。

11 JOvrd 70′——设置关节插补速度倍率＝70%。
12 Accel′——设置加减速度倍率＝100%。
13 Mvs,－50′——退回到 P_3 点的近点。
14 Mvs P1′——前进到 P_1 点。
15 End′——程序结束。

2.2.6 Fine 定位精度

（1）功能
定位精度用脉冲数表示，即指令脉冲与反馈脉冲的差值。脉冲数越小，定位精度越高。
（2）指令格式

Fine□〈脉冲数〉,〈轴号〉

（3）术语解释
〈脉冲数〉：表示定位精度，用常数或变量设置。
〈轴号〉：设置轴号。
（4）程序样例

1 Fine 300′——设置定位精度为 300 脉冲,全轴通用。
2 Mov P1′——前进到 P_1 点。
3 Fine 100,2′——设置第 2 轴定位精度为 100 脉冲。
4 Mov P2′——前进到 P_1 点。
5 Fine 0,5′——第 5 轴定位精度设置无效。
6 Mov P3′——前进到 P_3 点。
7 Fine 10 0′——定位精度设置为 100 脉冲。
8 Mov P4′——前进到 P_4 点。

2.2.7 高精度轨迹控制

（1）功能
高精度控制是指启用机器人高精度运行轨迹的功能。
（2）指令格式

Prec□ On—高精度轨迹运行有效。
Prec□ Off—高精度轨迹运行无效。

（3）程序样例（见图 2-10）

1 Mov P1,－50′——前进到 P_1 点的近点。
2 Ovrd50′——设置速度倍率为 50%。
3 Mvs P1′——前进到 P_1 点。
4 Prec,On′——高精度轨迹运行有效。
5 Mvs P2′——从 P_1 到 P_2 以高精度轨迹运行。
6 Mvs P3′——从 P_2 到 P_3 以高精度轨迹运行。
7 Mvs P4′——从 P_3 到 P_4 以高精度轨迹运行。
8 Mvs P1′——从 P_4 到 P_1 以高精度轨迹运行。
9 Prec Off′——关闭高精度轨迹运行功能。
10 Mvs P1,－50′——前进到 P_1 点的近点。

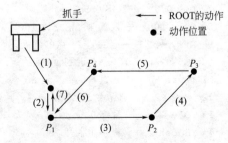

图 2-10 高精度运行轨迹

11　End′——程序结束。

2.2.8　抓手控制

（1）功能

抓手控制指令实际上是控制抓手的开启、闭合指令（必须在参数中设置输出信号控制抓手。通过指令相关的输出信号 ON/OFF 也可以达到相同的效果）。

（2）指令格式

HOpen—抓手张开。
HClose—抓手闭合。
Tool—设置 TOOL 坐标系。

（3）指令样例

HOpen 1′——抓手 1 张开。
HOpen 2′——抓手 2 张开。
HClose 1′——抓手 1 闭合。
HClose 2′——抓手 2 闭合。
Tool(0,0,95,0,0,0)′——设置新的 TOOL 坐标系。

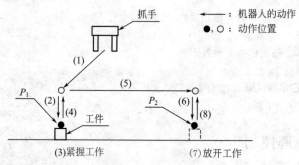

图 2-11　抓手控制

（4）程序样例（见图 2-11）

1　Tool(0,0,95,0,0,0)′——设置新的 TOOL 坐标系原点，距离机械法兰面 Z 轴 95mm。
2　Mvs P1,−50′——前进到 P_1 点的近点。
3　Ovrd 50′——设置速度倍率为 50%。
4　Mvs P1′——前进到 P_1 点。
5　Dly 0.5′——暂停 0.5s。
6　HClose 1′——抓手闭合 1。
7　Dly 0.5′——暂停 0.5s。
8　Ovrd 100′——设置速度倍率为 100%。
9　Mvs,−50′——退回到 P_1 点的近点。
10　Mvs P2,−50′——前进到 P_1 点的近点。
11　Ovrd 50′——设置速度倍率为 50%。
12　Mvs P2′——前进到 P_2 点。
13　Dly 0.5′——暂停 0.5s。
14　HOpen 1′——抓手 1 张开。
15　Dly 0.5′——暂停 0.5s。

16 Ovrd 100'——设置速度倍率为 100%。

17 Mvs，—50'——退回到 P₂ 点的近点。

18 End'——程序结束。

2.3 码垛（PALLET）指令概说

（1）功能

PALLET 指令也翻译为"托盘指令""码垛"指令，实际上是一个计算矩阵方格中各"点位中心"（位置）的指令，该指令需要设置"矩阵方格"有几行几列、起点终点、对角点位置、计数方向。由于该指令通常用于码垛动作，所以也就被称为"码垛指令"。

（2）指令格式

Def Plt—定义"托盘结构"指令。

Def□Plt□〈托盘号〉□〈起点〉□〈终点 A〉□〈终点 B〉□
[〈对角点〉]□〈列数 A〉□〈行数 B〉□〈托盘类型〉

Plt—指定托盘中的某一点。

（3）指令样例 1

如图 2-12 所示。

1 Def Plt 1,P1,P2,P3,□,3,4,1'——3 点型托盘定义指令。

2 Def Plt 1,P1,P2,P3,P4,3,4,1'——4 点型托盘定义指令。

3 点型托盘定义指令—指令中只给出起点、终点 A、终点 B。

4 点型托盘定义指令—指令中给出起点、终点 A、终点 B、对角点。

（4）术语解释

① 托盘号—系统可设置 8 个托盘，本数据设置第几号托盘。

② 起点/终点/对角点—如图 2-12 所示，用"位置点"设置。

③〈列数 A〉—起点与终点 A 之间的列数。

④〈行数 B〉—起点与终点 B 之间的行数。

⑤〈托盘类型〉—设置托盘中"各位置点"分布类型。

1=Z 字型；2=顺排型；3=圆弧型；11=Z 字型；12=顺排型；13=圆弧型。

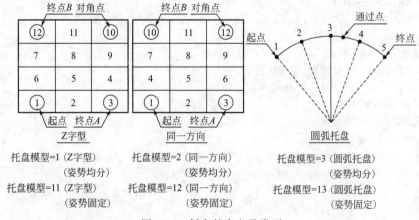

图 2-12　托盘的定义及类型

（5）指令样例 2

① Def Plt 1，P1，P2，P3，P4，4，3，1$'$——定义 1 号托盘，4 点定义，4 列×3 行，Z 字型格式。

② Def Plt 2，P1，P2，P3，8，5，2$'$——定义 2 号托盘，3 点定义，8 列×5 行，顺排型格式（注意 3 点型指令在书写时在终点 B 后有两个"逗号"）。

③ Def Plt 3，P1，P2，P3，5，1，3$'$——定义 3 号托盘，3 点定义，圆弧型格式（注意 3 点型指令在书写时在终点 B 后有两个"逗号"）。

④（Plt 1，5）$'$——1 号托盘第 5 点。

⑤（Plt 1，M1）$'$——1 号托盘第 M1 点（M1 为变量）。

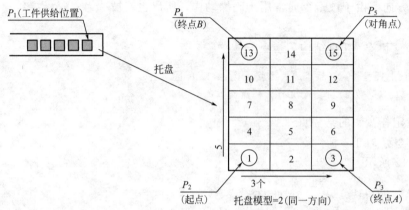

图 2-13　托盘的定义及类型

（6）程序样例 1（见图 2-13）

1　P3. A＝P2. A$'$——设定 P_3 点 A 轴角度＝P_2 点 A 轴角度。

2　P3. B＝P2. B$'$——设定 P_3 点 B 轴角度＝P_2 点 B 轴角度。

3　P3. C＝P2. C$'$——设定 P_3 点 C 轴角度＝P_2 点 C 轴角度。

4　P4. A＝P2. A$'$——设定 P_4 点 A 轴角度＝P_2 点 A 轴角度。

5　P4. B＝P2. B$'$——设定 P_4 点 B 轴角度＝P_2 点 B 轴角度。

6　P4. C＝P2. C$'$——设定 P_4 点 C 轴角度＝P_2 点 C 轴角度。

7　P5. A＝P2. A$'$——设定 P_5 点 A 轴角度＝P_2 点 A 轴角度。

8　P5. B＝P2. B$'$——设定 P_5 点 B 轴角度＝P_2 点 B 轴角度。

9　P5. C＝P2. C$'$——设定 P_5 点 C 轴角度＝P_2 点 C 轴角度。

10　Def Plt 1,P2,P3,P4,P5,3,5,2$'$——设定 1 号托盘，3×5 格，顺排型 (见图 2-13)。

11　M1＝1$'$——设置 M1 变量。

12　＊LOOP$'$——循环标志 LOOP。

13　Mov P1，－50$'$——前进到 P_1 点的近点。

14　Ovrd 50$'$——设置速度倍率为 50%。

15　Mvs P1$'$——前进到 P_1 点。

16　HClose 1$'$——1$^\#$ 抓手闭合。

17　Dly 0. 5$'$——暂停 0.5s。

18　Ovrd 100$'$——设置速度倍率为 100%。

19　Mvs，－50$'$——退回到 P_1 点的近点。

20　P10＝（Plt 1,M1）$'$——定义 P_{10} 点为 1 号托盘"M1"点，M1 为变量。

21　Mov P10，－50$'$——前进到 P_{10} 点的近点。

22　Ovrd 50$'$——设置速度倍率为 50%。

23　Mvs P10'——前进到 P_{10} 点。

24　HOpen 1'——打开抓手 1。

25　Dly 0.5'——暂停 0.5s。

26　Ovrd 100'——设置速度倍率为 100%。

27　Mvs，－50'——退回到 P_{10} 点的近点。

28　M1＝M1＋1'——M1 做变量运算。

29　If M1〈＝15 Then ＊LOOP'——循环指令判断条件。如果 M1 小于等于 15，则继续循环。根据此循环完成对托盘 1 所有"位置点"的动作。

30　End'——程序结束。

（7）程序样例 2

形位（POSE）在±180°附近的状态。

1　If Deg(P2.C)〈0 Then GoTo ＊MINUS'——如果 P_2 点 C 轴角度小于 0 就跳转到 ＊MINUS 行。

2　If Deg(P3.C)〈－178 Then P3.C＝P3.C＋Rad(＋360)'——如果 P_3 点 C 轴角度小于－178°就指令 P_3 点 C 轴＋360°。

3　If Deg(P4.C)〈－178 Then P4.C＝P4.C＋Rad(＋360)'——如果 P_4 点 C 轴角度小于－178°就指令 P_4 点 C 轴＋360°。

4　If Deg(P5.C)〈－178 Then P5.C＝P5.C＋Rad(＋360)'——如果 P_5 点 C 轴角度小于－178°就指令 P_5 点 C 轴＋360°。

5　GoTo ＊DEFINE'——跳转到 ＊DEFINE 行。

6　＊MINUS'——程序分支标志。

7　If Deg(P3.C)〉＋178 Then P3.C＝P3.C-Rad(＋360)'——如果 P_3 点 C 轴角度大于 178°就指令 P_3 点 C 轴减 360°。

8　If Deg(P4.C)〉＋178 Then P4.C＝P4.C-Rad(＋360)'——如果 P_4 点 C 轴角度大于 178°就指令 P_4 点 C 轴减 360°。

9　If Deg(P5.C)〉＋178 Then P5.C＝P5.C-Rad(＋360)'——如果 P_5 点 C 轴角度大于 178°就指令 P_5 点 C 轴减 360°。

10　＊DEFINE'——程序分支标志 DEFINE。

11　Def Plt 1,P2,P3,P4,P5,3,5,2'——定义 1# 托盘，3×5 格，顺排型。

12　M1＝1'——M1 为变量。

13　＊LOOP'——循环标志 LOOP。

14　Mov P1,－50'——前进到 P_1 点的近点。

15　Ovrd50'——设置速度倍率为 50%。

16　Mvs P1'——前进到 P_1 点。

17　HClose1'——1 号抓手闭合。

18　Dly0.5'——暂停 0.5s。

19　Ovrd100'——设置速度倍率为 100%。

20　Mvs，－50'——退回到 P_1 点的近点。

21　P10＝(Plt 1□M1)'——定义 P_{10} 点(为 1 号托盘中的 M1 点，M1 为变量)

22　Mov P10,－50'——前进到 P_{10} 点的近点。

23　Ovrd50'——设置速度倍率为 50%。

24　Mvs P10'——前进到 P_{10} 点。

25　HOpen1'——打开抓手 1。

26　Dly0.5'——暂停 0.5s。

27　Ovrd100'——设置速度倍率为 100%。

28　Mvs，－50'——退回到 P_1 点的近点。

29　M1＝M1＋1'——变量 M1 运算。

30 If M1〈＝15 Then * LOOP'——循环判断条件。如果 M1 小于等于 15,则继续循环。执行完 15 个点的抓取动作。

31 End'——程序结束。

2.4 程序结构指令详解

2.4.1 无条件跳转指令

GoTo—无条件跳转指令。

On GoTo—对应于指定的变量值进行相应行的跳转（1，2，3，4，…）。

2.4.2 根据条件执行程序分支跳转的指令

（1）功能

本指令用于根据"条件"执行"程序分支跳转"的指令，是改变程序流程的基本指令。

（2）指令格式 1

If 〈判断条件式〉Then〈流程 1〉□[Else〈流程 2〉]

① 这种指令格式是在程序一行里书写的判断-执行语句，如果"条件成立"就执行 Then 后面的程序指令，如果"条件不成立"就执行 Else 后面的程序指令。

② 指令例句 1

10 If M1〉10 Then * L100'——如果 M1 大于 10,则跳转到 * L100 行。

11 If M1〉10 Then GoTo * L20 Else GoTo * L30'——如果 M1 大于 10,则跳转到 * L20 行,否则跳转到 * L30 行。

（3）指令格式 2

如果判断-跳转指令的处理内容较多，无法在一行程序里表示，就使用指令格式 2。

If〈判断条件式〉
Then
〈流程 1〉
Else
〈流程 2〉]
EndIf

说明：如果"条件成立"则执行 Then 后面一直到 Else 的程序行，如果"条件不成立"执行 Else 后面到 EndIf 的程序行。EndIf 用于表示流程 2 的程序结束。

① 指令例句 1:

10 If M1〉10 Then'——如果 M1 大于 10,则执行下一行。

11 M1＝10'——赋值。

12 Mov P1'——前进到 P$_1$ 点。

13 Else'——否则。

14 M1＝－10'——赋值。

15 Mov P2'——前进到 P$_2$ 点。

16 EndIf'——选择语句结束。

② 指令例句 2:多级 If…Then…Else…EndIf 嵌套。

30 If M1〉10 Then'——第 1 级判断—执行语句。

31 If M2〉20 Then'——第 2 级判断—执行语句。

32 M1＝10'——赋值。

33 M2＝10'——赋值。

34 Else'——否则。

35 M1＝0'——赋值。

36 M2＝0'——赋值

37 EndIf'——第 2 级判断-执行语句结束。

38 Else'——否则。

39 M1＝－10'——赋值。

40 M2＝－10'——赋值。

41 EndIf'——第 1 级判断-执行语句结束。

③ 指令例句 3：在对 Then 及 Else 的流程处理中，以 Break 指令跳转到 EndIf 的下一行（不要使用 GoTo 指令跳转）。

30 If M1〉10 Then'——第 1 级判断-执行语句。

31 If M2〉20 Then Break'——如果 M2〉20 就跳转出本级判断执行语句(本例中为 39 行)。

32 M1＝10'——赋值。

33 M2＝10'——赋值。

34 Else'——否则。

35 M1＝－10'——赋值。

36 If M2〉20 Then Break'——如果 M2〉20 就跳转出本级判断执行语句(本例中为 39 行)。

37 M2＝－10'——赋值。

38 EndIf'——第 3 级判断语句结束。

39 If M_BrkCq＝1 Then Hlt'——判断。

40 Mov P1'——前进到 P₁ 点。

（4）说明

① 多行型指令"If…Then…Else…EndIf"必须书写 EndIf，不得省略，否则无法确定"流程 2"的结束位置。

② 不要使用 GoTo 指令跳转到本指令之外。

③ 嵌套多级指令最大为 8 级。

④ 在对 Then 及 Else 的流程处理中，以 Break 指令跳转到 EndIf 的下一行。

2.5 外部输入输出信号指令

2.5.1 输入信号

"输入信号"需要从外部硬配线的开关给出，当然也可以由 PLC 控制（外部输入输出信号是由外部 I/O 信号卡接入的）。在机器人的自动程序中，只能够检测"输入信号"的状态，实际上不能够直接从程序中指令"输入信号"。

相关的"工作状态变量"为：

M_In—开关型（位型）接口，表示某一"位"的 ON/OFF。

M_Inb—数字型接口，表示 8 个"位"的 ON/OFF。

M_Inw—数字型接口，表示 16 个"位"的 ON/OFF。

用于检测这些"输入信号"状态的指令有 Wait 指令，其功能是检测"输入信号"，如果

"输入信号"＝ON，就可进入程序"下一行"，也经常用输入信号的状态（ON/OFF）作为判断条件。

例句：

```
Wait M_In(1)＝1
M1＝M_Inb(20)
M1＝M_Inw(5)
```

2.5.2 输出信号

与对输入信号的控制不同，可以从机器人的自动程序中直接控制输出信号的 ON/OFF，这是很重要的。

（1）指令格式

M_Out□ M_Outb□ M_Outw□ M_DOut

（2）样例

Clr1′——输出信号全部＝OFF。

M_Out(1)＝1′——输出信号(1)＝ON。

M_Outb(8)＝0′——输出信号(8)～输出信号(15)(共 8 位)＝OFF。

M_Outw(20)＝0′——输出信号(20)～输出信号(35)(共 16 位)＝OFF。

M_Out(1)＝1 Dly0.5′——输出信号(1)＝ON,0.5s(相当于输出脉冲)。

M_Outb(10)＝&H0F′——指令输出端子 10～17 的状态＝H0F,即输出信号 10～13＝ON,输出信号 14～17＝OFF。

"M_Out□ M_Outb□ M_Outw□ M_DOut"也可以作为状态信号，这是"输出信号"的特点。

2.6 通信指令详解

（1）指令格式

① Open—开启通信口。

② Close—关闭通信口。

③ Print♯—以 ASCII 码输出数据，结束码 CODE 为 CR。

④ Input♯—接收 ASCII 码数据文件，结束码 CODE 为 CR。

⑤ On Com GoSub—根据外部通信口输入数据，调用子程序。

⑥ Com On—允许根据外部通信口输入数据进行"插入处理"。

⑦ Com Off—不允许根据外部通信口输入数据进行"插入处理"。

⑧ Com Stop—停止根据外部通信口输入数据进行"插入处理"。

（2）指令例句

1 Open"COM1□"As♯1′——开启通信口 COM1 并将从通信口 COM1 传入的文件作为 1♯文件。

2 Close♯1′——关闭 1♯文件。

3 Close′——关闭全部文件。

4 Print♯1□"TEST"′——输出字符串"TEST"到 1♯文件。

5 Print♯2□"M1＝"□M′——输出字符串"M1＝"到 2♯文件。例:如果 M1＝1 则输出"M1＝1"＋CR。

6 PRINT♯3,P1′——输出 P1 点数据到 3 号文件。例如,如果 P1 点数据为:X＝123.7,Y＝238.9,Z＝

33. 1,A＝19. 3,B＝0,C＝0,FL1＝1,FL2＝0,则输出数据为"(123. 7,238. 9,33. 1,19. 3,0,0)(1,0)"＋CR。

7　Print＃1,M5,P5'——输出变量 M5 和 P₅ 点数据到 1＃ 文件。例：如果 M5＝8,P₅ 为 X＝123. 7、Y＝238. 9、Z＝33. 1、A＝19. 3、B＝0、C＝0,FL1＝1,FL2＝0,则输出数据为："8,(123. 7,238. 9,33. 1,19. 3,0,0)(1,0)"＋CR。

8　Input＃1,M3'——输入接收指令。指定输入的数据＝M3。例：如果输入数据＝"8"＋CR 则 M3＝8。

9　Input＃1,P10'——输入接收指令。指定输入的位置数据＝P₁₀。例：如果输入数据为"(123. 7,238. 9,33. 1,19. 3,0,0)(1,0)"＋CR,则 P₁₀ 为 (X＝123. 7,Y＝238. 9,Z＝33. 1,A＝19. 3,B＝0,C＝0,FL1＝1,FL2＝0)。

10　Input＃1,M8,P6'——输入接收指令。指定输入的数据代入 M8 和位置点 P₆。例如，如果输入数据为："7,(123. 7,238. 9,33. 1,19. 3,0,0)(1,0)"＋CR,则 M8＝7,P6 为 (X＝123. 7,Y＝238. 9,Z＝33. 1,A＝19. 3,B＝0,C＝0,FL1＝1,FL2＝0)。

11　On Com(2)GoSub ＊RECV'——根据从外部通信口 COM2 输入的指令调用子程序 ＊RECV。

12　Com(1)On'——允许通信口 COM1 工作。

13　Com(2)Off'——关闭 COM2 通信口。

14　Com(1)Stop'——停止 COM1 通信口的工作(保留其状态)。

以下各节对通信指令进行详细解释。

2. 6. 1　Open—通信启动指令

（1）指令格式

Open,"〈通信口名或文件名〉"[For〈模式〉]As[＃]〈文件号码〉

（2）术语解释

①〈通信口名或文件名〉—指定通信口或"文件名称"。

②〈模式〉——有 INPUT/OUTPUT/Append 模式（省略即为随机模式）。

③〈文件号码〉——设置文件号（1～8）。

（3）程序样例（指定通信口）

1　Open"COM1:"As＃1'——开启通信口 COM1。将从 COM1 传入的文件作为 1＃ 文件。

2　Mov P_01'——前进到 P_01 点。

3　Print ＃1, P_Curr'——将"P_C Curr"(当前位置)输出，假设以"(100. 00,200. 00,300,00,400. 00)(7,0)"格式输出。

4　Input ＃1,M1,M2,M3'——以 ASCII 码格式接收"101. 00,202. 00,303. 00"外部数据。

5　P_01. X＝M1'——对 P_01. 点的 X 赋值,P_01. X＝101。

6　P_01. Y＝M2'——对 P_01. 点的 Y 赋值,P_01. Y＝202。

7　P_01. C＝Rad(M3)'——对 P_01. 点的 C 赋值,P_01. C＝303。

8　Close'——关闭通信口。

9　End'——程序结束。

（4）程序样例（指定通信口）

1　Open"temp. txt"For Append As＃1'——打开文件名为 temp. txt 的文件,Append 模式,指定 temp. txt 为 1＃ 文件。

2　Print＃1,"abc"'——输出字符串"abc"到 1＃ 文件。

3　Close＃1'——关闭 1＃ 文件。

通信口的通信方式可以用参数设置，参见图 2-14。

本参数设置了通信口 COM1～COM8 的通信方式。例如：COM1 通信口的通信方式

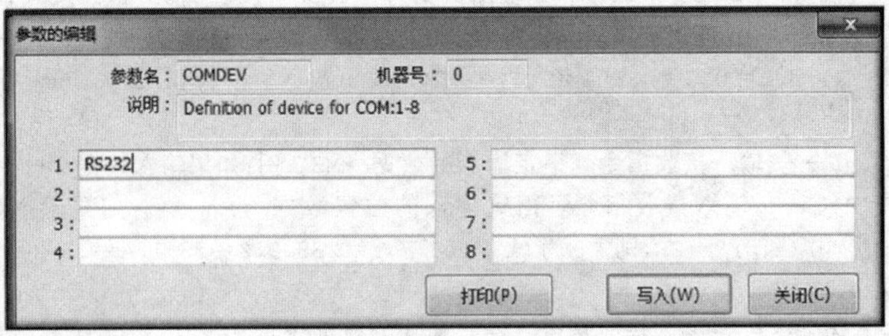

图 2-14　用参数设置通信口的通信方式

为 RS232。

2.6.2　Print—输出字符串指令

（1）指令格式

Print□＃〈文件号〉□[〈式 1〉]…[〈式 2〉]

（2）术语解释

①〈文件号〉——OPEN 指令指定的"文件号"。

②〈式〉——数值表达式、位置表达式、字符串表达式。

（3）指令例句

输出信息到文件"temp.txt"。

1　Open"temp.txt"For APPEND As＃1'——将文件"temp.txt"视作 1# 文件。

2　MDATA＝150'——赋值。

3　Print＃1,"＊＊＊ Print TEST ＊＊＊ "'——向 1# 文件输出字符串"＊＊＊ Print TEST ＊＊＊"。

4　Print ＃1'——输出换行符。

5　Print ＃1,"MDATA＝",MDATA'——输出字符串"MDATA＝",随后输出 MDATA 的值(150)。

6　Print ＃1'——输出换行符。

7　Print ＃1,"＊＊＊＊＊＊＊＊＊＊＊＊＊＊＊ "'——输出字符串"＊＊＊＊＊＊＊＊＊＊＊＊＊＊＊"。

8　End'——程序结束。

输出结果

＊＊＊ Print TEST ＊＊＊

MDATA＝150

＊＊＊＊＊＊＊＊＊＊＊＊＊＊＊

🛈 注意

如果指令中没有表达式时，输出换行符。

2.6.3　Input—从指定的文件中接收数据，接收的数值为 ASCII 码

（1）指令格式

Input□＃〈文件号〉□[〈输入数据名〉]…[〈输入数据名〉]

（2）术语解释

〈输入数据名〉——输入的数据被存放的位置，以变量表示。

（3）指令样例

```
1   Open"temp.txt"For Input As ♯1'——将"temp.txt"文件视作 1♯ 文件打开。
2   Input ♯1,CABC$'——接收 1♯ 文件传送过来的数据(从开始到换行符为止),CABC$＝"接收到的
数据"。
10  Close ♯1'——关闭 1♯ 文件。
```

2.6.4　On Com GoSub 指令

（1）功能

如果从通信端口有插入指令输入，就跳转到指定的子程序。

（2）指令格式

On□Com[(〈文件号〉)]□GoSub□〈跳转行标记〉

（3）例句

```
1   Open"COM1:"As ♯1'——打开通信口"COM1:",并将从"COM1:"传入的文件作为 1♯ 文件。
2   On Com(1)GoSub＊RECV'——如果从通信口有插入指令输入,就跳转到指定的子程序＊RECV。
3   Com(1)On'——允许插入(程序区间起点)。这中间如果插入条件＝ON,就跳转到 RECV 标记的子程序。
12  Mov P1'——前进到 P₁ 点。
13  Com(1)Stop'——停止插入(程序区间终点)。
14  Mov P2'——前进到 P₂ 点。
15  Com(1)On'——允许插入(程序区间终点)。
16  '这中间如果插入条件＝ON,就跳转到 RECV 标记的子程序。
27  Com(1)Off'——禁止插入。
28  Close♯1'——关闭 1♯ 程序。
29  End'——主程序结束。
40  ＊RECV'——子程序标签。
41  Input ♯1,M0001'——接收数据存放到 M0001。
42  Input ♯1,P0001'——接收数据存放到 P0001。
50  Return1'——子程序结束。
```

2.6.5　Com On/Com Off/Com Stop

① Com On—允许插入（类似于中断区间指定）。

② Com Off—禁止插入。

③ Com Stop—插入暂停（插入动作暂停，但继续接收数据，待 Com On 指令后，立即执行"插入程序"）。

2.7　运算指令概说

2.7.1　位置数据运算（乘法）

位置数据运算中的乘法运算实际是变换到"TOOL"坐标系的过程。在下例中，"$P_{100}=P_1P_2$"，P_1 点相当于"TOOL"坐标系中的原点（在世界坐标系中确定）。P_2 是"TOOL"坐标系中的坐标值，如图 2-15 所示。注意 P_1、P_2 点的排列顺序，顺序不同，意义也不一样。

乘法运算就是在 "TOOL" 坐标系中的 "加法运算"，除法运算就是在 "TOOL" 坐标系中的 "减法运算"。由于乘法运算经常使用在 "根据当前点位置计算下一点的位置"，所以特别重要，使用者需要仔细体会。

1 P2＝(10,5,0,0,0,0)(0,0)'——设置 P_2 点。
2 P1＝(200,150,100,0,0,45)(4,0)'——设置 P_1 点。
3 P100＝P1 * P2'——乘法运算。
4 Mov P1'——前进到 P_1 点。
5 Mvs P100'——前进到 P_{100} 点。

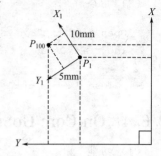

图 2-15 位置数据运算（乘法）

2.7.2 位置数据运算（加法）

加法运算是以机器人世界坐标系为基准，以 P_1 为起点，P_2 点为坐标值进行的加法运算，如图 2-16 所示。

1 P2＝(5,10,0,0,0,0)(0,0)'——设置 P_2 点。
2 P1＝(200,150,100,0,0,45)(4,0)'——设置 P_1 点。
3 P100＝P1＋P2'——加法运算。
4 Mov P1'——前进到 P_1 点。
5 Mvs P100'——前进到 P_{100} 点。

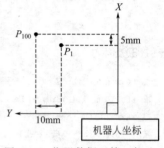

图 2-16 位置数据运算（加法）

因此从本质上来说，乘法与加法的区别在于各自依据的坐标系不同，但都是以第 1 点为基准，以第 2 点作为绝对值增量进行运算的。

2.8 多任务处理

2.8.1 多任务定义

多任务是指系统可以同时执行多个程序。理论上可以同时执行的程序达到 32 个，出厂设置为 8 个。在系统中有一个程序存放区（图 2-17），该存放区分为 32 个任务区（也有资料翻译为 "插槽"），每一个任务区存放一程序。在软件中可以对每一程序设置 "程序名" "循环运行条件" "启动条件" "优先运行行数"。

以参数 TASKMAX 设置多任务运行的 "最大程序数"。

2.8.2 设置多程序任务的方法

（1）任务区内程序的设置和启动

① 如果同时运行的都是运动程序，则多个程序运行会造成混乱，所以将 "运动程序" 置于 "第 1 任务区（插槽1）"，其他 "数据运算型程序" 置于第 2～第 7 区。

② 程序的启动 可以使 "第 1 任务区

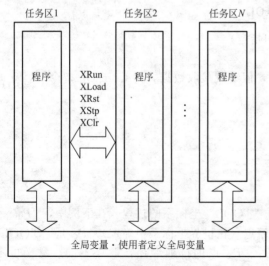

图 2-17 程序的存放区

（插槽 1）"内的程序通过指令启动其他任务区内的"程序"。相关指令如下：

a. XLoad。XLoad 2，"10"—指定任务区号和装入该任务区的"程序号"。

b. XRun。XRun 2—启动运行 2 号任务区（插槽）内的程序。

c. XStp。XStp 2—停止执行 2 号任务区（插槽）内的程序。

③ 样例程序　在图 2-16 中，各任务区程序之间可以通过"用户基本程序""全局变量""用户定义的全局变量"进行信息交换，这样也是实现各程序启动停止的方法和渠道。

a. 任务区 1 的程序：

1　M_00＝0'——M_00 为"全局变量"。

2　＊L2 If M_00＝0 Then ＊L2'——对 M_00 进行判断。

3　M_00＝0'——设置 M_00＝0。

4　Mov P1'——前进到 P_1 点。

5　Mov P2'——前进到 P_2 点。

100 GoTo ＊L2'——跳转到 ＊L2 行。

b. 任务区 2 的程序（信号及变量程序）：

1 If M_In(8)〈〉1 Then ＊L4'——对输入信号 8 进行判断，如果不等于 1 则跳到 ＊L4。

2　M_00＝1'——设置 M_00＝1 这个变量被任务区 1 的程序作为判断条件。

3　M_01＝2'——设置 M_01＝2。

4　＊L4'——程序分支标志。

④ 程序的启动条件

a. 可以设置程序的启动条件为"上电启动"或"遇报警启动"。"START"信号为同时启动各任务区内程序。

b. 可以对每个任务区（插槽）设置"外部信号"进行启动。

在使用外部信号控制各任务区时，如果在 2～7 任务区中设置的程序为运动程序，则在发出相关的启动信号后，系统立即报警——"未取得操作权"；如果设置的程序为数据运算程序，则不报警。

（2）各任务区内的工作状态

各任务区内的工作状态如图 2-18 所示。每一任务区的工作状态可以分为：

① "可选择程序状态"—本状态表示原程序已经运行完成或复位。在此状态下可以通过"指令 XLoad"或"参数"选择"装入"新的程序。

② "待机状态"—等待"启动"指令启动程序或"复位指令"回到"可选择程序状态"。

③ "运行状态"—通过 XStp 指令可进入"待机状态"，通过程序循环结束可进入"可选择程序状态"。

（3）对多任务区的设置

① 设置程序名　在 RT ToolBox 软件中可通过参数设置各任务区内的程序名，如图 2-19 所示。

② 同时启动信号　通过外部信号可以对各任务区进行"启动""停止"。"START"信号为同时启动各任务区内程序。

③ 分别启动信号　通过外部信号可以对各任务区分别进行"启动""停止"。S1START～SNSTART 为分别启动各任务区的信号，如图 2-20 所示。

④ 分别停止信号　通过外部信号可以对各任务区分别进行"停止"。S1STOP～SNSTOP 为分别停止各任务区的信号，如图 2-21 所示。

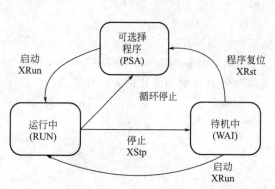

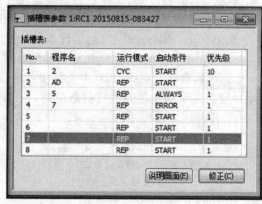

图 2-18　任务区内的工作状态及其转换　　　　图 2-19　在 RT ToolBox 软件中通过参数进行的设置

No.	程序名	运行模式	启动条件	优先级
1	2	CYC	START	10
2	AD	REP	START	1
3	5	REP	ALWAYS	1
4	7	REP	ERROR	1
5		REP	START	1
6		REP	START	1
7		REP	START	1
8		REP	START	1

图 2-20　各任务区的"启动信号"

	输入信号(N)	输出信号		输入信号(N)	输出信号		输入信号(U)	输出信号
1: S1START	11		12: S12START			23: S23START		
2: S2START	12		13: S13START			24: S24START		
3: S3START	13		14: S14START			25: S25START		
4: S4START	14		15: S15START			26: S26START		
5: S5START	15		16: S16START			27: S27START		
6: S6START	16		17: S17START			28: S28START		
7: S7START			18: S18START			29: S29START		
8: S8START			19: S19START			30: S30START		
9: S9START			20: S20START			31: S31START		
10: S10START			21: S21START			32: S32START		
11: S11START			22: S22START					

图 2-21　各任务区的"停止信号"

	输入信号(N)	输出信号		输入信号(N)	输出信号		输入信号(U)	输出信号
1: S1STOP	21		12: S12STOP			23: S23STOP		
2: S2STOP	22		13: S13STOP			24: S24STOP		
3: S3STOP	23		14: S14STOP			25: S25STOP		
4: S4STOP	24		15: S15STOP			26: S26STOP		
5: S5STOP	25		16: S16STOP			27: S27STOP		
6: S6STOP	26		17: S17STOP			28: S28STOP		
7: S7STOP			18: S18STOP			29: S29STOP		
8: S8STOP			19: S19STOP			30: S30STOP		
9: S9STOP			20: S20STOP			31: S31STOP		
10: S10STOP			21: S21STOP			32: S32STOP		
11: S11STOP			22: S22STOP					

2.8.3　多任务应用案例

(1) 程序流程图

图 2-22 为任务区 1 和任务区 2 内的程序流程图，两个程序之间有信息交流。

图 2-23 是工作位置点示意图。

各位置点的定义：

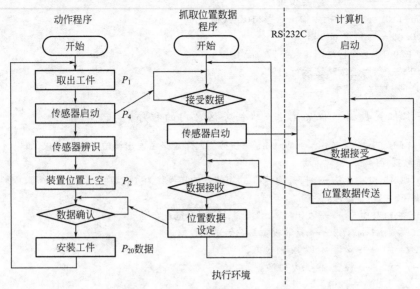

图 2-22 在任务区 1 和任务区 2 内的程序

P_1—抓取工件位置并暂停 0.05s。

P_2—放置工件位置并暂停 0.05s。

P_3—视觉系统前位置 Cnt 连续轨迹运行。

P_4—视觉系统快门位置 Cnt 连续轨迹运行。

P_01—视觉系统测量得到的（补偿）数据。

P_{20}—在 P_2 点的基础上加上了"视觉系统（补偿）数据"的新工件位置点。

（2）任务区 1 内的程序

1　Cnt1′——指令连续运行。

2　Mov P2,10′——移动到 P_2 点＋10mm 位置。

3　Mov P1,10′——移动到 P_1 点＋10mm 位置。

4　Mov P1′——移动到 P_1 点位置。

5　M_Out(10)＝0′——指令输出信号(10)＝OFF。

6　Dly0.05′——暂停 0.05s。

7　Mov P1,10′——移动到 P_1 点＋10mm 位置。

8　Mov P3′——移动到 P_3 点位置,准备照相。

9　Spd500′——设置速度＝500mm/s。

10　Mvs P4′——移动到 P_4 点位置,进行照相。

11　M_02♯＝0′——设置 M_01＝1/M_02＝0,作为程序 2 的启动条件。

12　M_01♯＝1′——对程序 2 发出读数据请求。

13　Mvs P2,10′——移动到 P_2 点＋10mm 位置。

14　* L2:If M_02♯＝0 Then GoTo * L2′——判断程序 2 的数据处理是否完成,M_02＝1 表示程序 2 的数据处理完成。

15　P20＝P2 * P_01′——定义 P_{20} 的位置＝P_2 与 P_01 乘法运算。

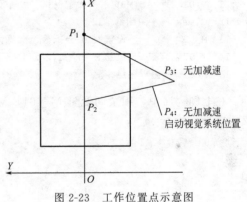

图 2-23　工作位置点示意图

16 Mov P20,10'——移动到 P_{20} 点+10mm 位置。

17 Mov P20'——移动到 P_{20} 点位置。

18 M_Out(10)=1'——指令输出信号(10)=ON。

19 Dly0.05'——暂停 0.05s。

20 Mov P20,10'——移动到 P_{20} 点+10mm 位置。

21 Cnt0'——解除连续轨迹运行功能。

22 End'——程序 1 结束。

(3) 获取位置数据 程序名 2 (任务区 2 内的程序)

1 * L1:If M_01♯=0 Then GoTo * L1'——检测程序 1 是否发出读位置数据请求,如果 M_01=1 就执行以下读位置数据程序。

2 Open"COM1:"As ♯1'——打开通信口 1,将传入的文件作为 1♯ 文件。

3 Dly M_03♯'——暂停。

4 Print ♯1,"SENS"'——发出"SENS"指令,通知"视觉系统"。

5 Input ♯1,M1,M2,M3'——接收视觉系统传送的数据。

6 P_01.X=M1'——设置 M1 为 X 轴数据。

7 P_01.Y=M2'——设置 M2 为 Y 轴数据。

8 P_01.Z=0.0'——赋值。

9 P_01.A=0.0'——赋值。

10 P_01.B=0.0'——赋值。

11 P_01.C=Rad(M3)'——设置 M3 为 C 轴数据。

12 Close'——关闭通信口。

13 M_01♯=0'——设置 M_01=0,表示数据读取及处理完成。

14 M_02♯=1'——设置 M_02=1,表示数据读取及处理完成。

15 End'——主程序结束。

在上例程序中,用全局变量 M_01,M_02 进行程序 1 和程序 2 的信息交换,是编程技巧之一。

第 **3** 章

表示机器人工作状态的变量

机器人的工作状态如"当前位置"等等是可以用变量的形式表示的。实际上每一种工业控制器都有表示自身工作状态的功能，如数控系统用"X接口"表示工作状态。所以机器人的状态变量就是表示机器人的"工作状态"的数据，在实际应用中极为重要，本章将详细解释各机器人状态变量的定义、功能和使用方法。

3.1 C_ Time—当前时间（以 24h 显示时/分/秒）

（1）功能

变量C_Time为以时分秒方式表示的当前时间。

（2）格式

〈字符串变量〉=C_Time

（3）例句

C1$=C_Time(假设当前时间是"01/05/20")
则 C1$="01/05/20"

3.2 J_Curr—各关节轴的当前位置数据

（1）功能

J_Curr是以各关节轴的旋转角度表示的"当前位置"数据。是编写程序时经常使用的重要数据。

（2）格式

〈关节型变量〉=J_Curr(〈机器人编号〉)

〈关节型变量〉:注意要使用"关节型的位置变量",以J开头。

〈机器人编号〉:设置范围1~3。

（3）例句

J1=J_Curr'——设置J1为关节型当前位置点。

3.3 J_ColMxl—碰撞检测中"推测转矩"与"实际转矩"之差的最大值

（1）功能

J_ColMxl为碰撞检测中各轴的"推测转矩"与"实际转矩"之差的最大值，如图3-1所示，用于反映实际出现的最大转矩，以便采取对应保护措施。

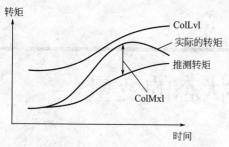

图 3-1　J _ ColMxl 示意图

（2）格式

〈关节型变量〉＝J_ColMxl(〈机器人编号〉)

（3）术语解释

〈关节型变量〉：注意要使用"关节型的位置变量"，以 J 开头。

〈机器人编号〉：设置范围 1～3。

（4）例句

1　M1＝100'——赋值。

2　M2＝100'——赋值。

3　M3＝100'——赋值。

4　M4＝100'——赋值。

5　M5＝100'——赋值。

6　M6＝100'——赋值。

7　 * LBL'——程序分支标志。

8　ColLvl M1,M2,M3,M4,M5,M6,,'——设置各轴碰撞检测级别。

9　ColChk On'——碰撞检测开始。

10　Mov P1'——前进到 P_1 点。

…

50　ColChk Off'——碰撞检测结束。

51　M1＝J_ColMxl(1).J1＋10'——将实际检测到的 J_1 轴碰撞检测值＋10 赋予 M1。

52　M2＝J_ColMxl(1).J2＋10'——将实际检测到的 J_2 轴碰撞检测值＋10 赋予 M2。

53　M3＝J_ColMxl(1).J3＋10'——将实际检测到的 J_3 轴碰撞检测值＋10 赋予 M3。

54　M4＝J_ColMxl(1).J4＋10'——将实际检测到的 J_4 轴碰撞检测值＋10 赋予 M4。

55　M5＝J_ColMxl(1).J5＋10'——将实际检测到的 J_5 轴碰撞检测值＋10 赋予 M5。

56　M6＝J_ColMxl(1).J6＋10'——将实际检测到的 J_6 轴碰撞检测值＋10 赋予 M6。

57　GoTo * LBL'——跳转到 * LBL 行。

（5）应用案例

从 P_1 点到 P_2 点的移动过程中，自动设置碰撞检测级别的程序，如图 3-2 所示。

```
' ********** 调用自动设置检测 (量级) 子程序 **********
GoSub * LEVEL'调用自动设置检测 (量级) 子程序
'HLT
' *********************************
```

* MAIN'——主程序。

Oadl ON'——最佳加减速度控制＝ON。

LoadSet 2,2'——设置抓手和工作条件。

Collvl M_01,M_02,M_03,M_04,M_05,M_06,,'——设置各轴碰撞检测级别。

Mov PHOME'——回工作基点。

Mov P1'——前进到 P_1 点。

Dly0.5'——暂停 0.5s。

ColChk ON'——碰撞检测开始。

Mvs P2'——前进到 P_2 点。

Dly0.5'——暂停 0.5s。

ColChk OFF'——碰撞检测结束。

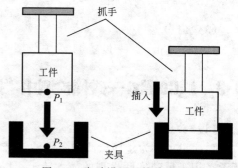

图 3-2　自动设置碰撞检测级别

Mov PHOME'——前进到 PHOME 点。

End'——主程序结束。

'——＊LEVEL FIX(碰撞检测量级自动设置子程序)＊＊

＊LEVEL

Mov PHOME'——前进到 PHOME 点。

M1=0'——赋值。

M2=0'——赋值。

M3=0'——赋值。

M4=0'——赋值。

M5=0'——赋值。

M6=0'——赋值。

ColLvl 500,500,500,500,500,500,,'——设置各轴碰撞检测量级 Level＝500％。

For MCHK=1 To 10'——循环处理(由于测量误差的偏差范围较大,所以做多次检测,取最大值)。

Dly0.3'——暂停 0.3s。

Mov P1'——前进到 P₁ 点。

Dly0.3'——暂停 0.3s。

Colhk ON'——碰撞检测开始。

Mvs P2'——前进到 P₂ 点。

Dly0.3'——暂停 0.3s。

ColChk OFF'——碰撞检测结束。

If M1〈J_ColMxl(1).J1 Then M1=J_ColMxl(1).J1

If M2〈J_ColMxl(1).J2 Then M2=J_ColMxl(1).J2

If M3〈J_ColMxl(1).J3 Then M3=J_ColMxl(1).J3

If M4〈J_ColMxl(1).J4 Then M4=J_ColMxl(1).J4

If M5〈J_ColMxl(1).J5 Then M5=J_ColMxl(1).J5

If M6〈J_ColMxl(1).J6 Then M6=J_ColMxl(1).J6

'——将实际检测到的数据赋予 M1～M6。

Next MCHK'——下一循环。经过 10 次循环后,将实际检测到的最大数据赋予 M1～M6。

M_01=M1＋10'——设置检测量级为"全局变量"。

M_02=M2＋10

M_03=M3＋10

M_04=M4＋10

M_05=M5＋10

M_06=M6＋10

ColLvl M_01,M_02,M_03,M_04,M_05,M_06,,'——将实际检测量级经过处理后,设置为新的检测量级。

Mvs P1'——前进到 P₁ 点。

Mov PHOME'——前进到 PHOME 点。

RETURN'——子程序结束。

'＊＊＊＊＊＊＊＊＊＊＊＊＊＊＊＊＊＊＊＊＊＊＊＊＊＊＊＊＊＊

3.4 J_ECurr—当前编码器脉冲数

(1) 功能

J_ECurr 为各轴编码器发出的"脉冲数"。

(2) 格式

〈关节型变量〉＝J_ECurr(〈机器人编号〉)

（3）术语解释

〈关节型变量〉：注意要使用"关节型的位置变量"，以 J 开头。

〈机器人编号〉：设置范围 1～3。

（4）例句

1　JA=J_ECurr(1)'——JA 为各轴脉冲值。

2　MA=JA.J1'——MA 为 J1 轴脉冲值。

3.5　J_Fbc/J_AmpFbc—关节轴的当前位置/关节轴的当前电流值

（1）功能

① J_Fbc 是以编码器实际反馈脉冲表示的关节轴当前位置。

② J_AmpFbc—关节轴的当前电流值。

（2）格式

〈关节型变量〉=J_Fbc(〈机器人编号〉)

〈关节型变量〉=J_AmpFbc(〈机器人编号〉)

（3）术语解释

①〈关节型变量〉：注意要使用"关节型的位置变量"，以 J 开头。

②〈机器人编号〉：设置范围 1～3。

（4）例句

① J1=J_Fbc'——J1=以编码器实际反馈脉冲表示的关节轴当前位置。

② J2=J_AmpFbc'——J2=各轴当前电流值。

3.6　J_Origin—原点位置数据

（1）功能

J_Origin 为原点的关节轴数据，多用于"回原点"功能。

（2）格式

〈关节型变量〉=J_Origin(〈机器人编号〉)

（3）术语解释

①〈关节型变量〉：注意要使用"关节型的位置变量"，以 J 开头。

②〈机器人编号〉：设置范围 1～3。

（4）例句

J1=J_Origin(1)'——J1=关节轴数据表示的原点位置。

3.7　M_Acl/M_DAcl/M_NAcl/M_NDAcl/M_AclSts

（1）功能

① M_Acl—当前加速时间比率（%）。

② M_DAcl—当前减速时间比率（%）。

③ M_NAcl—加速时间比率初始值（100％）。

④ M_NDAcl—减速时间比率初始值（100％）。

⑤ M_AclSts—当前位置的加减速状态。

0＝停止，1＝加速中，2＝匀速中，3＝减速中。

（2）格式

〈数值型变量〉＝M_Acl（〈数式〉）

〈数值型变量〉＝M_DAcl（〈数式〉）

〈数值型变量〉＝M_NAcl（〈数式〉）

〈数值型变量〉＝M_NDAcl（〈数式〉）

〈数值型变量〉＝M_AclSts（〈数式〉）

（3）术语解释

①〈数值型变量〉：必须使用"数值型变量"。

②〈数式〉：表示任务区号，省略时为 1# 任务区。

（4）例句

1　M1＝M_Acl'——M1＝任务区 1 的当前加速时间比率。

2　M1＝M_DAcl(2)'——M1＝任务区 2 的当前减速时间比率。

3　M1＝M_NAcl'——M1＝任务区 1 的初始加速时间比率。

4　M1＝M_NDAcl(2)'——M1＝任务区 2 的初始减速时间比率。

5　M1＝M_AclSts(3)'——M1＝任务区 3 的当前加减速工作状态。

（5）说明

① 加减速时间比率＝（初始加减速时间÷实际加减速时间）×100％。以初始加减速时间＝100％。

实际加减速时间＝初始加减速时间/加减速时间比率。

② M_AclSts—当前位置的加减速状态。

M_AclSts＝0—停止。

M_AclSts＝1—加速中。

M_AclSts＝2—匀速中。

M_AclSts＝3—减速中。

3.8　M_BsNo—当前基本坐标系编号

（1）功能

M_BsNo 为当前使用的"世界坐标系"编号。机器人使用的是"世界坐标系"，"工件坐标系"是世界坐标系的一种。机器人系统可设置 8 个工件坐标系。

M_BsNo 就是系统当前使用的坐标系编号。基本坐标系编号由参数 MEXBSNO 设置。

（2）格式

〈数值型变量〉＝M_BsNo（〈机器人号码〉）

（3）例句

1　M1＝M_BsNo'——M1＝机器人 1 当前使用的坐标系编号。

2　If M1＝1 Then'——如果当前坐标系编号＝1,就执行 Mov P1。

3　Mov P1'——前进到 P_1 点。

4　Else'——否则，就执行 Mov P_2。

5　Mov P2'——前进到 P_2 点。

6　EndIf'——选择语句结束。

（4）说明

① M _ BsNo＝0—初始值。由 P _ Nbase 确定的坐标系。

② M _ BsNo＝1～8—工件坐标系。由参数 WK1CORD～WK8CORD 设置的坐标系。

③ M _ BsNo＝－1—这种状态下，表示由 Base 指令或参数 MEXBS 设置坐标系。

3.9　M_BTime—电池可工作时间

（1）功能

M _ BTime 为电池可工作时间。

（2）格式

〈数值型变量〉＝M_BTime

（3）例句

1　M1＝M_BTime'——M1 为电池可工作时间。

3.10　M_CmpDst—伺服柔性控制状态下，指令值与实际值之差

（1）功能

M _ CmpDst 为在伺服柔性控制状态下，指令值与实际值之差。

（2）格式

〈数值型变量〉＝M_CmpDst(〈机器人号码〉)

（3）术语解释

〈机器人号码〉：1～3，省略时＝1。

（4）例句

1　Mov P1'——前进到 P_1 点。

2　CmpG 0.5,0.5,1.0,0.5,0.5,,,'——设置柔性控制增益。

3　Cmp Pos,&B00011011'——设置柔性控制轴。

4　Mvs P2'——前进到 P_2 点。

5　M_Out(10)＝1'——输出信号(10)＝ON。

6　Mvs P1'——前进到 P_1 点。

7　M1＝M_CmpDst(1)'——M1 为伺服柔性控制状态下，指令值与实际值之差。

8　Cmp Off'——柔性控制结束。

3.11　M_CmpLmt—伺服柔性控制状态下，指令值是否超出限制

（1）功能

M _ CmpLmt 表示在伺服柔性控制状态下，指令值是否超出限制。

M _ CmpLmt＝1：超出限制。

M _ CmpLmt＝0：没有超出限制。

（2）格式

```
M_CmpLmt(机器人号码)＝1
M_CmpLmt(机器人号码)＝0
```

（3）术语解释

〈机器人号码〉：1～3，省略时＝1。

（4）例句

1 Def Act 1,M_CmpLmt(1)＝1 GoTo＊LMT'——定义：如果 1# 机器人的指令值超出限制，就跳转到＊LMT。

10 Mov P1'——前进到 P_1 点。

11 CmpG 1,1,0,1,1,1,1,1'——设置柔性控制增益。

12 Cmp Pos,&B100'——设置柔性控制轴。

13 Act 1＝1'——中断程序有效区间起点。

14 Mvs P2'——前进到 P_2 点。

100 ＊LMT'——中断程序。

101 Mvs P1'——前进到 P_1 点。

102 Reset Err'——报警复位。

103 Hlt'——暂停。

3.12 M_ColSts—碰撞检测结果

（1）功能

M _ ColSts 为碰撞检测结果。

M _ ColSts＝1：检测到碰撞。

M _ ColSts＝0：未检测出碰撞。

（2）格式

```
M_ColSts(〈机器人号码〉)＝1
M_ColSts(〈机器人号码〉)＝0
```

（3）术语解释

〈机器人号码〉：1～3，省略时＝1。

（4）例句

1 Def Act 1,M_ColSts(1)＝1 GoTo＊HOME'——如果检测到碰撞,就跳转到＊HOME。

2 Act 1＝1'——中断有效区间起点。

3 ColChk On,NOErr'——碰撞检测生效(非报警状态)。

4 Mov P1'——前进到 P_1 点。

5 Mov P2'——前进到 P_2 点。

6 Mov P3'——前进到 P_3 点。

7 Mov P4'——前进到 P_4 点。

8 Act 1＝0'——中断区间结束点。

100 ＊HOME'——中断程序标记。

101 ColChk Off'——碰撞检测无效。

```
102  Servo On'——伺服 ON。
103  PESC＝P_ColDir(1) * (-2)'——计算待避点位置(2点相乘)。
104  PDST＝P_Fbc(1)＋PESC'——计算待避点位置(2点相加)。
105  Mvs PDST'——运行到"待避点"。
106  Error9100'——报警。
```

3.13　M_Err/M_ErrLvl/M_ErrNo—报警信息

（1）功能

M_Err/M_ErrLvl/M_ErrNo 用于表示是否有报警发生及报警等级。

① M_Err—是否发生报警。

M_Err＝0—无报警；M_Err＝1—有报警。

② M_ErrLvl—报警等级，有 0～6 级。

M_ErrLvl＝0：无报警；

M_ErrLvl＝1：警告；

M_ErrLvl＝2：低等级报警；

M_ErrLvl＝3：高等级报警；

M_ErrLvl＝4：警告 1；

M_ErrLvl＝5：低等级报警 1；

M_ErrLvl＝6：高等级报警 1；

③ M_ErrNo—报警代码。

（2）格式

〈数值变量〉＝M_Err

〈数值变量〉＝M_ErrLvl

〈数值变量〉＝M_ErrNo

（3）例句

```
1  * LBL:If M_Err＝0 Then * LBL'——如果无报警发生,则停留在本程序行。
2  M2＝M_ErrLvl'——M2＝报警级别 Level。
3  M3＝M_ErrNo'——M3＝报警号。
```

3.14　M_Exp—自然对数

（1）功能

M_Exp＝自然对数的底（2.71828182845905）。

（2）例句

```
M1＝M_Exp'——M1＝2.71828182845905。
```

3.15　M_Fbd—指令位置与反馈位置之差

（1）功能

M_Fbd 为指令位置与反馈位置之差。

（2）格式

〈数值变量〉＝M_Fbd(机器人编号)

（3）例句

1　Def Act 1,M_Fbd〉10 GoTo＊SUB1,S′——如果偏差大于 10mm 则跳转到＊SUB1。

2　Act 1＝1′——中断区间有效起点。

3　Torq 3,10′——设置 J_3 轴的转矩限制在 10％以下。

4　Mvs P1′——前进到 P_1 点。

5　End′——主程序结束。

10　＊SUB1′——子程序标志。

11　Mov P_Fbc′——使实际位置与指令位置相同。

12　M_Out(10)＝1′——输出信号(10)＝ON。

13　End′——主程序结束。

（4）说明

误差值为 X、Y、Z 的合成值。

3. 16　M_In/M_Inb/M_In8/M_Inw/M_In16—输入信号状态

（1）功能

这是一类输入信号状态，是最常用的状态信号。

① M_In—位信号。

② M_Inb/M_In8—以"字节"为单位的输入信号。

③ M_Inw/M_In16—以"字"为单位的输入信号。

（2）格式

〈数值变量〉＝M_In(〈数式〉)

〈数值变量〉＝M_Inb(〈数式〉) 或 M_In8(〈数式〉)

〈数值变量〉＝M_Inw(〈数式〉) 或 M_In16(〈数式〉)

（3）术语解释

〈数式〉：输入信号地址。

输入信号地址的范围定义：

① 0～255—通用输入信号；

② 716～731—多抓手信号；

③ 900～907—抓手输入信号；

④ 2000～5071—PROFIBUS 用；

⑤ 6000～8047—CC-Link 用。

（4）例句

1　M1％＝M_In(10010)′——M1＝输入信号 10010 的值(1 或 0)。

2　M2％＝M_Inb(900)′——M2＝输入信号 900～907 的 8 位数值。

3　M3％＝M_Inb(10300)And &H7′——M3＝10300～10307 与 H7 的逻辑和运算值。

4　M4％＝M_Inw(15000)′——M4＝输入 15000～15015 构成的数据值(相当于一个 16 位的数据寄存器)。

3.17 M_In32—存储 32 位外部输入数据

（1）功能

M _ In32 为外部 32 位输入数据的信号状态。

（2）格式

〈数值变量〉＝M_In32（〈数式〉）

（3）术语解释

〈数式〉：输入信号地址。

输入信号地址的范围定义：

① 0～255—通用输入信号。

② 716～731—多抓手信号。

③ 900～907—抓手输入信号。

④ 2000～5071—PROFIBUS 用。

⑤ 6000～8047—CC-Link 用。

（4）例句

1　＊ack_wait'——程序分支标志。

2　If M_In(7)＝0 Then＊ack_check'——判断语句。

3　M1&＝M_In32(10000)'——M1＝由输入信号 10000～10031 组成的 32 位数据。

4　P1.Y＝M_In32(10100)/1000'——P1.Y＝外部输入信号 10100～10131 组成的数据除以 1000 的值。

这是将外部数据定义为"位置点"数据的一种方法。

3.18 M_JOvrd/M_NJOvrd/M_OPovrd/M_Ovrd/M_NOvrd—速度倍率值

（1）功能

表示当前速度倍率的状态变量。

① M _ JOvrd—关节插补运动的速度倍率。

② M _ NJOvrd—关节插补运动速度倍率的初始值（100％）。

③ M _ OPovrd—操作面板的速度倍率值。

④ M _ Ovrd—当前速度倍率值（以 OVER 指令设置的值）。

⑤ M _ NOvrd—速度倍率的初始值（100％）。

（2）格式

〈数值变量〉＝M_JOvrd（〈数式〉）
〈数值变量〉＝M_NJOvrd（〈数式〉）
〈数值变量〉＝M_OPovrd（〈数式〉）
〈数值变量〉＝M_Ovrd（〈数式〉）
〈数值变量〉＝M_NOvrd（〈数式〉）

（3）术语解释

〈数式〉：任务区号，省略时为 1。

（4）例句

1　M1＝M_Ovrd'——将当前速度倍率值赋予 M1。

2 M2＝M_NOvrd'——将速度倍率的初始值(100%)赋予 M2。

3 M3＝M_JOvrd'——将关节插补速度倍率赋予 M3。

4 M4＝M_NJOvrd'——将关节插补速度倍率的初始值(100%)赋予 M4。

5 M5＝M_OPOvrd'——将操作面板的速度倍率值赋予 M5。

6 M6＝M_Ovrd(2)'——将任务区 2 的当前速度倍率值赋予 M6。

3.19 M_Line—当前执行的程序行号

（1）功能

M _ Line 为当前执行的程序行号（会经常使用）。

（2）格式

〈数值变量〉＝M_Line(〈数式〉)

（3）术语解释

〈数式〉：任务区号，省略时为 1。

（4）例句

1 M1＝M_Line(2)'——M1＝任务区 2 的当前执行程序行号。

3.20 M_LdFact—各轴的负载率

（1）功能

负载率是指实际载荷与额定载荷之比（实际电流与额定电流之比）。由于 M _ LdFact 表示了实际工作负载，所以经常使用。

（2）格式

〈数值变量〉＝M_LdFact(〈轴号〉)

（3）术语解释

①〈数值变量〉：负载率（0～100%）。

②〈轴号〉：各轴轴号。

（4）例句

1 Accel100,100'——设置加减速时间＝100%。

2 * Label'——程序分支。

3 Mov P1'——前进到 P_1 点。

4 Mov P2'——前进到 P_2 点。

5 If M_LdFact(2)>90 Then'——如果 J_2 轴的负载率大于 90%,则执行下一步。

6 Accel 50,50'——将加速度降低到原来的 50%。

8 Else'——否则执行下一行。

9 Accel100,100'——将加速度调整到原来的 100%。

10 EndIf'——判断语句结束。

11 GoTo * Label'——跳转到 * Label 行。

（5）说明

如果负载率过大则必须延长加减速时间或改变机器人的工作负载。

3. 21　M_Out/M_Outb/M_Out8/M_Outw/M_Out16—输出信号状态（指定输出或读取输出信号状态）

（1）功能

输出信号状态。

① M_Out—以"位"为单位的输出信号状态；

② M_Outb/M_Out8—以"字节（8位）"为单位的输出信号数据；

③ M_Outw/M_Out16—以"字（16位）"为单位的输出信号数据。

这是最常用的变量之一。

（2）格式

① M_Out(〈数式1〉)=〈数值2〉

② M_Outb(〈数式1〉)或 M_Out8(〈数式1〉)=〈数值3〉

③ M_Outw(〈数式1〉)或 M_Out16(〈数式1〉)=〈数值4〉

④ M_Out(〈数式1〉)=〈数值2〉dly〈时间〉

⑤〈数值变量〉=M_Out(〈数式1〉)

（3）术语解释

①〈数式1〉：用于指定输出信号的地址。

输出信号的地址范围分配如下：

a. 10000～18191—多 CPU 共用软元件；

b. 0～255—外部 I/O 信号；

c. 716～723—多抓手信号；

d. 900～907—抓手信号；

e. 2000～5071—PROFIBUS 用信号；

f. 6000～8047—CC-Link 用信号。

②〈数值2〉，〈数值3〉，〈数值4〉—输出信号输出值，可以是常数、变量、数值表达式。

③〈数值2〉设置范围：0 或 1。

④〈数值3〉设置范围：−128～+127。

⑤〈数值4〉设置范围：−32768～+32767。

⑥〈时间〉：设置输出信号=ON 的时间，单位为秒。

（4）例句

1　M_Out(902)=1′——指令输出信号 902=ON。

2　M_Outb(10016)=&HFF′——指令输出信号 10016～10023 的 8 位=HFF。

3　M_Outw(10032)=&HFFFF′——指令输出信号 10032～10047 的 16 位=HFFFF。

4　M4=M_Outb(10200)And &H0F′——M4=(输出信号 10200～10207)与 H0F 的逻辑和。

（5）说明

输出信号与其他状态变量不同，输出信号是可以对其进行"指令"的变量而不仅仅是"读取其状态"的变量。实际上更多的是对输出信号进行设置，指令输出信号=ON/OFF。

3. 22　M_Out32—向外部输出或读取 32bit 的数据

（1）功能

M_Out32 用于指令外部输出信号状态（指定输出或读取输出信号状态）。

M ＿ Out32 是以 "32 位" 为单位的输出信号数据。

（2）格式

M_Out32(〈数式 1〉)＝〈数值〉
〈数值变量〉＝M_Out32(〈数式 1〉)

（3）术语解释

① 〈数式 1〉：用于指定输出信号的地址。

输出信号的地址范围分配如下：

a. 10000～18191—多 CPU 共用软元件；

b. 0～255—外部 I/O 信号；

c. 716～723—多抓手信号；

d. 900～907—抓手信号；

e. 2000～5071—PROFIBUS 用信号；

f. 6000～8047—CC-Link 用信号。

② 〈数值〉设置范围：$-2147483648～+2147483647$（&H80000000～&H7FFFFFFF）。

（4）例句

1　M_Out32(10000)＝P1.X＊1000′——将 P1.X×1000 代入 10000～10031 的 32 位中。

2　＊ack_wait′——程序分支标志。

3　If M_In(7)＝0 Then ＊ack_check′——判断语句。

4　P1.Y＝M_In32(10100)/1000′——将 M_In32(10100) 构成的 32 位数据除以 1000 后代入 P1.Y。

3.23　M_RDst—（在插补移动过程中）距离目标位置的 "剩余距离"

（1）功能

M ＿ RDst 为（在插补移动过程中）距离目标位置的 "剩余距离"。M ＿ RDst 多在特定位置需要动作时用。

（2）格式

〈数值变量〉＝M_RDst(〈数式〉)

（3）术语解释

〈数式〉：任务区号，1～32，省略时为当前任务区号。

（4）例句

1　Mov P1 WthIf M_RDst〈10,M_Out(10)＝1′——如果在向 P_1 的移动过程中，"剩余距离" 〈10mm，则指令输出信号(10)＝ON。

3.24　M_Run—任务区内程序执行状态

（1）功能

M ＿ Run 为任务区内程序的执行状态。

M ＿ Run＝1：程序在执行中。

M ＿ Run＝0：其他状态。

（2）格 式

〈数值变量〉=M_Run(〈数式〉)

（3）术语解释

〈数式〉：任务区号，1～32，省略时为当前任务区号。

（4）例 句

1　M1=M_Run(2)'——M1=任务区 2 内的程序执行状态。

3.25　M_Spd/M_NSpd/M_RSpd—插补速度

（1）功 能

M＿Spd—当前设定速度。

M＿NSpd—初始速度（最佳速度控制）。

M＿RSpd—当前指令速度。

（2）格 式

〈数值变量〉=M_Spd(〈数式〉)

〈数值变量〉=M_NSpd(〈数式〉)

〈数值变量〉=M_RSpd(〈数式〉)

（3）术语解释

〈数式〉：任务区号，1～32，省略时为当前任务区号。

（4）例 句

1　M1=M_Spd'——M1=当前设定速度。

2　Spd M_NSpd'——设置为最佳速度模式。

M＿RSpd 为当前指令速度，多用于多任务和 Wth、WthIf 指令中。

3.26　M_Timer—计时器（以 ms 为单位）

（1）功 能

M＿Timer 为计时器（以 ms 为单位），可以计测机器人的动作时间。

（2）格 式

〈数值变量〉=M_Timer(〈数式〉)

（3）术语解释

〈数式〉：计时器序号，1～8，不能省略括号。

（4）例 句

1　M_Timer(1)=0'——计时器清零(从当前点计时)。

2　Mov P1'——前进到 P₁ 点。

3　Mov P2'——前进到 P₂ 点。

4　M1=M_Timer(1)'——从当前点—P₁—P₂ 所经过的时间(假设计时时间=5.432s,则 M1=5432ms)。

5　M_Timer(1)=1.5'——设置 M_Timer(1)=1.5ms。

M_Timer 可以作为状态型函数，对某一过程进行计时，计时以毫秒为单位；也可以被设置，设置时以秒为单位。

3.27　M_Tool—设定或读取 TOOL 坐标系的编号

（1）功能

M_Tool 是双向型变量，既可以设置也可以读取。M_Tool 用于设定或读取 TOOL 坐标系的编号。

（2）格式

〈数值变量〉=M_Tool(〈机器人编号〉)

M_Tool(〈机器人编号〉)=〈数式〉

（3）术语解释

〈机器人编号〉：1～3，省略时为 1。

〈数式〉：TOOL 坐标系序号，1～4。

（4）例句 1

设置 TOOL 坐标系：

1　Tool(0,0,100,0,0,0)′——设置 TOOL 坐标系原点(0,0,100,0,0,0)并写入参数 MEXTL。

2　Mov P1′——前进到 P_1 点。

3　M_Tool=2′——选择当前 TOOL 坐标系为 2$^\#$ TOOL 坐标系(由 MEXTL2 设置的坐标系)。

4　Mov P2′——前进到 P_2 点。

（5）例句 2

设置 TOOL 坐标系：

1　If M_In(900)=1 Then′——如果 M_In(900)=1 则。

2　M_Tool=1′——选择 TOOL1 作为 TOOL 坐标系。

3　Else′——否则。

4　M_Tool=2′——选择 TOOL2 作为 TOOL 坐标系。

5　EndIf′——判断语句结束。

6　Mov P1′——前进到 P_1 点。

参数 MEXTL1、MEXTL2、MEXTL3、MEXTL4 用于设置 TOOL 坐标系 1～4。M_Tool 可以选择这些坐标系，也表示了当前正在使用的坐标系。

3.28　M_Wai—任务区内的程序执行状态

（1）功能

M_Wai 表示任务区内的程序执行状态。

M_Wai=1：程序为中断执行状态；

M_Wai=0：中断以外状态。

（2）格式

〈数值变量〉=M_Wai(〈机器人编号〉)

（3）术语解释

〈机器人编号〉：1～3，省略时为1。

（4）例句

1 M1＝M_Wai(1)'——将任务区内的程序执行状态赋值到M1。

3.29 M_XDev/M_XDevB/M_XDevW/M_XDevD—PLC 输入信号数据

（1）功能

在多CPU工作时，读取PLC输入信号数据。

① M_XDev—以"位"为单位的输入信号状态；

② M_XDevB—以"字节（8位）"为单位的输入信号数据；

③ M_XDevW—以"字（16位）"为单位的输入信号数据；

④ M_XDevD—以"双字（32位）"为单位的输入信号数据。

（2）格式

〈数值变量〉＝M_XDev(PLC 输入信号地址)

〈数值变量〉＝M_XDevB(PLC 输入信号地址)

〈数值变量〉＝M_XDevW(PLC 输入信号地址)

〈数值变量〉＝M_XDevD(PLC 输入信号地址)

（3）PLC 输入信号地址

设置范围以16进制表示如下：

① M_XDev：&H0～&HFFF（0～4095）。

② M_XDevB：&H0～&HFF8（0～4088）。

③ M_XDevW：&H0～&HFF0（0～4080）。

④ M_XDevD：&H0～&HFE0（0～4064）。

（4）例句

1 M1％＝M_XDev(1)'——M1＝PLC 输入信号 1(1 或 0)。

2 M2％＝M_XDevB(&H10)'——M2＝PLC 输入信号 H10～H17 位的值。

3 M3％＝M_XDevW(&H20) And & H7'——M3＝PLC 输入信号 H20～H2F 的值与 H7 做逻辑和运算的结果。

4 M4％＝M_XDevW(&H20)'——M4＝PLC 输入信号 H20～H2F 构成的数值。

5 M5&＝M_XDevD(&H100)'——M5＝PLC 输入信号 H100～H11F 构成的数值。

6 P1.Y＝M_XDevD(&H100)/1000'——计算。将输入信号构成的数据除以 1000 以后赋值到 P1.Y。

3.30 M_YDev/M_YDevB/M_YDevW/M_YDevD—PLC 输出信号数据

（1）功能

在多CPU工作时，设置或读取PLC输出信号数据（可写可读）。

① M_YDev—以"位"为单位的输出信号状态。

② M_YDevB—以"字节（8位）"为单位的输出信号数据。

③ M_YDevW—以"字（16位）"为单位的输出信号数据。

④ M_YDevD—以"双字（32位）"为单位的输出信号数据。

（2）格式1：读取

〈数值变量〉＝M_YDev(PLC 输出信号地址)
〈数值变量〉＝M_YDevB(PLC 输出信号地址)
〈数值变量〉＝M_YDevW(PLC 输出信号地址)
〈数值变量〉＝M_YDevD(PLC 输出信号地址)

（3）格式2：设置

M_YDev(PLC 输出信号地址)＝〈数值〉
M_YDevB(PLC 输出信号地址)＝〈数值〉
M_YDevW(PLC 输出信号地址)＝〈数值〉
M_YDevD(PLC 输出信号地址)＝〈数值〉

（4）PLC 输出信号地址
设置范围以 16 进制表示如下：
① M_YDev：&H0～&HFFF（0～4095）。
② M_YDevB：&H0～&HFF8（0～4088）。
③ M_YDevW：&H0～&HFF0（0～4080）。
④ M_YDevD：&H0～&HFE0（0～4064）。

（5）术语解释
〈数值〉：设置写入数据的范围。
① M_YDev：1 或 0；
② M_YDevB：－128～127；
③ M_YDevW：－32768～32767（&H8000～&H7FFF）；
④ M_UDevD：－2147483648～2147483647（&H80000000～&H7FFFFFFF）。

（6）例句

1　M_YDev(1)＝1′——设置 PLC 输出信号(1)＝ON。
2　M_YDevB(&H10)＝&HFF′——设置 PLC 输出信号(H10～H17)＝ON。
3　M_YDevW(&H20)＝&HFFFF′——设置 PLC 输出信号(H20～H2F)＝ON。
4　M_YDevD(&H100)＝P1.X＊1000′——设置 PLC 输出 H100～H11F 构成的数据＝P1.X×1000。
5　M1%＝M_YDevW(&H20)And &H7′——计算。将 PLC 输出信号 H20～H2F 与 H7 做逻辑和运算后的数值赋值到 M1%。

3.31　P_Base/P_NBase—基本坐标系偏置值

（1）功能
P_Base—当前基本坐标系偏置值，即从当前世界坐标系观察到的"基本坐标系原点"的数据。
P_NBase—基本坐标系初始值＝(0，0，0，0，0，0)(0，0)，当世界坐标系与基本坐标系一致时，即为初始值。

（2）格式

〈位置变量〉＝P_Base(〈机器人编号〉)
〈位置变量〉＝P_NBase

（3）术语解释

①〈位置变量〉：以 P 开头，表示"位置点"的变量。

②〈机器人编号〉：1～3，省略时为 1。

（4）例句

```
1   P1＝P_Base'——P1＝当前"基本坐标系"在"世界坐标系"中的位置。
2   Base P_NBase'——以基本坐标系的初始位置为"当前世界坐标系"。
```

3.32 P_CavDir—机器人发生干涉碰撞时的位置数据

（1）功能

P_CavDir 为机器人发生干涉碰撞时的位置数据，是读取专用型数据。P_CavDir 是检测到碰撞发生后，自动退避时确定方向所使用的"位置点数据"（为避免事故所回退的数据）。

（2）格式

〈位置变量〉＝P_CavDir（〈机器人编号〉）

（3）术语解释

①〈位置变量〉：以 P 开头，表示"位置点"的变量。

②〈机器人编号〉：1～3，省略时为 1。

（4）例句

```
Def Act 1,M_CavSts〈〉0 GoTo * Home'——定义如果发生"干涉"后的"中断程序"。
Act 1＝1'——中断区间有效。
CavChk On,0,NOErr'——设置干涉回避功能有效。
Mov P1'——移动到 P₁ 点。
Mov P2'——移动到 P₂ 点。
Mov P3'——移动到 P₃ 点。
* Home'——程序分支标志。
CavChk Off'——设置干涉回避功能无效。
M_CavSts＝0'——干涉状态清零。
MDist＝Sqr（P_CavDir.X * P_CavDir.X ＋ P_CavDir.Y * P_CavDir.Y ＋ P_CavDir.Z * P_CavDir.Z）'——求出移动量的比例（求平方根运算）。
PESC＝P_CavDir(1) * （－50） * (1/MDist)'——生成待避动作的移动量,从干涉位置回退 50mm。
PDST＝P_Fbc(1)＋PESC'——生成待避位置。
Mvs PDST'——移动到 PDST 点。
Mvs PHome'——回待避位置。
```

3.33 P_Curr—当前位置（X，Y，Z，A，B，C，L1，L2）（FL1，FL2）

（1）功能

P_Curr 为"当前位置"，这是最常用的变量。

（2）格式

〈位置变量〉＝P_Curr（〈机器人编号〉）

（3）术语解释

①〈位置变量〉：以 P 开头，表示"位置点"的变量。

②〈机器人编号〉：1~3，省略时为 1。

（4）例句

1   Def Act 1,M_In(10)＝1 GoTo＊LACT'——定义一个中断程序。

2   Act 1＝1'——中断程序生效区间起点。

3   Mov P1'——前进到 P_1 点。

4   Mov P2'——前进到 P_2 点。

5   Act 1＝0'——中断程序生效区间终点。

100   ＊LACT'——程序分支。

101   P100＝P_Curr'——读取当前位置。P_{100}＝当前位置。

102   Mov P100,－100'——移动到 P_{100} 近点－100 的位置。

103   End'——主程序结束。

3.34   P_Fbc—以伺服反馈脉冲表示的当前位置 $(X，Y，Z，A，B，C，L1，L2)$ (FL1，FL2)

（1）功能

P_Fbc 是以伺服反馈脉冲表示的当前位置 $(X，Y，Z，A，B，C，$ L1，L2) (FL1，FL2)。

（2）格式

〈位置变量〉＝P_Fbc(〈机器人编号〉)

（3）术语解释

〈机器人编号〉：1~3，省略时为 1。

（4）例句

1   P1＝P_Fbc'——设置 P_1 为当前位置(以脉冲表示)。

3.35   P_Safe—待避点位置

（1）功能

P_Safe 是由参数 JSAFE 设置的"待避点位置"。

（2）格式

〈位置变量〉＝P_Safe(〈机器人编号〉)

（3）术语解释

〈机器人编号〉：1~3，省略时为 1。

（4）例句

1   P1＝P_Safe'——设置 P_1 点为"待避点位置"。

3.36　P_Tool/P_NTool—TOOL 坐标系数据

（1）功能

P_Tool 为 TOOL 坐标系数据。P_NTool 为 TOOL 坐标系初始数据（0，0，0，0，0，0，0，0）（0，0）。

（2）格式

〈位置变量〉＝P_Tool(〈机器人编号〉)
〈位置变量〉＝P_NTool

（3）术语解释

〈机器人编号〉：1～3，省略时为1。

（4）例句

1　P1＝P_Tool'——设置 P₁ 为当前使用的"TOOL"坐标系的偏置数据。

3.37　P_WkCord—设置或读取当前"工件坐标系"数据

（1）功能

P_WkCord 用于设置或读取当前"工件坐标系"数据，是双向型变量。

（2）格式1：读取

〈位置变量〉＝P_WkCord(〈工件坐标系编号〉)

（3）格式2：设置

P_WkCord(〈工件坐标系编号〉)＝〈工件坐标系数据〉

（4）术语解释

①〈工件坐标系编号〉：设置范围为 1～8。
②〈工件坐标系数据〉：位置点类型数据，为从"基本坐标系"观察到的"工件坐标系原点"的位置数据。

（5）例句

1　PW＝P_WkCord(1)'——PW＝1# 工件坐标系原点(WK1CORD)数据。
2　PW.X＝PW.X＋100'——赋值处理。
3　PW.Y＝PW.Y＋100'——赋值处理。
4　P_WkCord(2)＝PW'——设置 2# 工件坐标系(WK2CORD)。
5　Base2'——以 2# 工件坐标系为基准运行。
6　Mov P1'——前进到 P₁ 点。

设定工件坐标系时，结构标志无意义。

3.38　P_Zero—零点（0，0，0，0，0，0，0，0）（0，0）

（1）功能

P_Zero 为"零点"。

（2）格式：读取

〈位置变量〉＝P_Zero

（3）例句

1   P1＝P_Zero′──P$_1$＝(0,0,0,0,0,0,0,0)(0,0)

P_Zero 一般在将位置变量初始化时使用。

第 4 章

常用函数

在机器人的编程语言中，提供了大量的运算函数，这样就大大提高了编程的便利性，本章将详细介绍这些运算函数的用法。这些运算函数按英文字母顺序排列，便于学习和查阅。在学习本章时，应该先通读一遍，然后根据编程需要，重点研读需要使用的函数。

4.1 Abs—求绝对值

（1）功能

Abs 为求绝对值函数。

（2）格式

〈数值变量〉＝Abs(〈数式〉)

（3）例句

1　P2.C＝Abs(P1.C)'——将 P_1 点 C 轴数据求绝对值后赋予 P_2 点 C 轴。
2　Mov P2'——前进到 P_2 点。
3　M2＝－100'——赋值。
4　M1＝Abs(M2)'——将 M2 求绝对值后赋值到 M1。

4.2 Asc—求字符串的 ASCII 码

（1）功能

Asc 用于求字符串的 ASCII 码。

（2）格式

〈数值变量〉＝Asc(〈字符串〉)

（3）例句

M1＝Asc（"A"）'——M1＝&H41。

4.3 Atn/Atn2—（余切函数）计算余切

（1）功能

Atn/Atn2 为（余切函数）计算余切。

（2）格式

〈数值变量〉＝Atn(〈数式〉)
〈数值变量〉＝Atn2(〈数式 1〉,〈数式 2〉)

（3）术语解释

①〈数式〉—$\Delta Y / \Delta X$。

②〈数式 1〉—ΔY。

③〈数式 2〉—ΔX。

（4）例句

1　M1＝Atn(100/100)'——M1＝π/4 弧度。

2　M2＝Atn2(－100,100)'——M1＝－π/4 弧度。

（5）说明

根据数据计算余切，单位为"弧度"。

Atn 范围为－π/2～π/2。

Atn2 范围为－π～π。

4.4　CalArc

（1）功能

CalArc 用于当指定的 3 点构成一段圆弧时，求出圆弧的半径、中心角和圆弧长度。

（2）格式

〈数值变量 4〉＝CalArc(〈位置 1〉,〈位置 2〉,〈位置 2〉,〈数值变量 1〉,〈数值变量 2〉,〈数值变量 3〉,〈位置变量 1〉)

（3）术语解释

①〈位置 1〉—圆弧起点；

②〈位置 2〉—圆弧通过点；

③〈位置 3〉—圆弧终点；

④〈数值变量 1〉—计算得到的"圆弧半径（mm）"；

⑤〈数值变量 2〉—计算得到的"圆弧中心角（°）"；

⑥〈数值变量 1〉—计算得到的"圆弧长度（mm）"；

⑦〈位置变量 1〉—计算得到的"圆弧中心坐标（位置型，A、B、C＝0）；

⑧〈数值变量 4〉—函数计算值。

a.〈数值变量 4〉＝1，可正常计算；

b.〈数值变量 4〉＝－1，给定的 2 点为同一点，或 3 点在一直线上；

c.〈数值变量 4〉＝－2，给定的 3 点为同一点。

（4）例句

1　M1＝CalArc(P1,P2,P3,M10,M20,M30,P10)'——求圆弧各参数。

2　If M1〈1 Then End'——如果各设定条件不对，就结束程序。

3　MR＝M10'——将"圆弧半径"代入"MR"。

4　MRD＝M20'——将"圆弧中心角"代入"MRD"。

5　MARCLEN＝M30'——将"圆弧长度"代入"MARCLEN"。

6　PC＝P10'——将"圆弧中心点坐标"代入"PC"。

4.5　CInt—将数据四舍五入后取整

（1）功能

CInt 用于将数据四舍五入后取整。

（2）格式

〈数值变量〉＝CInt（〈数据〉）

（3）例句

1　M1＝CInt(1.5)′——M1＝2。
2　M2＝CInt(1.4)′——M2＝1。
3　M3＝CInt(−1.4)′——M3＝−1。
4　M4＝CInt(−1.5)′——M4＝−2。

4.6　Cos—余弦函数（求余弦）

（1）功能
Cos 为余弦函数。
（2）格式

〈数值变量〉＝Cos（〈数据〉）

（3）例句

1　M1＝Cos(Rad(60))′——将 60°的余弦值代入 M1。

（4）说明
① 角度单位为"弧度"。
② 计算结果范围：−1～1。

4.7　Deg—将角度单位从弧度（rad）变换为度（°）

（1）功能
Deg—将角度单位从弧度（rad）变换为度（°）。
（2）格式

〈数值变量〉＝Deg（〈数式〉）

（3）例句

1　P1＝P_Curr′——设置 P₁ 为"当前值"。
2　If Deg(P1.C)〈170 Or Deg(P1.C)−150 Then＊NOErr1′——如果 P1.C 的度数小于 170°或大于 −150°,则跳转到＊NOErr1。
3　Error9100′——报警。
4　＊NOErr1′——程序分支标志。

4.8　Dist—求 2 点之间的距离（mm）

（1）功能
求 2 点之间的距离（mm）。
（2）格式

〈数值变量〉＝Dist（〈位置 1〉,〈位置 2〉）

（3）例句

1 M1＝Dist(P1,P2)'——M1 为 P_1 与 P_2 点之间的距离。

（4）说明

J 关节点无法使用本功能。

4.9 Exp—计算以 e 为底的指数函数

（1）功能

计算以 e 为底的指数函数。

（2）格式

〈数值变量〉＝Exp(〈数式〉)

（3）例句

1 M1＝Exp(2)'——M1＝e^2。

4.10 Fix—计算数据的整数部分

（1）功能

计算数据的整数部分。

（2）格式

〈数值变量〉＝Fix(〈数式〉)

（3）例句

1 M1＝Fix(5.5)'——M1＝5。

4.11 Fram—建立坐标系

（1）功能

由给定的 3 个点，构建一个坐标系标准点。常用于建立新的工件坐标系。

（2）格式

〈位置变量 4〉＝Fram(〈位置变量 1〉,〈位置变量 2〉,〈位置变量 3〉)

（3）术语解释

①〈位置变量 1〉：新平面上的"原点"。

②〈位置变量 2〉：新平面上的"X 轴上的一点"。

③〈位置变量 3〉：新平面上的"Y 轴上的一点"。

④〈位置变量 4〉：新坐标系基准点。

（4）例句

1 Base P_NBase'——初始坐标系。

2 P10＝Fram(P1,P2,P3)'——求新建坐标系（P_1,P_2,P_3）原点 P_{10} 在世界坐标系中的位置。

3 P10＝Inv(P10)'——转换。

4 Base P10′——为新建世界坐标系。

4.12 Int—计算数据最大值的整数

（1）功能

Int 用于计算数据最大值的整数。

（2）格式

〈数值变量〉＝Int(〈数式〉)

（3）例句

1 M1＝Int(3.3)′——M1＝3。

4.13 Inv—对位置数据进行"反向变换"

（1）功能

Inv 用于对位置数据进行"反向变换"。

Inv 指令可用于根据当前点建立新的"工件坐标系"，如图 4-1 所示。在视觉功能中，也可以用于计算偏差量。

（2）格式

〈位置变量〉＝Inv〈位置变量〉

（3）例句

1 P1＝Inv(P1)′——对位置数据 P_1 进行"反向变换"。

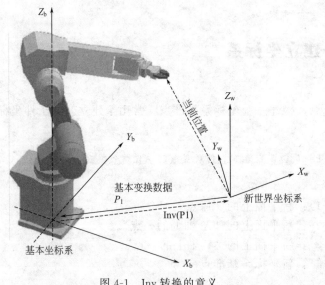

图 4-1 Inv 转换的意义

（4）说明

① 在原坐标系中确定一点"P_1"；

② 如果希望以"P_1"点作为新坐标系的原点，则使用指令 Inv 进行变换，即"P1＝Inv (P1)"，即以 P_1 为原点建立了新的坐标系。注意图中 Inv(P1) 的效果。

4.14　JtoP—将关节位置数据转成"直角坐标系数据"

（1）功能

JtoP 用于将关节位置数据转成"直角坐标系数据"。

（2）格式

〈位置变量〉＝JtoP(〈关节变量〉)

（3）例句

1　P1＝JtoP(J1)′——将关节数据 J1 转成"直角坐标系数据 P1"。

（4）说明

注意 J1 为关节变量，P1 为位置型变量。

4.15　Log—计算常用对数（以 10 为底的对数）

（1）功能

Log 用于计算常用对数（以 10 为底的对数）。

（2）格式

〈数值变量〉＝Log(〈数式〉)

（3）例句

1　M1＝Log(2)′——M1＝0.301030。

4.16　Max—计算最大值

（1）功能

Max 用于求出一组数据中的最大值。

（2）格式

〈数值变量〉＝Max(〈数式 1〉,〈数式 2〉,〈数式 3〉)

（3）例句

1　M1＝Max(2,1,3,4,10,100)′——M1＝100。这一组数据中最大的数是 100。

4.17　Min—求最小值

（1）功能

Min 用于求出一组数据中的最小值。

（2）格式

〈数值变量〉＝Max(〈数式 1〉,〈数式 2〉,〈数式 3〉)

（3）例句

1 M1＝Min(2,1,3,4,10,100)'——M1＝1。这一组数据中最小的数是1。

4.18 PosCq—检查给出的位置点是否在允许动作区域内

（1）功能

PosCq 用于检查给出的位置点是否在允许动作范围区域内。

（2）格式

〈数值变量〉＝PosCq(〈位置变量〉)

〈位置变量〉：可以是直交型也可以是关节型位置变量。

（3）例句

1 M1＝PosCq(P1)'——检查 P_1 点是否在允许动作范围区域内。

（4）说明

如果 P_1 点在动作范围以内，M1＝1。

如果 P_1 点在动作范围以外，M1＝0。

4.19 PosMid—求出 2 点之间做直线插补的中间位置点

（1）功能

PosMid 用于求出 2 点之间做直线插补的中间位置点。

（2）格式

〈位置变量〉＝PosMid(〈位置变量 1〉,〈位置变量 1〉,〈数式 1〉,〈数式 1〉)

〈位置变量 1〉：直线插补起点。

〈位置变量 2〉：直线插补终点。

（3）例句

1 P1＝PosMid(P2,P3,0,0)'——P_1 点为 P_2、P_3 点的中间位置点。

4.20 PtoJ—将直角型位置数据转换为关节型数据

（1）功能

PtoJ 用于将直角型位置数据转换为关节型数据。

（2）格式

〈关节位置变量〉＝PtoJ(〈直交位置变量〉)

（3）例句

1 J1＝PtoJ(P1)'——将直角型位置数据 P_1 转换为关节型数据 J_1。

（4）说明

J_1 为关节型位置变量，P_1 为直交型位置变量。

4.21　Rad—将角度单位（°）转换为弧度单位（rad）

（1）功能

Rad 用于将角度单位（°）转换为弧度单位（rad）。

（2）格式

〈数值变量〉＝Rad(〈数式〉)

（3）例句

1　P1＝P_Curr′——设置 P_1 为当前位置。

2　P1.C＝Rad(90)′——将 P_1 的 C 轴数值转换为弧度。

3　Mov P1′——前进到 P_1 点。

（4）说明

常常用于对位置变量中"形位（POSE）（$A/B/C$）"的计算和三角函数的计算。

4.22　Rdfl2—求指定关节轴的"旋转圈数"

（1）功能

Rdfl2 用于求指定关节轴的"旋转圈数"，即求结构标志 FL2 的数据。

（2）格式

〈设置变量〉＝Rdfl2(〈位置变量〉,〈数式〉)

〈数式〉：指定关节轴。

（3）例句

1　P1＝(100,0,100,180,0,180)(7,&H00100000)′——设置 P_1 点。

2　M1＝Rdfl2(P1,6)′——将 P_1 点 C 轴"旋转圈数"赋值到 M1。

（4）说明

① 取得的数据范围：－8～7。

② 结构标志 FL2 由 32bit 构成。旋转圈数为－1～－8 时，显示形式为 F～8。

在 FL2 标志中，当 FL2＝00000000 时，bit 对应轴号 87654321。每 1bit 位的数值代表旋转的圈数，正数表示正向旋转的圈数。旋转圈数为－1～－8 时，显示形式为 F～8。

例：

J6 轴旋转圈数＝＋1 圈，则 FL2＝00100000。

J6 轴旋转圈数＝－1 圈，则 FL2＝00F00000。

4.23　Rnd—产生一个随机数

（1）功能

Rnd 用于产生一个随机数。

（2）格式

〈数值变量〉＝Rnd(〈数式〉)

〈数式〉：指定随机数的初始值。

〈数值变量〉：数据范围 0.0～1.0。

（3）例句

```
1  Dim MRND(10)'——定义数组。
2  C1＝Right$(C_Time,2)'——(截取字符串)C1＝"me"。
3  MRNDBS＝Cvi(C1)'——将字符串 me 转换为数值。
4  MRND(1)＝Rnd(MRNDBS)'——以 MRNDBS 为初始值产生一个随机数。
5  For M1＝2 To10'——做循环指令及条件。
6  MRND(M1)＝Rnd(0)'——以 0 为初始值产生一个随机数赋值到 MRND(2)～MRND(10)。
7  Next M1'——进入下一循环。
```

4.24 SetJnt—设置各关节变量的值

（1）功能

SetJnt 用于设置"关节型位置变量"。

（2）格式

〈关节型位置变量〉＝SetJnt(〈J_1 轴〉,〈J_2 轴〉,〈J_3 轴〉,〈J_4 轴〉,〈J_5 轴〉,〈J_6 轴〉,〈J_7 轴〉,〈J_8 轴〉)

〈J1 轴〉～〈J2 轴〉：单位为弧度（rad）。

（3）例句

```
1   J1＝J_Curr'——设置 J₁ 为当前值。
2   For M1＝0 To 60 Step10'——设置循环指令及循环条件。
3   M2＝J1.J3＋Rad(M1)'——将 J₁ 点 J₃ 轴数据加 M1(弧度值)后赋值到 M2。
4   J2＝SetJnt(J1.J1,J1.J2,M2)'——设置 J₂ 点数据(其中 J₃ 轴每次增加 10 度,J₄ 轴以后为相同
的值)。
5   Mov J2'——前进到 J₂ 点。
6   Next M1'——下一循环。
7   M0＝Rad(0)'——取弧度值。
8   M90＝Rad(90)'——取弧度值。
9   J3＝SetJnt(M0,M0,M90,M0,M90,M0)'——设置 J₃ 点。
10  Mov J3'——前进到 J₃ 点。
```

4.25 SetPos—设置直交型位置变量数值

（1）功能

设置直交型位置变量数值。

（2）格式

〈位置变量〉＝SetPos(〈X 轴〉,〈Y 轴〉,〈Z 轴〉,〈A 轴〉,〈B 轴〉,〈C 轴〉,〈L_1 轴〉,〈L_2 轴〉)

（3）术语解释

〈X 轴〉～〈Z 轴〉：单位为 mm。

〈A 轴〉～〈C 轴〉：单位为弧度（rad）。

（4）例句

```
1  P1＝P_Curr'——设置 P₁ 为当前值。
```

2 For M1＝0 To 100 Step10'——设置循环指令及循环条件。

3 M2＝P1. Z＋M1'——将"P1. Z＋M1"赋值到"M2"。

4 P2＝SetPos(P1. X,P1. Y,M2)'——设置 P_2 点(Z 轴数值每次增加 10mm,A 轴以后各轴数值不变)。

5 Mov P2'——前进到 P_2 点。

6 Next M1'——下一循环。

SetPos 可以用于以函数方式表示运动轨迹的场合。

4. 26 Sgn—求数据的符号

（1）功能

求数据的符号。

（2）格式

〈数值变量〉＝Sgn(〈数式〉)

（3）例句

1 M1＝－12'——赋值。

2 M2＝Sgn(M1)'——求 M1 的符号(M2＝－1)。

（4）说明

① 〈数式〉＝正数时,〈数值变量〉＝1;

② 〈数式〉＝0 时,〈数值变量〉＝0;

③ 〈数式〉＝负数时,〈数值变量〉＝－1。

4. 27 Sin—求正弦值

（1）功能

求正弦值。

（2）格式

〈数值变量〉＝Sin(〈数式〉)

（3）例句

1 M1＝Sin(Rad(60))'——M1＝0.86603。

（4）说明

〈数式〉的单位为弧度。

4. 28 Sqr—求平方根

（1）功能

求平方根。

（2）格式

〈数值变量〉＝Sqr〈数式〉

（3）例句

1 M1＝Sqr(2)'——求 2 的平方根(M1＝1.41421)。

4.29 Tan—求正切

（1）功能

求正切。

（2）格式

〈数值变量〉＝Tan(〈数式〉)

（3）例句

1 M1＝Tan(Rad(60))'——M1＝1.73205。

说明：〈数式〉的单位为弧度。

4.30 Zone—检查指定的位置点是否进入指定的区域

（1）功能

Zone 用于检查指定的位置点是否进入指定的区域，如图 4-2 所示。

（2）格式

〈数值变量〉＝Zone(〈位置 1〉,〈位置 2〉,〈位置 3〉)

①〈位置 1〉—检测点

②〈位置 2〉,〈位置 3〉—构成指定区域的空间对角点。

③〈位置 1〉,〈位置 2〉,〈位置 3〉—直交型位置点 P。

④〈数值变量〉＝1—〈位置 1〉点进入指定的区域。

⑤〈数值变量〉＝0—〈位置 1〉点没有进入指定的区域。

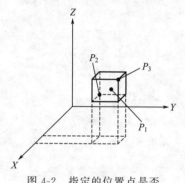

图 4-2 指定的位置点是否进入指定的区域

（3）例句

1 M1＝Zone(P1,P2,P3)'——检测 P_1 点是否进入指定的空间。

2 If M1＝1 Then Mov P_Safe Else End'——判断-执行语句。

4.31 Zone 2—检查指定的位置点是否进入指定的区域（圆筒型）

（1）功能

Zone2 用于检查指定的位置点是否进入指定的区域（圆筒型），如图 4-3 所示。

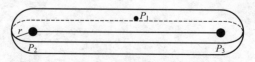

图 4-3 指定的位置点是否进入指定的区域

（2）格式

〈数值变量〉＝Zone2(〈位置 1〉,〈位置 2〉,〈位置 3〉,〈数式〉)

①〈位置 1〉—被检测点；

②〈位置 2〉,〈位置 3〉—构成指定圆筒区域的空间点。

③〈数式〉—两端半球的半径。

④〈位置 1〉,〈位置 2〉,〈位置 3〉—直交型位置点 P。

⑤〈数值变量〉＝1—〈位置 1〉点进入指定的区域。

⑥〈数值变量〉＝0—〈位置 1〉点没有进入指定的区域。

Zone2 只用于检查指定的位置点是否进入指定的区域（圆筒型），不考虑“形位（POSE）”。

（3）例句

1　M1＝Zone2(P1,P2,P3,50)′——检测 P₁ 点是否进入指定的空间。

2　If M1＝1 Then Mov P_Safe Else End′——判断-执行语句。

4.32　Zone3—检查指定的位置点是否进入指定的区域（长方体）

（1）功能

检查指定的位置点是否进入指定的区域（长方体）。

（2）格式

〈数值变量〉＝Zone(〈位置 1〉,〈位置 2〉,〈位置 3〉,〈位置 4〉,〈数式 W〉,〈数式 H〉,〈数式 L〉)

①〈位置 1〉—检测点；

②〈位置 2〉,〈位置 3〉—构成指定区域的空间点。

③〈位置 4〉—与〈位置 2〉,〈位置 3〉共同构成指定平面的点。

④〈位置 1〉,〈位置 2〉,〈位置 3〉—直交型位置点 P。

⑤〈数式 W〉—指定区域宽。

⑥〈数式 H〉—指定区域高。

⑦〈数式 L〉—（以〈位置 2〉,〈位置 3〉为基准）指定区域长。

⑧〈数值变量〉＝1—〈位置 1〉点进入指定的区域。

⑨〈数值变量〉＝0—〈位置 1〉点没有进入指定的区域。

（3）例句（见图 4-4）

1　M1＝Zone3(P1,P2,P3,P4,100,100,50)′——检测 P₁ 点是否进入指定的空间。

2　If M1＝1 Then Mov P_Safe Else End′——判断-执行语句。

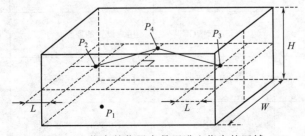

图 4-4　指定的位置点是否进入指定的区域

第 5 章

主要参数功能及设置

在机器人的实际应用中，控制系统提供了大量的参数。为了赋予机器人以不同的性能，就要设置不同的参数，或者对同一参数设置不同的数值。参数设置是机器人实际应用中的主要工作，因此，必须对参数的功能、设置范围、设置方法有明确的认识。参数设置可以通过软件进行，也可以用示教单元设置参数，因此本章在介绍参数的功能和设置方法时，结合RT ToolBox 软件的画面进行说明，简单明了。读者也可以结合第 17 章进行阅读。读者可先通读本章，然后重点研读要使用的参数。

5.1 参数一览表

由于参数很多，为了便于学习及使用，将所有参数进行了分类。机器人应用的参数可分为：
① 动作型参数；
② 程序型参数；
③ 操作型参数；
④ 专用输入输出信号参数；
⑤ 通信及现场网络参数。
本节先列出"参数一览表"，便于使用时参阅。

5.1.1 动作型参数一览表

如表 5-1 所示。

表 5-1　动作型参数一览表

序号	参数类型	参数符号	参数名称	参数功能
1	动作	MEJAR	动作范围	用于设置各关节轴旋转范围
2	动作	MEPAR	各轴在直角坐标系中的行程范围	设置各轴在直角坐标系内的行程范围
3	动作	USERORG	用户设置的原点	用户自行设置的原点
4	动作	MELTEXS	机械手前端行程限制	用于限制机械手前端对基座的干涉
5	动作	JOGJSP	JOG 步进行程和速度倍率	设置关节轴的 JOG 的步进行程和速度倍率

序号	参数类型	参数符号	参数名称	参数功能
6	动作	JOGPSP	JOG 步进行程和速度倍率	设置以直角坐标系表示的 JOG 的步进行程和速度倍率
7	动作	MEXBS	基本坐标系偏置	设置"基本坐标系原点"在"世界坐标系"中的位置(偏置)
8	动作	MEXTL	标准工具坐标系"偏置"(TOOL 坐标系也称为抓手坐标系)	设置"抓手坐标系原点"在"机械 IF 坐标系"中的位置(偏置)
9	动作	MEXBSNO	世界坐标系编号	设置世界坐标系编号
10	动作	AREA * AT	报警类型	设置报警类型
11	动作	USRAREA	报警输出信号	设置输出信号
12	动作	AREASP *	空间的一个对角点	设置"用户定义区"的一个对角点
13	动作	AREA * CS	基准坐标系	设置"用户定义区"的"基准坐标系"
14	动作	AREA * ME	机器人编号	设置机器人"编号"
15	动作	SFC * AT	平面限制区有效无效选择	设置平面限制区有效无效
16	动作	SFC * P1 SFC * P2 SFC * P3	构成平面的三个点	设置构成平面的三个点
17	动作	SFC * ME	机器人编号	设置机器人"编号"
18	动作	JSAFE	退避点	设置一个应对紧急状态的退避点
19	动作	MORG	机械限位器基准点	设置机械限位器原点
20	动作	MESNGLSW	接近特异点是否报警	设置接近特异点是否报警
21	动作	JOGSPMX	示教模式下 JOG 速度限制值	设置示教模式下 JOG 速度限制值
22	动作	WKnCORD n:1~8	工件坐标系	设置工件坐标系
23	动作	WKnWO	工件坐标系原点	
24	动作	WKnWX	工件坐标系 X 轴位置点	
25	动作	WKnWY	工件坐标系 Y 轴位置点	
26	动作	RETPATH	程序中断执行 JOG 动作后的返回形式	设置程序中断执行 JOG 动作后的返回形式
27	动作	MEGDIR	重力在各轴方向上的投影值	设置重力在各轴方向上的投影值

序号	参数类型	参数符号	参数名称	参数功能
28	动作	ACCMODE	最佳加减速模式	设置上电后是否选择最佳加减速模式
29	动作	JADL	最佳加减速倍率	设置最佳加减速倍率
30	动作	CMPERR	伺服柔性控制报警选择	设置伺服柔性控制报警选择
31	动作	COL	碰撞检测	设置碰撞检测功能
32	动作	COLLVL	碰撞检测级别	1%～500%
33	动作	COLLVLJG	JOG 运行时的碰撞检测级别	1%～500%
34	动作	WUPENA	预热运行模式	
35	动作	WUPAXIS 设置	预热运行对象轴 bit ON 对象轴 bit OFF 非对象轴	
36	动作	WUPTIME 设置	预热运行时间 单位:min(1～60)	
37	动作	WUPOVRD	预热运行速度倍率	
38	动作	HIOTYPE	抓手用电磁阀输入信号源型/漏型选择	
39	动作	HANDTYPE	设置电磁阀单线圈/双线圈及对应的外部信号	

5.1.2 程序型参数一览表

如表 5-2 所示。

表 5-2 程序型参数一览表

序号	参数类型	参数符号	参数名称	参数功能
1	程序	SLT *	任务区内的"程序名"、运行模式、启动条件、执行程序行数	用于设置每一任务区内的"程序名"、运行模式、启动条件、执行程序行数
2	程序	TASKMAX	多任务个数	设置同时执行程序的个数
3	程序	SLOTON	程序选择记忆	设置已经选择的程序是否保持
4	程序	CTN	继续运行功能	
5	程序	PRGMDEG	程序内位置数据旋转部分的单位	
6	程序	PRGGBL	程序保存区域大小	

序号	参数类型	参数符号	参数名称	参数功能
7	程序	PRGUSR	用户基本程序名称	
8	程序	ALWENA	特殊指令允许执行选择	选择一些特殊指令是否允许执行
9	程序	JRCEXE	JRC 指令执行选择	设置 JRC 指令是否可以执行
10	程序	JRCQTT	JRC 指令的单位	设置 JRC 指令的单位
11	程序	JRCORG	JRC 指令后的原点	设置 JRC 0 时的原点位置
12	程序	AXUNT	附加轴使用单位选择	设置附加轴的使用单位
13	程序	UER1～NUER20	用户报警信息	编写用户报警信息
14	程序	RLNG	机器人使用的语言	设置机器人使用的语言
15	程序	LNG	显示用语言	设置显示用语言
16	程序	PST	程序号选择方式,是用外部信号选择程序的方法	在"START"信号输入的同时,使"外部信号选择的程序号"有效
17	程序	INB	"STOP"信号改"B 触点"	可以对"STOP""STOP1""SKIP"信号进行修改
18	程序	ROBOTERR	EMGOUT 对应的报警类型和级别	设置"EMGOUT"报警接口对应的报警类型和级别

5.1.3 操作型参数一览表

如表 5-3 所示。

表 5-3 操作型参数一览表

序号	参数符号	参数名称及功能	出厂值
1	BZR	设置报警时蜂鸣器音响 OFF/ON	1(ON)
2	PRSTENA	程序复位操作权,设置"程序复位操作"是否需要操作权	0(必要)
3	MDRST	随模式转换进行程序复位	0(无效)
4	OPDISP	操作面板显示模式	
5	OPPSL	操作面板为"AUTO"模式时的程序选择操作权	1(OP)
6	RMTPSL	操作面板的按键为"AUTO"模式时的程序选择操作权	0(外部)

序号	参数符号	参数名称及功能	出厂值
7	OVRDTB	示教单元上改变速度倍率的操作权选择(不必要＝0,必要＝1)	1(必要)
8	OVRDMD	模式变更时的速度设定	
9	OVRDENA	改变速度倍率的操作权(必要＝0,不必要＝1)	0(必要)
10	ROMDRV	切换程序的存取区域	
11	BACKUP	将 RAM 区域的程序复制到 ROM 区	
12	RESTORE	将 ROM 区域的程序复制到 RAM 区	
13	MFINTVL	维修预报数据的时间间隔	
14	MFREPO	维修预报数据的通知方法	
15	MFGRST	维修预报数据的复位	
16	MFBRST	维修预报数据的复位	
17	DJNT	位置回归相关数据	
18	MEXDTL	位置回归相关数据	
19	MEXDTL1～5	位置回归相关数据	
20	MEXDBS	位置回归相关数据	
21	TBOP	是否可以通过示教单元进行程序启动	

5.1.4 专用输入输出信号参数一览表

如表 5-4 所示。

表 5-4 专用输入输出信号参数一览表

序号	参数类型	参数符号	参数名称	参数功能
1	输入	AUTOENA	可自动运行	"自动使能"信号
2		START	启动	程序启动信号。在多任务时,启动全部任务区内的程序
3		STOP	停止	停止程序执行。在多任务时,停止全部任务区内的程序。STOP 信号地址是固定的
4		STOP2	停止	功能与 STOP 信号相同,但输入信号地址可改变
5		SLOTINIT	程序复位	解除程序中断状态,返回程序起始行。对于多任务区,指令所有任务区内的程序复位,但对以 ALWAYS 或 ERROR 为启动条件的程序除外
6		ERRRESET	报错复位	解除报警状态

序号	参数类型	参数符号	参数名称	参数功能
7		CYCLE	单(循环)运行	选择停止"程序连续循环"运行
8		SRVOFF	伺服 OFF	指令全部机器人伺服电源＝OFF
9		SRVON	伺服 ON	指令全部机器人伺服电源＝ON
10		IOENA	操作权	外部信号操作有效
11		SAFEPOS	回退避点	"回退避点"启动信号,退避点由参数设置
12		OUTRESET	输出信号复位	"输出信号复位"指令信号,复位方式由参数设置
13		MELOCK	机械锁定	程序运动,机器人机械不动作
14	信号	PRGSEL	选择程序号	用于确认已经选择的程序号
15		OVRDSEL	选择速度倍率	用于确认已经选择的程序倍率
16		PRGOUT	请求输出程序号	请求输出程序号
17		LINEOUT	请求输出程序行号	请求输出程序行号
18		ERROUT	请求输出报警号	请求输出报警号
19		TMPOUT	请求输出控制柜内温度	请求输出控制柜内温度
20		IODATA	数据输入信号端地址	用一组输入信号端子表示选择的程序号或速度倍率(8421码),表示输出状态也是同样方法
21	信号	JOGENA	选择 JOG 运行模式	JOGENA=0 无效;JOGENA=1 有效
22		JOGM	选择 JOG 运行的坐标系	JOGM=0/1/2/3/4 关节/直交/圆筒/3 轴直交/工具
23		JOG+	JOG＋指令信号	设置指令信号的起始/结束地址信号(8 轴)
24		JOG-	JOG-指令信号	设置指令信号的起始/结束地址信号(8 轴)
25		JOGNER	JOG 运行时不报警	在 JOG 运行时即使有故障也不发报警信号
26		SnSTART	各任务区程序启动信号(共 32 区)	设置各任务区程序启动信号地址
27		SnSTOP	各任务区程序停止信号(共 32 区)	设置各任务区程序停止信号地址
28		SnSRVON	各机器人伺服 ON	设置各机器人伺服 ON

序号	参数类型	参数符号	参数名称	参数功能
29		SnSRVOFF	各机器人伺服 OFF	设置各机器人伺服 OFF
30		SnMELOCK	(各机器人)机械锁定	设置(各机器人)机械锁定信号
31		MnWUPENA	各机器人预热运行模式选择	设置各机器人预热运行模式

5.1.5 通信及现场网络参数一览表

如表 5-5 所示。

表 5-5 通信及现场网络参数一览表

序号	参数符号	参数名称	参数功能
1	COMSPEC	RT Tool Box2 通信方式	选择控制器与 RT Tool Box2 软件的通信模式
2	COMDEV	通信端口分配设置	
3	NETIP	控制器的 IP 地址	192.168.0.20
4	NETMSK	子网掩码	255.255.255.0
5	NETPORT	端口号码	
6	CPRCE11 CPRCE12 CPRCE13 CPRCE14 CPRCE15 CPRCE16 CPRCE17 CPRCE18 CPRCE19		
7	NETMODE		
8	NETHSTIP		
9	MXTTOUT		

5.2 动作型参数详解

为了使读者更清楚参数的意义和设置，本章结合"RT Tool Box"软件的使用进一步解释各参数的功能。

(1) MEJAR

类型	参数符号	参数名称	功　能
动作	MEJAR	动作范围	用于设置各轴行程范围 (关节轴旋转范围)

参见图 5-1

（2）MEPAR

类型	参数符号	参 数 名 称	功　能
动作	MEPAR	各轴在直角坐标系中的行程范围	设置各轴在直角坐标系内的行程范围
		参见图5-1	

（3）USERORG

类型	参数符号	参 数 名 称	功　能
动作	USERORG	用户设置的原点	用户自行设置的原点
		用户设置的关节轴原点，以初始原点为基准，参见图5-1	

图 5-1　行程范围及原点的设置

（4）JOGJSP

类型	参数符号	参 数 名 称	功　能
动作	JOGJSP	JOG 步进行程和速度倍率	设置关节轴的 JOG 的步进行程和速度倍率
		在 JOG 模式下，每按一次 JOG 按键，（轴）移动一个"定长距离"，就称为步进，参见图5-2	

（5）JOGPSP

类型	参数符号	参 数 名 称	功　能
动作	JOGPSP	JOG 步进行程和速度倍率	设置以直角坐标系表示的 JOG 的步进行程和速度倍率
		参数 JOGPSP 与 JOGJSP 可用于示教时的精确动作，步进行程越小，调整越精确，参见图5-2	

（6）MEXBS

类型	参数符号	参 数 名 称	功　能
动作	MEXBS	基本坐标系偏置	设置"基本坐标系原点"在"世界坐标系"中的位置（偏置）
设置		参见图5-3	

图 5-2　参数 JOGPSP 与 JOGJSP 的设置

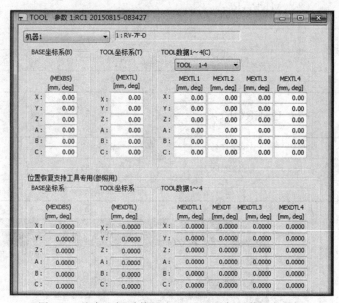

图 5-3　基本坐标系偏置和 TOOL 坐标系偏置的设置

（7）MEXTL

类型	参数符号	参数名称	功　能
动作	MEXTL	标准工具坐标系"偏置"（TOOL 坐标系也称为抓手坐标系）	设置"抓手坐标系原点"在"机械 IF 坐标系"中的位置（偏置）
设置		参见图 5-3	

（8）工具坐标系"偏置"（16 个）

类型	参数符号	参数名称	功　能
动作	MEXTL1～16	TOOL 坐标系偏置	设置 TOOL 坐标系。可设置 16 个，互相切换
		参见图 5-3	

（9）世界坐标系"编号"

类型	参数符号	参数名称	功　能
动作	MEXBSNO	世界坐标系编号	设置世界坐标系编号
设置	MEXBSNO=0：初始设置；MEXBSNO=1～8：工件坐标系。 如果是由 BASE　指令设置"世界坐标系"或直接设置为"标准世界坐标系"时，在读取状态下 MEXBSNO=-1		
这样"工件坐标系"也可以理解为"世界坐标系"			

（10）用户定义区

用户定义区是用户自行设定的"空间区域"。机器人控制点进入设定的"区域"后，系统会做相关动作。

设置方法：以 2 个对角点设置一个空间区域，如图 5-4 所示。

设置动作方法：机器人控制点进入设定的"区域"后，系统如何动作。可设置为：无动作/有输出信号/有报警输出。

0：无动作。

1：输出专用信号。

进入区域1，*** 信号＝ON。

进入区域2，*** 信号＝ON。

进入区域3，*** 信号＝ON。

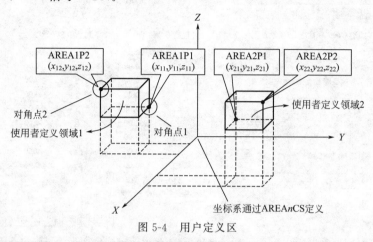

图 5-4　用户定义区

（11）AREA * AT

类型	参数符号	参 数 名 称	功　能
动作	AREA * AT	报警类型	设置报警类型
设置	AREA * AT＝0：无报警；AREA * AT＝1：信号输出；AREA * AT＝2：报警输出		
参见图 5-5			

（12）USRAREA

类型	参数符号	参 数 名 称	功　能
动作	USRAREA	报警输出信号	设置输出信号
设置	设置最低位和最高位的输出信号		
参见图 5-5			

（13）AREASP *

类型	参数符号	参 数 名 称	功　能
动作	AREASP *	空间的一个对角点	设置"用户定义区"的一个对角点
设置	参见图 5-5		

（14）AREA * CS

类型	参数符号	参 数 名 称	功　能
动作	AREA * CS	基准坐标系	设置"用户定义区"的"基准坐标系"

类 型	参数符号	参 数 名 称	功　　能
设置	AREA＊CS＝0：世界坐标系；AREA＊CS＝1：基本坐标系		
本参数用于选择设置"用户定义区"的"坐标系"，可以选择"世界坐标系"或"基本坐标系"			

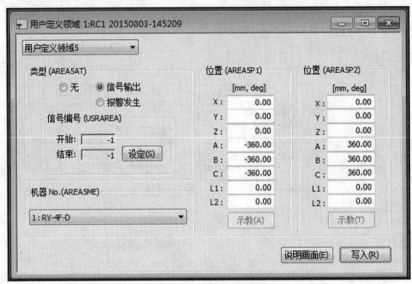

图 5-5　用户定义区的参数设置

（15）AREA＊ME

类 型	参数符号	参 数 名 称	功　　能
动作	AREA＊ME	机器人编号	设置机器人"编号"
设置	AREA＊ME＝0：无效；AREA＊ME＝1：机器人 1（常设）；AREA＊ME＝2：机器人 2；AREA＊ME＝3：机器人 3		

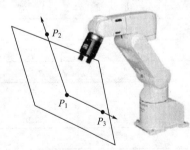

图 5-6　自由平面限制的定义

（16）自由平面限制 SFCnP1

自由平面限制是设置行程范围的一种方法，以任意设置的平面为界设置限制范围（在平面的前面或后面），如图 5-6 所示，由参数 SFCnAT 设置。

由 3 个点构成一个任意平面。以这个任意平面为界限，限制机器人的动作范围。可以设置 8 个任意平面。可以规定机器人的动作范围是在原点一侧还是不在原点一侧，如图 5-6 所示。

（17）SFC＊AT

类 型	参数符号	参 数 名 称	功　　能
动作	SFC＊AT	平面限制区有效无效选择	设置平面限制区有效无效
设置	SFC＊AT＝0：无效；SFC＊AT＝1：可动作区在原点一侧；SFC＊AT＝－1：可动作区在无原点一侧		

参见图 5-7

（18）SFC * P1，SFC * P2，SFC * P3

类型	参数符号	参 数 名 称	功　能
动作	SFC * P1 SFC * P2 SFC * P3	构成平面的 3 个点	设置构成平面的 3 个点
设置		参见图 5-7	

（19）SFC * ME

类型	参数符号	参 数 名 称	功　能
动作	SFC * ME	机器人编号	设置机器人"编号"
设置	SFC * ME=1：机器人 1；SFC * ME=2：机器人 2；SFC * ME=3：机器人 3		
	参见图 5-7		

图 5-7　自由平面限制的参数设置

（20）JSAFE

类型	参数符号	参 数 名 称	功　能
动作	JSAFE	退避点	设置一个应对紧急状态的退避点
设置	以关节轴的"度数"（°）为单位进行设置		
	参见图 5-8		

操作时，可用示教单元定好"退避点"位置。如果通过外部信号操作，则必须分配好"退避点启动"信号，如图 5-9 所示。输入信号 23 为"退避点启动"信号。

具体操作步骤为：

① 选择自动状态；

② 伺服＝ON；

③ 启动"回退避点"信号。

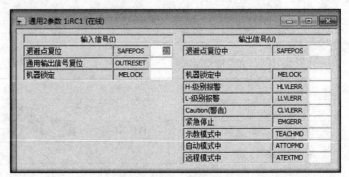

图 5-8 退避点的设置 　　　　　　　图 5-9 启动"回退避点"信号

（21）WKnCORD

类型	参数符号	参数名称	功能
动作	WKnCORD n:1~8	工件坐标系	设置工件坐标系
	WKnWO	工件坐标系原点	
	WKnWX	工件坐标系 X 轴位置点	
	WKnWY	工件坐标系 Y 轴位置点	
设置	可设置 8 个工件坐标系,参看图 5-10		

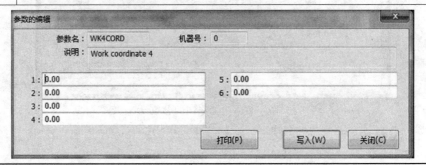

设置工件坐标系要注意:

① 工件坐标系的 X 轴、Y 轴方向最好与"基本坐标系"一致。

② 工件坐标系原点只保证 X、Y、Z 轴坐标,不能满足 A、B、C 角度。

（22）RETPATH

类型	参数符号	参数名称	功能
动作	RETPATH	程序中断执行 JOG 动作后的返回形式	设置程序中断执行 JOG 动作后的返回形式
设置	RETPATH=0:无效;RETPATH=1:以关节插补返回;RETPATH=2:以直交插补返回		

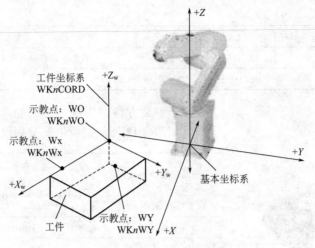

图 5-10　工件坐标系设置示意图

在程序执行过程中，可能遇到不能满足工作要求的程序段，需要在线修改，系统提供了在中断后用 JOG 方式修改的功能。本参数设置在 JOG 修改完成后返回原自动程序的形式。

图 5-11 是一般形式，图 5-12 是工件在"连续轨迹运行 CNT 模式"下的返回轨迹。

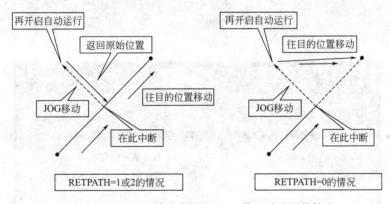

图 5-11　在自动程序中断进行 JOG 修正后返回的轨迹

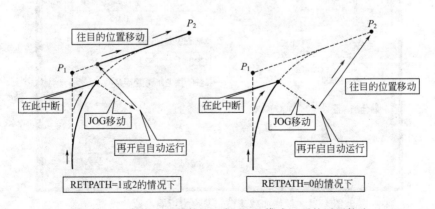

图 5-12　工件在"连续轨迹运行 CNT 模式"下的返回轨迹

（23）MEGDIR

类型	参数符号	参数名称	功能
动作	MEGDIR	重力在各轴方向上的投影值	设置重力在各轴方向上的投影值
设置	参见图 5-13		

由于安装方位的影响，重力加速度在各轴的投影值不同，如图 5-13 所示，所以要分别设置。

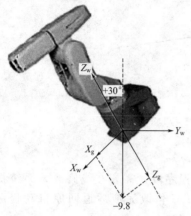

图 5-13 重力在各轴方向上的投影

安装姿势	设定值（安装姿势，X 轴的重力加速度，Y 轴的重力加速度，Z 轴的重力加速度）
放置地板（标准）	（0.0,0.0,0.0,0.0）
壁挂	（1.0,0.0,0.0,0.0）
垂吊	（2.0,0.0,0.0,0.0）
任意的姿势	（3.0,＊＊＊,＊＊＊,＊＊＊）

以图 5-13 倾斜 30°为例：

X 轴重力加速度（X_g）＝9.8×sin30°＝4.9

Z 轴重力加速度（Z_g）＝9.8×cos30°＝8.5

因为 Z 轴与重力方向相反，所以为−8.5

Y 轴重力加速度（Y_g）＝0.0

所以设定值为（3.0，4.9，0.0，−8.5）

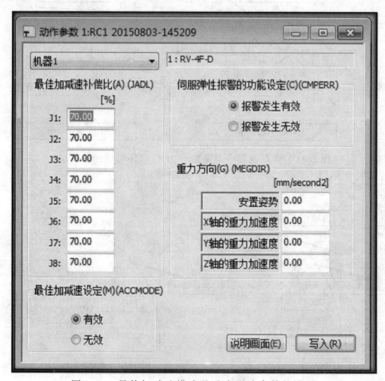

图 5-14 最佳加减速模式及重力影响参数的设置

（24）ACCMODE

类型	参数符号	参数名称	功　　能
动作	ACCMODE	最佳加减速模式	设置上电后是否选择最佳加减速模式
设置	ACCMODE＝0：无效；ACCMODE＝1：有效		
	参见图 5-14			

（25）JADL

类型	参数符号	参数名称	功　　能
动作	JADL	最佳加减速倍率	设置最佳加减速倍率
设置	参见图 5-14		

（26）COL

类型	参数符号	参数名称	功　能
动作	COL	碰撞检测	设置碰撞检测功能
	COLLVL	碰撞检测级别	1%～500%
	COLLVLJG	JOG 运行时的碰撞检测级别	1%～500%
设置	数值越小，灵敏度越高		
	参见图 5-15			

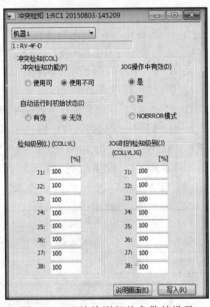

需要做以下设置：

① 设置碰撞检测功能 COL 功能的有效无效；

② 设置上电后的初始状态下碰撞检测功能 COL 功能的有效无效；

③ 设置 JOG 操作中，碰撞检测功能 COL 功能的有效无效（可选择无报警状态）。

COLLVL：自动运行时的碰撞检测的量级；

COLLVLJG：JOG 运行时的碰撞检测的量级。

图 5-15　碰撞检测相关参数的设置

5.3　程序型参数详解

程序参数是指与执行程序相关的参数。

（1）任务区设置（插槽区 task slot）

本参数用于设置每一任务区内的"程序名"、运行模式、启动条件、执行程序行数。

类型	参数符号	参数名称	功　　能
程序	SLT＊	任务区内的"程序名"、运行模式、启动条件、执行程序行数	用于设置每一任务区内的"程序名"、运行模式、启动条件、执行程序行数
设置	参见图 5-16		

设置内容：

图 5-16 任务区的设置

① 程序名：只能用大写字母，小写不识别。

② 运行模式：REP/CYC

a. REP—程序连续循环执行；

b. CYC—程序单次执行。

③ 启动条件：START/ALWAYS/ERROR

a. START—由 START 信号启动；

b. ALWAYS：上电立即启动；

c. ERROR：发生报警时启动（多用于报警应急程序，不能执行有关运动的动作）。

（2）TASKMAX—多任务个数

类型	参数符号	参数名称	功能
程序	TASKMAX	多任务个数	设置同时执行程序的个数
设置	初始值：8		

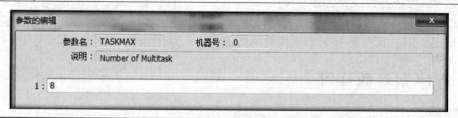

同时执行程序，只可能一个是动作程序，其余为数据信息处理程序，这样就不会出现混乱动作的情况。

（3）PRGMDEG—程序内位置数据旋转部分的单位

类型	参数符号	参数名称	功能
动作	PRGMDEG	程序内位置数据旋转部分的单位	
设置	PRGMDEG=0：rad(弧度)；PRGMDEG=1：deg(度)		

每一点的位置数据（X，Y，Z，A，B，C），其中 A、B、C 为旋转轴部分。本参数用于设置 A、B、C 旋转轴的单位是"弧度"还是"度"，初始设置为度。

（4）UER—用户报警信息

类型	参数符号	参数名称	功　　能
程序	UER1~UER20	用户报警信息	编写用户报警信息
设置	用户自行编制的"报警信息"		

（5）LNG—显示用语言

类型	参数符号	参数名称	功　　能
程序	LNG	显示用语言	设置显示用语言
设置	LNG＝JPN：日语；LNG＝ENG：英语		

5.4　专用输入输出信号参数详解

本节叙述机器人系统所具备的"输入""输出"功能，通过参数可将这些功能设置到"输入输出端子"。在没有进行参数设置前，I/O卡上的"输入输出端子"是没有功能定义的，就像一台空白的PLC控制器一样。

5.4.1　通用输入输出1

为了便于阅读和使用，将输入输出信号单独列出。在机器人系统中，专用输入输出的（功能）"名称（英文）"是一样的，即同一"名称（英文）"可能表示输入也可能表示输出，开始阅读指令手册时会感到困惑，因此本书将输入输出信号单独列出，便于读者阅读和使用。表5-6是输入信号功能一览表1，这一部分信号是经常使用的。

表 5-6 输入信号功能一览表 1

类型	参数符号	参数名称	功能
输入	AUTOENA	可自动运行	"自动使能"信号
	START	启动	程序启动信号。在多任务时,启动全部任务区内的程序
	STOP	停止	停止程序执行。在多任务时,停止全部任务区内的程序。STOP 信号地址是固定的
	STOP2	停止	功能与 STOP 信号相同,但输入信号地址可改变
	SLOTINIT	程序复位	解除程序中断状态,返回程序起始行。对于多任务区,指令所有任务区内的程序复位,但对以 ALWAYS 或 ERROR 为启动条件的程序除外
	ERRRESET	报错复位	解除报警状态
	CYCLE	单(循环)运行	选择停止"程序连续循环"运行
	SRVOFF	伺服 OFF	指令全部机器人伺服电源=OFF
	SRVON	伺服 ON	指令全部机器人伺服电源=ON
	IOENA	操作权	外部信号操作有效
设置		参见图 5-17	

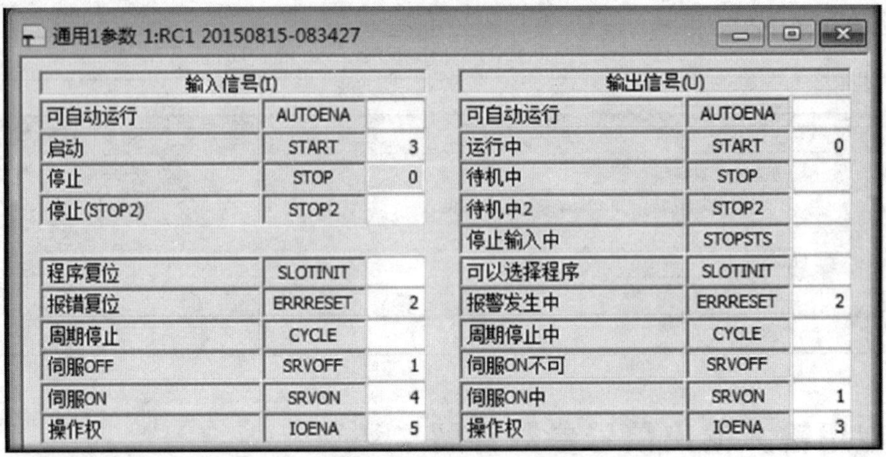

图 5-17 通用输入输出 1 相关参数的设置

(1) AUTOENA——"自动使能"信号

AUTOENA=1:允许选择自动模式。

AUTOENA=0:不允许选择自动模式,选择自动模式则报警(L5010)。但是如果不分配输入端子信号则不报警,所以一般不设置 AUTOENA 信号。

(2) CYCLE

CYCLE=ON,程序只执行一次(执行到 END 即停止)。

(3) 伺服 ON

信号在"自动模式下"才有效,选择手动模式时无效。

（4）STOP

暂停。STOP＝ON，程序停止。重新发"START"信号，程序从断点启动。STOP信号固定分配到"输入信号端子0"。除了STOP信号，其他输入信号地址可以任意设置修改，例如"START"信号可以从出厂值"3"改为"31"。

5.4.2 通用输入输出2

表5-7是输入信号功能一览表2。由于在RT软件设置画面上是同一画面，所以将这些信号归做一类。

表5-7 输入信号功能一览表2

类型	参数符号	参数名称	功 能
动作	SAFEPOS	回退避点	"回退避点"启动信号，退避点由参数设置
	OUTRESET	输出信号复位	"输出信号复位"指令信号，复位方式由参数设置
	MELOCK	机械锁定	程序运动，机器人机械不动
设置	参见图5-18		

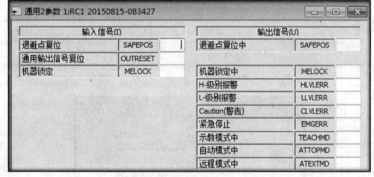

图5-18 通用输入输出2相关参数的设置

5.4.3 数据参数

表5-8是输入信号功能一览表3。由于在RT软件设置画面上是同一画面，所以将这些信号归做一类。

表5-8 输入信号功能一览表3

类型	参数符号	参数名称	功 能
信号	PRGSEL	选择程序号	用于确认输入的数据为程序号
	OVRDSEL	选择速度倍率	用于确认输入的数据为程序倍率
	PRGOUT	请求输出程序号	请求输出程序号
	LINEOUT	请求输出程序行号	请求输出程序行号
	ERROUT	请求输出报警号	请求输出报警号
	TMPOUT	请求输出控制柜内温度	请求输出控制柜内温度
	IODATA	数据输入信号端地址	用一组输入信号端子（8421码）作为输入数据用。表示输出数据也是同样方法
设置	参见图5-19		

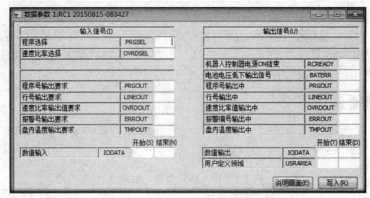

图 5-19　数据参数的设置

PRGSEL—程序选择确认信号。当通过"IODATA"指定的输入端子（构成 8421 码）选择程序号后，使 PRGSEL=ON，即确认了输入的数据为程序号。

5.5　通信及网络参数详解

（1）RS-232 通信参数

类型	参数符号	参数名称	功　能
序号		RS-232 通信参数	
设置	如下图		

（2）以太网参数

类型	参数符号	参数名称	功　能
序号		以太网参数	
设置	如下图		

第 6 章

触摸屏在机器人上的使用

　　触摸屏（以下简称 GOT）可以与机器人通过以太网直接相连。通过 GOT 可以直接控制机器人的启动、停止、选择程序号、设置速度倍率，监视机器人的工作状态、执行 JOG 操作等等。

　　本章以三菱 GOT 与机器人的连接为例，介绍 GOT 画面的制作过程以及与之相应的机器人一侧的参数设置。在 GOT 画面制作中使用"MELSOFT GT DESIGN 3"软件（简称 GT3），在机器人一侧使用"RT ToolBox2"软件（简称 RT），这些软件在三菱官网上都可下载，在下文中不再重复提及。

6.1　GOT 与机器人控制器的连接及通信参数设置

6.1.1　GOT 与机器人控制器的连接

　　如图 6-1 所示，GOT 与机器人控制器可以通过以太网直接连接。

6.1.2　GOT 机种选择

　　使用"GT3"软件，在图 6-2 中，选择 GS 系列 GOT。GS 系列 GOT 是最经济型的 GOT。

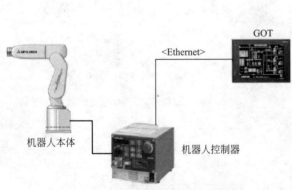

图 6-1　GOT 与机器人控制器的连接

图 6-2　GOT 类型型号及语言设置

6.1.3　GOT 一侧通信参数设置

　　图 6-3 是 GOT 自动默认的"以太网"通信参数。

　　图 6-4 下方，是对 GOT 所连接对象（机器人）一侧通信参数的设置。请按照图 6-4 进行设置（注意这是在 GOT 软件上的设置），方法如下：

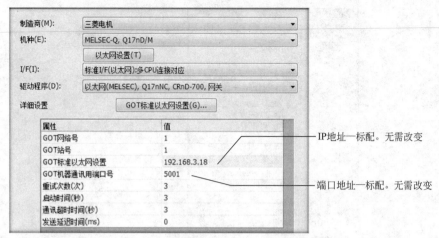

图 6-3　GOT 自动默认的"以太网"通信参数

IP地址一标配。无需改变

端口地址一标配。无需改变

① IP 地址必须与 GOT 在同一网段，但是第 4 位数字必须不同。

② 必须设置"站号＝2"。

③ 设置"端口号＝5001"。在选择 GOT 所连接的机器类型后，"端口号"自动改变。

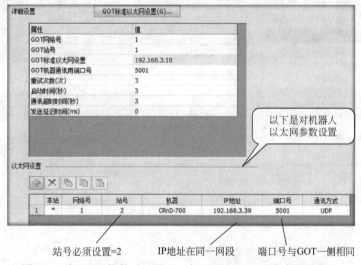

以下是对机器人以太网参数设置

站号必须设置=2　　IP地址在同一网段　　端口号与GOT一侧相同

图 6-4　从 GOT 软件对机器人一侧"以太网"通信参数的设置

6.1.4　机器人一侧通信参数的设置

打开机器人软件"RT ToolBox2"，设置"Ethernet"通信参数。

① 点击【工作区】—【参数】—【通信参数】—【Ethernet 设置】，如图 6-5 所示。

② 在弹出的窗口画面上，进行 IP 地址设置，本 IP 地址是机器人一侧的 IP。本设置必须与图 6-6 相同。设置原则也是"IP 地址必须与 GOT 在同一网段，但是第 4 位数字必须不同"。

③ 设备·端口设置　点击【设备·端口】，弹出如图 6-7 所示的窗口。

设备是指与机器人连接的"设备"，即 GOT，其设置就是对 GOT 通信参数设置，应该按 GOT 一侧的标准参数设置，如图 6-7 所示。

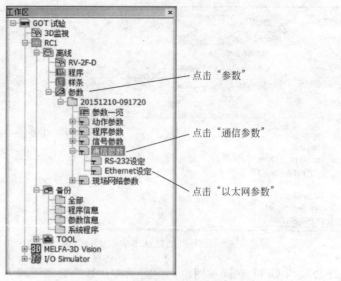

图 6-5　打开机器人以太网参数设置画面

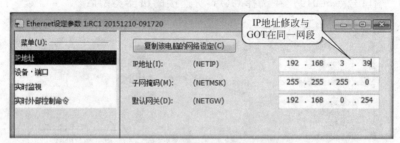

图 6-6　机器人以太网参数设置画面

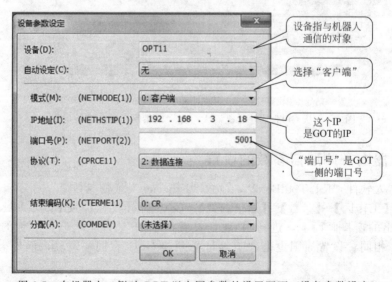

图 6-7　在机器人一侧对 GOT 以太网参数的设置画面（设备参数设定）

设置方法：

a. 设备名称：OPT11。

b. 模式（NETMODE（2））：选择"客户端"。

c. IP 地址：为 GOT 一侧 IP。

d. 端口号：GOT 一侧使用的端口。

经过在 GOT 一侧及机器人一侧做通信参数的设置，连上以太网线后，就可以进行通信了。

6.2 输入输出信号画面制作

图 6-8 是在 GOT 上制作的"操作屏"画面，该画面上的各按键都是"开关型"按键，对应机器人内部的"输入输出信号"。

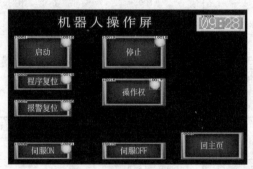

图 6-8 "操作屏"画面

6.2.1 GOT 器件与机器人 I/O 地址的对应关系

在机器人一侧，其输入信号 10000～18191、输出信号 10000～18191 用于与 GOT 通信使用。在 GOT 一侧，器件 U3E0-10000～U3E0-10511 用作输入器件，器件 U3E1-10000～U3E1-10511 用作输出器件，其对应关系如表 6-1、表 6-2 所示。

表 6-1 输入信号对应表

序号	GOT	机器人 (in)	推荐对应的功能信号	
			功能	参数名称
	U3E0-10000～U3E0-10511	10000～18191	输入点范围	
1	U3E0-10000.b0	10000		
2	U3E0-10000.b1	10001		
3	U3E0-10000.b2	10002		
4	U3E0-10000.b5	10005	操作权	IOENA
5	U3E0-10000.b6	10006	启动	START
6	U3E0-10000.b8	10008	程序复位	SLOTINIT
7	U3E0-10000.b9	10009	报警复位	ERRRESET
8	U3E0-10000.b10	10010	伺服 ON	SRVON
9	U3E0-10000.b11	10011	伺服 OFF	SRVOFF
10	U3E0-10000.b12	10012	程序循环结束	CYCLE
11	U3E0-10000.b13	10013	回退避点	SAFEPOS

序号	GOT	机器人 （in）	推荐对应的功能信号	
			功能	参数名称
12	U3E0-10000.b15	10015	全部输出信号复位	OUTRESET
13	U3E0-10001.b4	10020	选定程序号确认	PRGSEL
14	U3E0-10001.b5	10021	选定速度倍率确认	OVRDSEL
15	U3E0-10001.b6	10022	指令输出"程序号"	PRGOUT
16	U3E0-10001.b7	10023	指令输出"程序行号"	LINEOUT
17	U3E0-10001.b8	10024	指令输出"速度倍率"	OVRDOUT
18	U3E0-10001.b9	10025	指令输出"报警号"	ERROUT
19	U3E0-10002	10032～10047	数据输入区	IODATA

在表 6-1 中，机器人输入信号"对应的功能"是推荐使用（用户可自行设置）的，这些功能还需要在机器人一侧通过参数进行设置。

表 6-2　输出信号对应表

序号	GOT	机器人（out）	推荐对应的功能信号	
			功能	参数名称
	U3E1-10000～U3E1-10511	10000～18191		
1	U3E1-10000.b0	10000	暂停状态	STOP2
2	U3E1-10000.b1	10001	控制器上电 ON	RCREADY
3	U3E1-10000.b2	10002	远程模式状态	ATEXTMD
4	U3E1-10000.b3	10003	示教模式状态	TEACHMD
5	U3E1-10000.b4	10004	示教模式状态	ATTOPMD
6	U3E1-10000.b5	10005	操作权＝ON	IOENA
7	U3E1-10000.b6	10006	自动启动＝ON	START
8	U3E1-10000.b7	10007	STOP＝ON	STOPSTS
9	U3E1-10000.b8	10008	可重新选择程序	SLOTINIT
10	U3E1-10000.b9	10009	发生报警	Error occurring output
11	U3E1-10000.b10	10010	伺服 ON 状态	SRVON
12	U3E1-10000.b11	10011	伺服 OFF 状态	SRVOFF
13	U3E1-10000.b12	10012	循环停止状态	CYCLE
14	U3E1-10000.b13	10013	退避点返回状态	SAFEPOS
15	U3E1-10000.b14	10014	电池电压过低状态	BATERR
16	U3E1-10001.b1	10016	H 级报警状态	HLVLERR
17	U3E1-10001.b2	10017	L 级报警状态	LLVLERR
18	U3E1-10001.b6	10022	程序号输出状态	PRGOUT
19	U3E1-10001.b7	10023	程序行号输出状态	LINEOUT
20	U3E1-10001.b8	10024	倍率输出状态	OVRDOUT
21	U3E1-10001.b9	10025	报警号输出状态	ERROUT
22	U3E1-10002	10032～10047	数据输出地址	

6.2.2 "输入输出点"器件制作方法

以"自动启动"按键为例,说明"输入输出点"制作方法:制作"位开关型"按键—"启动"按键。

① 在 GOT 画面上制作按键,如图 6-9 所示。

图 6-9 GOT 画面制作

② 设置"启动"按键的器件号为"U3E0-10000.b6",如图 6-10 所示。该按键"U3E0-10000.b6"对应到机器人中的输入信号地址为"10006",见表 6-1。

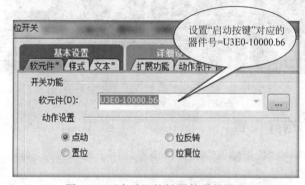

图 6-10 "启动"按键器件号的设置

③ 在机器人软件"RT ToolBox"中设置"启动"功能对应的输入地址号为"10006",如图 6-11 所示。

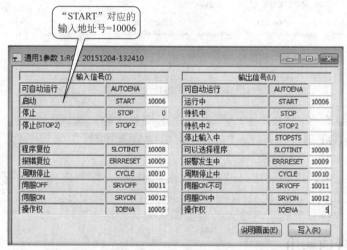

图 6-11 "启动"功能对应的输入地址号为"10006"

经过以上编写设置,触摸屏上的"启动"按键就对应了机器人的"启动"功能。

6.3 程序号的设置与显示

"程序号"的设置与显示是客户最基本的要求之一，其制作方法参见图 6-12。

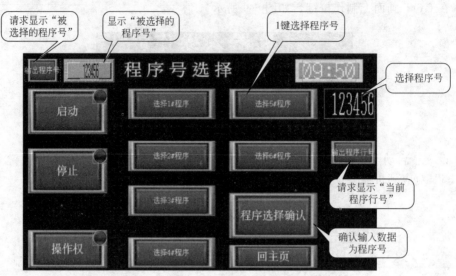

图 6-12   程序号选择屏的制作与设置

6.3.1 程序号的选择设置

① 在 GOT 上制作一"数据输入"器件，该器件用于输入数据。器件的地址号根据表 6-1 设置为"U3E0-10002"，如图 6-13 所示。

图 6-13   器件地址号的设置

② 在机器人参数中，"IODATA"参数用于设置"数据输入"的 1 组"输入信号的起始"地址。将与 GOT 器件"U3E0-10002"对应的输入地址"10032～10047"设置到参数"IODATA"中，如图 6-14 所示。

③ 在机器人一侧，还必须定义"输入数据的用途"，即确定输入的数据是作为"程序号"还是"速度倍率"，因此还有一个数据用途的"确认键"如图 6-12 所示。参数"PRGSEL（程序选择）"就是将输入的数据确认为"程序号"。

6.3.2 程序号的输出

当选择程序号完成后，必须在 GOT 上进行显示，以确保所选择程序号的正确性。
制作方法如下，参见图 6-14 及图 6-15。

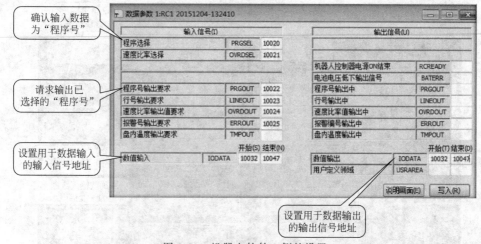

确认输入数据
为"程序号"

请求输出已
选择的"程序号"

设置用于数据输入
的输入信号地址

设置用于数据输出
的输出信号地址

图 6-14　机器人软件一侧的设置

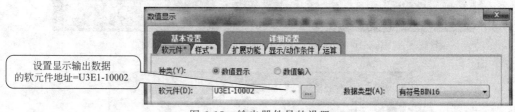

设置显示输出数据
的软元件地址=U3E1-10002

图 6-15　输出器件号的设置

① 在 GOT 上制作一"数据输出"器件,该器件用于显示输出数据。器件的地址号根据表 6-2 设置为"U3E1-10002"。

② 在机器人参数中,"IODATA"参数用于设置"数据输出"的 1 组"输出信号的起始"地址。将与 GOT 器件"U3E2-10002"对应的输入地址"10032～10047"设置到参数"IODATA"中,参见图 6-14。

③ 对机器人一侧,还必须定义"输出数据的用途",即确定输出数据是作为"程序号"还是"速度倍率",因此还有请求输出数据的"确认键",如图 6-12 所示。参数"PRGOUT(请求输出程序号)"就是将输出数据确认为"程序号",参见图 6-14。

6.4　速度倍率的设置和显示

在 GOT 上设置和修改"速度倍率"也是客户最基本的要求。在 GOT 上设置和修改"速度倍率"的方法如下,图 6-16 是在 GOT 上制作的"速度倍率"设置画面。

6.4.1　速度倍率的设置

① 在 GOT 上制作一"数据输入"器件,该器件用于输入"速度倍率"。器件的地址号根据表 6-1 设置为"U3E0-10002"。

为使用方便,使用"一键输入方法",即在 GOT 上制作 10 个按键,每个按键用于输入不同的速度倍率值。图 6-17 是"速度倍率=60%"的按键制作。

② 在机器人参数中,"IODATA"参数用于设置"数据输入"的 1 组"输入信号的起始"地址。将与 GOT 器件"U3E0-10002"对应的输入地址"10032～10047"设置到参数"IODATA"中,如图 6-18 所示。

图 6-16　在 GOT 上制作的"速度倍率"设置画面

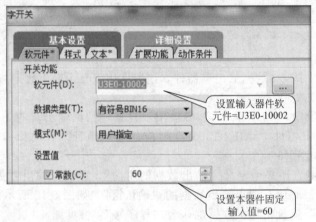

图 6-17　"速度倍率＝60％"的按键制作

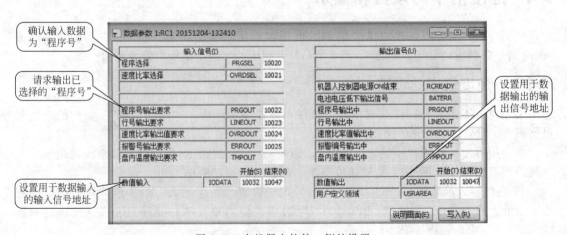

图 6-18　在机器人软件一侧的设置

这种设置方法可以设置任意的"速度倍率"。

③ 在机器人一侧，还必须定义"输入数据的用途"，即确定输入的数据是作为"程序号"还是"速度倍率"，因此还有一个数据用途的"确认键"，如图 6-16 所示。参数"OVRDSEL（速度倍率选择）"就是将输入的数据确认为"速度倍率"。

6.4.2　速度倍率的输出

当选择"速度倍率"完成后，必须在 GOT 上进行显示，以确保所选择"速度倍率"的正确性。制作方法如下，参见图 6-16。

① 在 GOT 上制作一"数据输出"器件，该器件用于显示输出数据。器件的地址号根据表 6-2 设置为"U3E1-10002"，如图 6-19 所示。

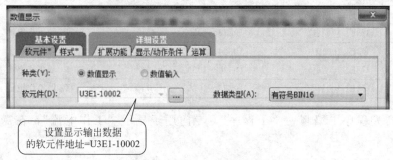

图 6-19　"数据输出"器件的设置

② 在机器人参数中，"IODATA"用于设置"数据输出"的 1 组"输出信号的起始"地址。将与 GOT 器件"U3E2-10002"对应的输入地址"10032～10047"设置到参数"IODA-TA"中，参见图 6-19。

③ 对机器人一侧，还必须定义"输出数据的用途"，即确定输出数据是作为"程序号"还是"速度倍率"，因此还有请求输出数据的"确认键"，如图 6-16 所示。参数"OVRDOUT（请求输出速度倍率）"就是将输出数据确认为"速度倍率"，参见图 6-18。

6.5　机器人工作状态读出及显示

如本书第 3 章所示，有大量表示机器人工作状态的"变量"。这些"数字型变量"也可以经过处理后在 GOT 上显示，图 6-20 就是各轴"工作负载率（工作电流）"的显示。

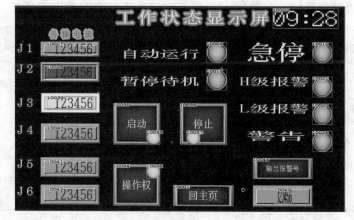

图 6-20　各轴"工作负载率"显示屏

由表 6-2 可知：可以使用的输出信号范围为 10000～18191，这些输出信号对应在 GOT 上为"字器件 U3E1-10000～U3E1-10511"，即有 512 个"字器件"可供使用。

只要在机器人程序中编制某一"状态变量"与"输出信号"的关系，就可以将"状态变量"显示在 GOT 上。

显示各轴"工作负载率（工作电流）"的制作方法如下。

① 在 GOT 上使用 U3E1-10016～U3E1-10021 作为 J_1～J_6 轴的"工作电流显示部件，如表 6-3 所示。

表 6-3 输出信号对应表

序号	GOT	机器人(out)	功能
1	U3E1-10016	10256～10271	J_1 轴工作电流
2	U3E1-10017	100272～10287	J_2 轴工作电流
3	U3E1-10018	10288～10303	J_3 轴工作电流
4	U3E1-10019	10304～10319	J_4 轴工作电流
5	U3E1-10020	10320～10335	J_5 轴工作电流
6	U3E1-10021	10336～10351	J_6 轴工作电流

② 在机器人程序中编制一"子程序"，专门用于显示"工作电流"，在需要时调用该程序。

```
程序号 60
M_Outw(10256)＝M_LdFact(1) '第 1 轴工作电流。
M_Outw(10272)＝M_LdFact(2) '第 2 轴工作电流。
M_Outw(10288)＝M_LdFact(3) '第 3 轴工作电流。
M_Outw(10304)＝M_LdFact(4) '第 4 轴工作电流。
M_Outw(10320)＝M_LdFact(5) '第 5 轴工作电流。
M_Outw(10336)＝M_LdFact(6) '第 6 轴工作电流。
```

运行该程序后就可以在 GOT 上显示各轴的工作电流了。

6.6 JOG 画面制作

JOG 是机器人的一种工作模式。在没有示教单元的场合，可以使用 GOT 进行"JOG"操作。

制作"JOG"画面，关键在于机器人一侧的参数设置。有关"JOG"操作的输入信号地址是固定的，不可随意设置，如果随意设置，机器人系统会报警。必须按表 6-4 和图 6-21

图 6-21 分配给 JOG 的输入输出信号

设置分配给 JOG 的输入输出信号。

由于在机器人一侧已经规定了"输入输出信号"地址，所以在 GOT 一侧的器件号也就被规定了。

表 6-4　输入信号对应表

序号	GOT	机器人（被固定分配）	规定对应的功能信号	
			功能	参数名称
1	U3E0-10005.b12	10092	JOG 有效	JOGENA
2	U3E0-10006.b0	10096	J1+	
3	U3E0-10006.b1	10097	J2+	
4	U3E0-10006.b2	10098	J3+	
5	U3E0-10006.b3	10099	J4+	
6	U3E0-10006.b4	10100	J5+	
7	U3E0-10006.b5	10101	J6+	
8	U3E0-10006.b6	10102	J7+	
9	U3E0-10006.b7	10103	J8+	
10	U3E0-10007.b0	10112	J1−	
11	U3E0-10007.b1	10113	J2−	
12	U3E0-10007.b2	10114	J3−	
13	U3E0-10007.b3	10115	J4−	
14	U3E0-10007.b4	10116	J5−	
15	U3E0-10007.b5	10117	J6−	
16	U3E0-10007.b6	10117	J7−	
17	U3E0-10007.b7	10117	J8−	
18	U3E0-10005.b13	10093	JOG 直交模式	
19	U3E0-10005.b14	10094	JOG 关节模式	
20	U3E0-10005.b15	10095	JOG TOOL 模式	

根据表 6-4 制作 GOT 画面中的各按键即可，如图 6-22 所示。

图 6-22　JOG 操作屏的制作与设置

第 7 章

机器人在研磨抛光项目中的应用研究

7.1 项目综述

某客户的工件要求采用机器人抓取实现抛光。工件如图 7-1 所示，要求抛光 5 个面。抛光运行轨迹由机器人完成。客户的要求如下。

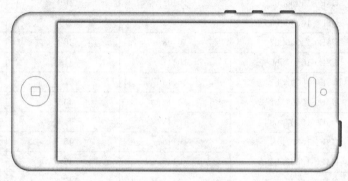

图 7-1　加工工件

① 抛光轮由变频电机驱动，必须能够预置多种速度。
② 工件由机器人夹持实施抛光，抛光面 5 个。
③ 机器人由两套系统控制——外部硬件操作屏与触摸屏 GOT。在触摸屏上可以设置各种工作参数，例如"位置补偿值"。
④ 能够简单检测抛光质量。
⑤ 要求机器人运行轨迹符合工件的 3D 轨迹。
⑥ 能够进行工件计数。
⑦ 夹持工件不需要视觉装置辅助调整。
⑧ 能够提供实用的工艺参数（抛光轮速度，机器人运行线速度，抛光轮及磨料）。
⑨ 抛光精度＜0.12mm。
⑩ 成本低。

7.2　解决方案

7.2.1　硬件配置

（1）硬件配置一览表
经过技术经济分析，决定采用表 7-1 所示的硬件配置。

表 7-1　硬件配置

序号	名称	型号	数量	备注
1	机器人	RV-2F	1	三菱
2	简易示教单元	R33TB	1	三菱
3	输入输出卡	2D-TZ368	1	三菱
4	PLC	FX3U-32MR	1	三菱
5	触摸屏	GS1000	1	三菱
6	变频器	A740-2.2K	1	三菱
7	电机	普通电机,2kW	1	
8	光电开关		1	

（2）硬件配置说明

硬件选配以三菱机器人 RV-2F 为中心，该机器人为 6 轴机器人。由于需要对 5 个工作面进行抛光作业，所以必须选择 6 轴机器人，同时"工件加抓手质量"小于 2kg，所以选用搬运质量＝2kg 的机器人。

① 机器人选用 RV-2F　其工作参数主要指标如下：

a. 夹持质量＝2kg。

b. 臂长：504mm。

c. 标配控制器：CR751D。

② 示教单元：R33TB（必须选配，用于示教位置点）。

③ 机器人选件—输入输出信号卡：2D-TZ368（32 输入/32 输出）。用于接受外部操作屏信号和控制外围设备动作。

④ 选用变频电机＋三菱变频器 A740-2.2K 作为抛光轮驱动系统，速度可调。

⑤ 选用三菱 PLC FX3U-32MR　作主控系统。

⑥ 触摸屏选用 GS1000 系列。触摸屏可以直接与机器人相连接，直接设置和修改各工艺参数。

7.2.2　应对客户要求的解决方案

（1）解决方案

① 抛光轮由变频器＋普通电机驱动，由 PLC 控制可以预置 7 种速度；速度值可以修改。

② 工件由机器人夹持实施抛光。机器人搬运质量＝2kg，6 轴，臂长 504mm，可实现复杂的空间运行轨迹。

③ 触摸屏 GS1000 可以直接与机器人相连接，直接设置和修改各工艺参数。

④ 使用机器人的负载检测控制，间接实现抛光质量检测。

⑤ 在进料输送端设置挡块，使工件定位。抓手为内张型抓手，可以控制定位位置。同时放大抛光行程，可以满足工件表面全抛光的要求。

⑥ 工件计数由卸料端光电开关检测，由 PLC 计数，在 GOT 上显示。

⑦ 机器人重复定位精度＝0.02mm，可以满足＜0.12mm 的要求。

⑧ 抛光工艺参数必须通过工艺试验确定。以下是工艺试验方案。

（2）工艺试验方案

① 抛光轮材料、磨料、速度与抛光工件质量的关系　在机器人运行速度确定和抛光磨

料确定的条件下测试抛光轮材料、速度与工件抛光质量的关系。试验时以不同的磨轮（不同材料的磨轮）在不同的转速下做试验。试验记录表格见表7-2～表7-4。

表 7-2　磨轮速度与抛光工件质量的关系 1（抛光磨料：甲）　　　　　　s/件

机器人运行速度	速度 1	速度 2	速度 3	速度 4	速度 4
抛光轮 A					
抛光轮 B					
抛光轮 C					
抛光轮 D					
抛光轮 E					

表 7-3　磨轮速度与抛光工件质量的关系 2（抛光磨料：乙）　　　　　　s/件

机器人运行速度	速度 1	速度 2	速度 3	速度 4	速度 4
抛光轮 A					
抛光轮 B					
抛光轮 C					
抛光轮 D					
抛光轮 E					

表 7-4　磨轮速度与抛光工件质量的关系 3（抛光磨料：丙）　　　　　　s/件

机器人运行速度	速度 1	速度 2	速度 3	速度 4	速度 4
抛光轮 A					
抛光轮 B					
抛光轮 C					
抛光轮 D					
抛光轮 E					

② 工件抛光质量与工作电流的关系　　必须测定"最佳工作电流"。因为磨轮是柔性磨轮，无法预先确定运行轨迹，而工作电流表示了工件与磨轮的贴合程度（磨削量），所以必须在基本选定磨轮转速和工件运行速度后，测定"最佳工作电流"。只有达到"最佳工作电流"才能被认为是正常抛光完成。试验时需要逐步加大抛光磨削量以观察工作电流的变化。要注意磨削量在图纸给出的加工范围内（表7-5）。

表 7-5　工件抛光质量与工作电流的关系

序号	工作电流	工件抛光质量
1		
2		
3		
4		
5		
6		

7.3 机器人工作程序编制及要求

编制程序的要求：

① 必须按工件的 3D 轮廓编制运行轨迹。不采用描点法。

② 能够设置 1 次、2 次、3 次磨削量。能够设置磨轮转速。

③ 能够根据磨轮材料自动匹配磨轮转速、工件线速度。根据每一工件的最少加工时间（效率）确定"工件运动线速度"。

④ 自动添加抛光磨料。

⑤ 有工件计数功能。

7.3.1 工作流程图

图 7-2 为抛光工件总流程图。主要核心在于有一个试磨程序，即通过检测工作负载率测试工件与抛光轮的贴合紧密程度，如果达到"最佳工作电流"就进入"正常抛光工作程序"，如果未达到"最佳工作电流"就进入"基准工作点补偿程序"。所以"最佳工作电流"是工件抛光质量的间接反映。

正常抛光工作流程如图 7-3 所示，包括背面抛光和其余 4 个面的圆弧抛光。

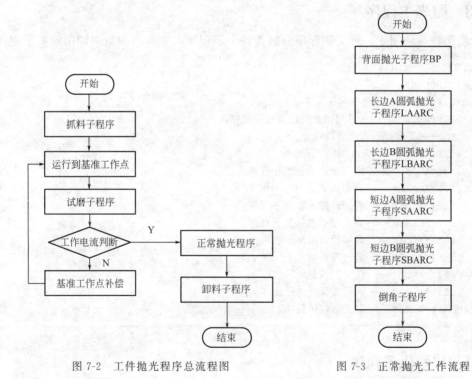

图 7-2 工件抛光程序总流程图   图 7-3 正常抛光工作流程

7.3.2 子程序汇总表

由于 5 个面的抛光运行轨迹各不相同，为简化编程，预先将各部分动作划分为若干子程序。经过分析，需要编制的子程序如表 7-6 所示。

表 7-6   子程序汇总表

序号	子程序名称	功能	程序代号
1	初始化程序	进行初始化	CSH
2	抓料子程序	抓料	ZL
3	试磨及电流判断子程序	试磨/电流判断/基准点补偿	ACTEST
4	背面抛光子程序	抛光背面	BP
5	长边 A 抛光子程序	抛光长边 A 圆弧	LAARC
6	长边 B 抛光子程序	抛光长边 B 圆弧	LBARC
7	短边 A 抛光子程序	抛光短边 A 圆弧	SAARC
8	短边 B 抛光子程序	抛光短边 B 圆弧	SBARC
9	圆弧抛光子程序	纯粹圆弧抛光	YHPG
10	圆角抛光子程序 1	抛光圆角	ARC1
11	圆角抛光子程序 2	抛光圆角	ARC2
12	圆角抛光子程序 3	抛光圆角	ARC3
13	圆角抛光子程序 4	抛光圆角	ARC4
14	卸料子程序	卸料	XIEL

7.3.3　抛光主程序

为使编程简洁明了，将工作程序分解为若干子程序，主程序则负责调用这些子程序。

抛光主程序　MAIN100

```
1   CallP"CSH"'——调用初始化子程序。
2   CallP"ZL"'——调用抓料子程序。
3   CallP"ACTEST"'——调用试磨电流判断子程序。
4   *ZC'——正常抛光程序运行标记。
5   CallP"BP"'——调用背面抛光子程序。
6   CallP"LAARC"'——调用长边 A 抛光子程序。
7   CallP"LBARC"'——调用长边 B 抛光子程序。
8   CallP"SAARC"'——调用短边 A 抛光子程序。
9   CallP"SBARC"'——调用短边 B 抛光子程序。
10  CallP"ARC1"'——调用圆弧倒角子程序 1。
11  CallP"ARC2"'——调用圆弧倒角子程序 2。
12  CallP"ARC3"'——调用圆弧倒角子程序 3。
13  CallP"ARC4"'——调用圆弧倒角子程序 4。
14  CallP"XIEL"'——调用卸料子程序。
15  End'——主程序结束。
```

7.3.4　初始化子程序

初始化程序用于对机器人系统的自检和外围设备的启动和检测。初始化程序如下：

初始化程序 CSH

```
1   '初始化程序。
2   *CSH'——初始化程序标签。
3   M_Out(10)=1'——抛光轮启动。
4   Dly0.5'——暂停。
```

5　M_Out(11)=1$'$——气泵启动。

6　M10=M_IN(10)$'$——M_IN(10)气压检测。

7　M11=M_IN(11)$'$——M_IN(11)抛光轮速度到位检测。

8　M12=M_IN(12)$'$——M_IN(12)输送带有料无料检测。

9　M15=M10+M11+M12

10　$'$——判断气压,抛光轮速度,有料信号是否全部到位。

11　If M15=3 Then$'$——判断。

12　GoTo * ZL$'$——跳转到抓料子程序。

13　Else$'$——否则。

14　GoTo * CSH$'$——跳转回到初始化子程序。

15　EndIf$'$——选择语句结束。

16　End$'$——主程序结束。

17　* ZL$'$——抓料子程序标签。

如果气压,抛光轮速度,有料信号全部到位,就进入抓料程序,否则继续进行初始化程序。

7.3.5　电流判断子程序

* ACTEST$'$电流检测程序。

1　M52=M_LdFact(2)$'$——检测 2 轴负载率。

2　M53=M_LdFact(3)$'$——检测 3 轴负载率。

3　M55=M_LdFact(5)$'$——检测 5 轴负载率。

4　M60=M52+M53+M55$'$——M60 为综合负载率。

5　P1=P1+P101$'$——P_{101} 为磨削补偿量。

6　Mov P1$'$——P_1 为试磨起点(基准点)。

7　Mvs P2$'$——P_2 为试磨终点。

8　If M60<M_100 Then$'$——工作电流判断(M_100 为工艺规定数据,可以设定)。如果综合负载率小于工艺规定数据,则。

9　P101.X=P101.X+0.01$'$——P_{101} 为磨削补偿(对试磨基准点进行补偿)。

10　GoTo * ACTEST$'$——重新试磨。

11　Else$'$——否则。

12　GoTo * PG100$'$——PG100 为正常抛光程序。

13　EndIf$'$——选择语句结束。

14　End$'$——主程序结束。

7.3.6　背面抛光子程序

（1）背面抛光运行轨迹

背面抛光程序必须考虑做 3 次抛光运行,每一次比前一次有一个微前进量。背面抛光运行轨迹如图 7-4 所示。以 P_1 点为基准点,其余 P_2、P_3、P_4 各点根据 P_1 点计算。运行轨迹为 $P_1 \rightarrow P_2 \rightarrow P_3 \rightarrow P_4 \rightarrow P_5 \rightarrow P_6 \rightarrow P_3 \rightarrow P_4 \rightarrow P_7 \rightarrow P_8 \rightarrow P_3$。

（2）背面抛光子程序 BP

1　P2=P1-P_10$'$——P_10 为工件长。

2　P3=P2-P_11$'$——P_11 为退刀量。

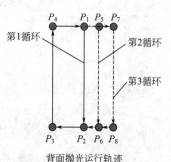

背面抛光运行轨迹

图 7-4　背面抛光运行轨迹

3　P4＝P3＋P_10'——赋值。

4　'——第 1 次粗抛光循环。

5　Mov P1'——P_1 为测定的基准点。

6　Mvs P2'——移动到 P_2 点。

7　Mvs P3'——移动到 P_3 点。

8　Mvs P4'——移动到 P_4 点。

9　'第 2 次抛光循环

10　Mvs P1＋P101'——P_{101} 为 1# 进刀量。

11　Mvs P2＋P101'——移动到"P_2＋P_{101}"。

12　Mvs P3'——移动到"P_3 点"。

13　MvS P4'——移动到"P_4 点"。

14　'——第 3 次抛光循环。

15　Mvs P1＋P102'——P_{102} 为 2# 进刀量。

16　Mvs P2＋P102'——移动到"P_2＋P_{102}"。

17　Mvs P3'——移动到"P_3 点"。

18　Mvs P4'——移动到"P_3 点"。

19　End'——主程序结束。

7.3.7　长边 A 抛光子程序

（1）长边圆弧的抛光运行轨迹

长边圆弧的抛光运行轨迹分为上半圆弧运行轨迹和下半圆弧运行轨迹，如图 7-5 所示。这是因为抛光轮的抛光工作线是一直线，而且是向一个方向旋转（图中是顺时针方向），为简化编程，将其分为上半圆弧运行轨迹和下半圆弧运行轨迹。

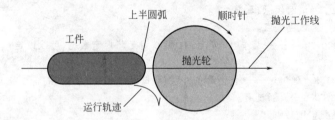

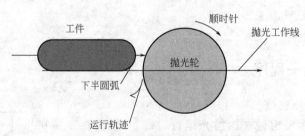

图 7-5　长边圆弧抛光运行轨迹示意图

（2）上半圆弧运行程序 YHARC

① 上半圆弧运行轨迹　上半圆弧运行轨迹如图 7-6 所示。

② 上半圆弧运行程序 YHARC：

Ovrd20'——设置速度倍率。

P10＝P_Curr'——取当前点为 P_{10}。

1 P11＝P_Curr-P_38'——P_38是圆弧插补终点数据,P₁₁为圆弧插补终点。

2 P12＝P_Curr-P_36'——P_36是圆弧插补半径数据,P₁₂为圆心。

3 Mvr3 P10,P11,P12'——圆弧插补,抛光运行。

4 Mvr3 P11,P10,P12'——圆弧插补,回程。

5 Mvr3 P10,P11,P12'——圆弧插补,抛光运行。

6 Mvr3 P11,P10,P12'——圆弧插补,回程。

7 Mvr3 P10,P11,P12'——圆弧插补,抛光运行。

8 Mvr3 P11,P10,P12'——圆弧插补,回程。

9 End'——主程序结束。

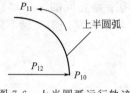

图 7-6　上半圆弧运行轨迹

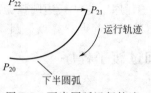

图 7-7　下半圆弧运行轨迹

（3）下半圆弧运行程序

① 下半圆弧运行轨迹　下半圆弧运行轨迹如图 7-7 所示。

② 下半圆弧运行程序：

Ovrd20'——设置速度倍率。

1 P20＝P_Curr'——取当前点为 P₂₀。

2 P21＝P_Curr＋P_38'——P_38是圆弧插补终点数据,P₁₁为圆弧插补终点。

3 P22＝P_Curr＋P_37'——P_37是圆弧插补半径数据,P₂₂为圆心。

4 Mvr3 P20,P21,P22'——圆弧插补,抛光运行。

5 Mvr3 P21,P20,P22'——圆弧插补,回程。

6 Mvr3 P20,P21,P22'——圆弧插补,抛光运行。

7 Mvr3 P21,P20,P22'——圆弧插补,回程。

8 Mvr3 P20,P21,P22'——圆弧插补,抛光运行。

9 Mvr3 P21,P20,P22'——圆弧插补,回程。

10 End'——主程序结束。

7.3.8　圆弧倒角子程序 1

（1）圆弧抛光的运行轨迹

本工件有 4 个圆弧，圆弧抛光的运行轨迹如图 7-8 所示。

圆弧倒角子程序用于对工件的 4 个圆角进行抛光。由于机器人的控制点设置在工件中心，所以可以直接将工件运行到如图 7-8 所示的位置后，进行圆弧插补。

（2）圆弧倒角子程序 ARC1

圆弧倒角子程序 ARC1

1 Ovrd20'——设置速度倍率。

2 P10＝P_Curr'——P₁₀为当前位置点。

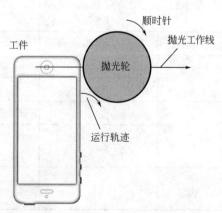

图 7-8　圆弧抛光的运行轨迹

3　P11＝P_Curr＋P_28'——P_28 是圆弧终点数据。

4　P12＝P_Curr-P_26'——P_26 是圆弧半径，P_{12} 是圆心。

5　Mvr3 P10,P11,P12'——圆弧倒角，抛光。

6　Mvr3 P11,P10,P12'——圆弧倒角，回程。

7　Mvr3 P10,P11,P12'——圆弧倒角，抛光。

8　Mvr3 P11,P10,P12'——圆弧倒角，回程。

9　Mvr3 P10,P11,P12'——圆弧倒角，抛光。

10　Mvr3 P11,P10,P12'——圆弧倒角，回程。

11　Mvr3 P10,P11,P12'——圆弧倒角，抛光。

12　End'——主程序结束。

"圆弧倒角子程序"与"长边圆弧抛光程序"在结构上是相同的，都是针对运行圆弧轨迹的，只是各自的圆弧起点、终点、圆弧半径圆心位置各不相同，需要做不同的设置。

7.3.9　空间过渡子程序

（1）概说

工件为矩形，有 5 个面需要抛光，抛光磨削工作线为抛光轮直径水平线，其位置是固定的。在机器人坐标系中，其 X、Z 坐标是固定的，Y 坐标取抛光轮中心线。因此，编程的工作是使工件待抛光面与抛光轮磨削工作线有相对运动。

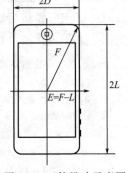

由于机器人夹持工件，为编程方便，设置"机器人控制点"为工件矩形背面中心点（计入了抓手长度因素）。

基准抛光点为背面磨削的起点，即工件底部中心点位于磨削线 Z 向 10mm 处。该点用全局变量 P_01 表示，即在各全部程序中有效。

为了将各待抛光面移动到抛光轮工作线，需要进行空间移动。机器人的"形位（POSE）"会改变，其中绕 X、Y、Z 轴的旋转是通过两个点的乘法进行的。本节是编制空间过渡点程序，通过该程序实现了各子程序的连接。图 7-9 是工件尺寸示意图。

图 7-9　工件尺寸示意图

（2）专用工作位置点

为编程需要，必须预置专用工作点。专用工作位置点如表 7-7 所示。

表 7-7　专用工作位置点

序号	变量名称	变量内容	变量类型
1	P_01	抛光基准点	全局
2	P_02	L—工件 1/2 长度	全局
3	P_03	D—工件 1/2 宽度	全局
4	P_04	H—工件 1/2 厚度	全局
5	P_05	E—工件数据（斜边-直边）	全局
6	P_06	(0,0,0,0,90,0)	绕 Y 轴旋转 90° 全局
7	J_6	(0,0,0,0,0,90)	J_6 轴旋转 90° 全局

（3）抛光主程序（MAIN100 的核心部分）

CALLP "BP"调用背面抛光子程序

1　Mov P_01′——回到基准点。

2　Mvs P_01-(2L,0,0,0,0,0)′——X 方向退 2L(L=1/2 工件长度),D=1/2 工件宽度,E=斜边减长边,取 E=20mm)。

3　Mov P_Curr * P_06′——B 轴旋转 90°(成水平面)。

4　Mov P_Curr-(0,0,L+10,0,0,0)′——Z 方向下行 L+10mm。

5　Mov P_Curr+(L+R,0,0,0,0,0)′——X 方向前进 L+R,到圆弧插补起点。

6　CALLP"SAARC"′——做圆弧插补(3次),抛光短边 1。

7　Mov P_Curr-(E,0,0,0,0,0)′——X 方向退 E(斜边-长边),准备磨长边 1。

8　Mov J_Curr+(0,0,0,0,0,90)′——Z 轴旋转 90°。

9　Mov P_Curr+(X1,0,0,0,0,0)′——X 方向前进(L-D+E)+R,到圆弧插补起点(X₁=L-D+E+R)。

10　CALLP"LAARC"′——做圆弧插补(3次),磨长边 1。

11　Mov P_Curr-(X1,0,0,0,0,0)′——X 方向退(L-D+E)+R,准备磨短边 2。

12　Mov J_Curr+(0,0,0,0,0,90)′——Z 轴旋转 90°。

13　Mov P_Curr+(X2,0,0,0,0,0)′——X 方向前进(E+R),到圆弧插补起点(X₂=E+R)。

14　CALLP"SAARC"′——磨短边 2 做圆弧插补(3次)。

15　Mov P_Curr-(E,0,0,0,0,0)′——X 方向退(E),准备磨长边 2。

16　Mov J_Curr+(0,0,0,0,0,90)′——Z 轴旋转 90°。

17　Mov P_Curr+(X1,0,0,0,0,0)′——X 方向前进(L-D+E)+R,到圆弧插补起点。

18　CALLP"LAARC"′——做圆弧插补(3次),磨长边 2。

19　End′——主程序结束。

（4）关于运行轨迹的问题

① TOOL 坐标系设置时，要尽量减小对 Z 轴的设置，因为 Z 方向过大，则会出现如果需要摆角 90°时，机器人不能够完成的情况。所以在设计抓手时，应该尽量缩短抓手的长度。

一般地，或者说必须地，机器人的位置控制点设置在抓手中心点（出厂设置在机械 IF 法兰中心点）。为了使抓手绕 X、Y、Z 轴都能够旋转（而且能够旋转较大的角度），就必须使 Z 坐标尽量得小。

② 工件需要旋转某一角度时，使用"点与点的乘法"指令效果较好。使用"点与点的加法"有时可以得到同样效果，但有时会得到意想不到的轨迹。

③ 对于 TOOL 坐标系，可以绕其中某一点旋转，但运动轨迹不一定是需要的轨迹。

④ 如果确定是直线运动，就必须用 Mvs 指令。用 Mov 指令可能出现意想不到的轨迹。

⑤ 要获得确切的轨迹，必须使用圆弧插补指令和直线指令。

⑥ 尽量少使用"全局变量"，以免全局变量的改变影响所有程序。

7.4　结语

抛光项目涉及的工艺因素很多，是比较复杂的应用类型。

① 从机器人的使用角度来考虑，主要是磨削工作电流的影响。因此在不同的磨轮材料和速度下，检测获得适当的工作负载电流值极其重要。

② 机器人的工作运行轨迹有多种编程方法，本文介绍的只是其中一种方法。

③ 注意在圆弧磨削时的上半圆弧与下半圆弧的区别。

第 8 章

机器人在手机检测生产线上的应用

8.1 项目综述

某手机检测生产线项目是机器人抓取手机（以下简称工件）进行检验，其工作过程如下：工件在流水线上，要求机器人抓取工件置于检验槽中，检验合格再放回流水线进入下一道工序。如果一次检验不合格，再抓取工件进入另外一检验槽。共检验三次，如果全不合格则放置在废品槽中。设备布置如图 8-1 所示。

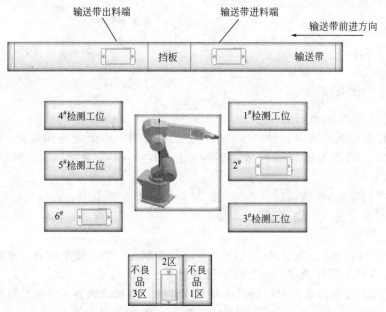

图 8-1　工程项目设备布置图

8.2 解决方案

经过技术经济性分析，决定采用如下方案：

① 配置机器人一个作为工作中心，负责工件抓取搬运。机器人配置 32 点输入 32 点输出的 I/O 卡。选取三菱 RV-2F 机器人，该机器人搬运质量＝2kg，最大动作半径为 504mm，可以满足工作要求。

② 示教单元：R33TB（必须选配，用于示教位置点）。

③ 机器人选件—输入输出信号卡：2D-TZ368。用于接受外部操作屏信号和控制外围设备动作。

④ 选用三菱 PLC FX3U-48MR 作主控系统。用于控制机器人的动作并处理外部检测信号。

⑤ 配置 AD 模块 FX3U-4AD 用于接受检测信号。产品检测仪给出模拟信号，由 AD 模块处理后送入 PLC 做处理及判断。

⑥ 触摸屏选用 GS2110。触摸屏可以直接与机器人相连接，直接设置和修改各工艺参数，发出操作信号。

8.2.1 硬件配置

硬件配置如表 8-1 所示。

表 8-1　硬件配置一览表

序号	名称	型号	数量	备注
1	机器人	RV-2F	1	三菱
2	简易示教单元	R33TB	1	三菱
3	输入输出卡	2D-TZ368	1	三菱
4	PLC	FX3U-48MR	1	三菱
5	AD 模块	FX3U-4AD	2	三菱
6	GOT	GS2110-WTBD	1	三菱

8.2.2 输入输出点分配

根据项目要求，需要配置的输入输出信号如表 8-2、表 8-3 所示。在机器人一侧需要配置 I/O 卡，其型号为 TZ-368。TZ-368 的地址编号是机器人识别的 I/O 地址。

（1）输入信号地址分配

表 8-2　输入信号地址一览表

序号	输入信号名称	输入地址(TZ-368)
1	自动启动	3
2	自动暂停	0
3	复位	2
4	伺服 ON	4
5	伺服 OFF	5
6	报警复位	6
7	操作权	7
8	回退避点	8
9	机械锁定	9
10	气压检测	10
11	输送带正常运行检测	11
12	输送带进料端有料无料检测	12
13	输送带出料端有料无料检测	13
14	1工位有料无料检测	14
15	2工位有料无料检测	15

序号	输入信号名称	输入地址(TZ-368)
16	3 工位有料无料检测	16
17	4 工位有料无料检测	17
18	5 工位有料无料检测	18
19	6 工位有料无料检测	19
20	1 工位检测合格信号	20
21	2 工位检测合格信号	21
22	3 工位检测合格信号	22
23	4 工位检测合格信号	23
24	5 工位检测合格信号	24
25	6 工位检测合格信号	25
26	1# 废料区有料无料检测	26
27	2# 废料区有料无料检测	27
28	3# 废料区有料无料检测	28
29	抓手夹紧到位	29
30	抓手松开到位	30

（2）输出信号地址分配

表 8-3 输出信号地址一览表

序号	输出信号名称	输出信号地址(TZ-368)
1	机器人自动运行中	0
2	机器人自动暂停中	4
3	急停中	5
4	报警复位	2
5	抓手夹紧	11
6	抓手松开	12

（3）数值型变量 M 的分配

由于本项目中机器人程序复杂，为编写程序方便，预先分配使用数值型变量和位置点的范围。数值型变量分配如表 8-4 所示。

表 8-4 数值型变量 M 分配一览表

序号	数值型变量名称	应用范围
1	M1～M99	主程序
2	M100～M199	上料程序
3	M200～M299	卸料程序
4	M300～M499	不良品检测程序
5	M201～M206	1～6 工位有料无料检测
6	M221～M226	1～6 工位检测次数

（4）位置变量 P 的分配（表 8-5）

表 8-5　位置变量 P 分配一览表

序号	位置变量名称	应用范围	类型
1	P_30	机器人工作基准点	全局
2	P_10	输送带进料端位置	全局
3	P_20	输送带出料端位置	全局
4	P_01	1#工位位置点	全局
5	P_02	2#工位位置点	全局
6	P_03	3#工位位置点	全局
7	P_04	4#工位位置点	全局
8	P_05	5#工位位置点	全局
9	P_06	6#工位位置点	全局
10	P_07	1#不良品区位置点	全局
11	P_08	2#不良品区位置点	全局
12	P_09	3#不良品区位置点	全局

8.3　编程

8.3.1　总流程

（1）总的工作流程

由于机器人程序复杂，应该首先编制流程图，根据流程图，编制程序流程及程序框架。编制流程图时，需要考虑周全，确定最优工作路线，这样编程事半功倍。

总的工作流程如图 8-2 所示。

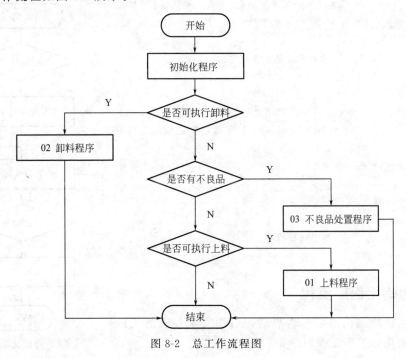

图 8-2　总工作流程图

① 系统上电或启动后，首先进入"初始化"程序，包括检测输送带是否启动，启动气泵并检测气压及报警程序。

② 进入卸料工序，只有先将测试区的工件搬运回输送线上，才能够进行下一工步。

③ 在卸料工步执行完毕后，进入"不良品处理工序"。在"不良品处理工序"中，要对检测不合格的产品执行3次检测，3次不合格才判定为不良品。从机器人动作来看，要将同一工件置于不同的3个测试工位中进行测试，测试不合格才将工件转入"不良品区"。执行"不良品处理工步"也是要空出"测试区"。

④ 经过"卸料工步"和"不良品处理工步"后，测试区各工位已经最大限度地空出，所以执行"上料工步"。

⑤ 如果工作过程中发生机器人系统的报警，机器人会停止工作。外部也配置有"急停按钮"。拍下"急停按钮"后，系统立即停止工作。

⑥ 总程序可以设置为"反复循环类型"，即启动之后反复循环执行，直到接收到"停止指令"。

（2）主程序 MAIN

根据总流程图，编制的主程序 MAIN 如下：

主程序 MAIN
1 CallP"CSH"'——调用初始化程序。
2 '——进入卸料工步判断。
3 If M210＝6 Then ＊LAB2'——如果全部工位检测不合格则跳到＊LAB2。
4 If M_In(13)＝1 Then ＊LAB2'——如果输送带出口段有料则跳到＊LAB2。
5 CallP"XIEL"'——调用卸料程序。
6 GoTo ＊LAB4'——跳转到＊LAB4 行。
7 ＊LAB2'——"不良品工步"标记。
8 '——进入"不良品工步"工步判断。
9 If M310＝0 Then ＊LAB3'——如果全部工位检测合格则跳到＊LAB3。
10 If M310＝6 Then ＊LAB5'——如果全部工位检测不合格则跳到＊LAB5 报警程序。
11 CallP"BULP"'——调用不良品处理程序。
12 GoTo ＊LAB4'——跳转到＊LAB4 行。
13 ＊LAB3'——上料程序标记。
14 If M110＝6 Then ＊LAB4'——如果全部工位有料则跳到＊LAB4。
15 If M_In(12)＝1 Then ＊LAB4'——如果输送带进口段无料则跳到＊LAB4。
16 CallP"SL"'——调用上料程序。
17 ＊LAB4'——主程序结束标志。
18 End'——程序结束。
19 ＊LAB5'——报警程序。
20 CallP"BAOJ"'——调用报警程序。
21 End'——程序结束。

8.3.2　初始化程序流程

初始化包括检测输送带是否启动，启动气泵并检测气压等工作。初始化的工作流程如图 8-3 所示。

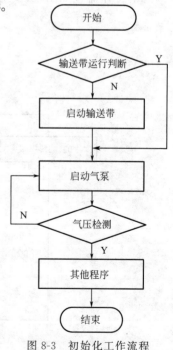

图 8-3　初始化工作流程

8.3.3 上料流程

（1）上料程序流程及要求

① 上料程序必须首先判断　输送带进口段上是否有料和测试区是否有空余工位。

② 如果不满足这 2 个条件，就结束上料程序返回主程序。

③ 如果满足这 2 个条件，则逐一判断空余工位，然后执行相应的搬运程序。

④ 由于上料动作必须将工件压入测试工位槽中，所以采用了机器人的"柔性控制功能"，在压入过程中如果遇到过大阻力，则机器人会自动做出相应调整，这是关键技术之一。

⑤ 每一次搬运动作结束后，不是回到程序 End，而是回到程序起始处，重新判断，直到 6 个工件全部装满工件。

（2）上料工步流程图

上料工步流程图如图 8-4 所示。

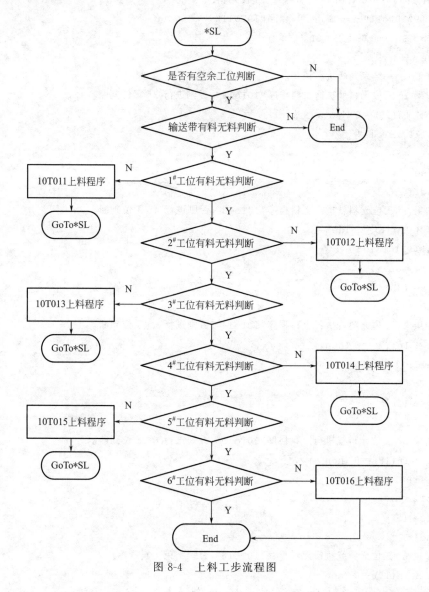

图 8-4　上料工步流程图

（3）上料程序 SL

1 * SL'——程序分支标签。

2 M101＝M_In(14)'——1#工位有料无料检测信号。

3 M102＝M_In(15)'——2#工位有料无料检测信号。

4 M103＝M_In(16)'——3#工位有料无料检测信号。

5 M104＝M_In(17)'——4#工位有料无料检测信号。

6 M105＝M_In(18)'——5#工位有料无料检测信号。

7 M106＝M_In(19)'——6#工位有料无料检测信号。

8 M110＝M101％＋M102％＋M103＋M104％＋M105＋M106％'——全部工位有料无料状态。

9 If M110＝6 Then * LAB'——如果全部工位有料则跳到程序结束。

3 If M_In(12)＝1 Then * LAB'——如果输送带无料则跳到程序结束。

4 '——如果1#工位无料就执行上料程序"10To11"，否则进行2#工位判断。

5 If M_In(14)＝0 Then'——如果1#工位无料。

6 CallP"10To11"'——调用上料程序"10To11"

7 GoTo * SL'——跳转到 * SL。

8 Else'——否则。

9 End If'——结束判断执行语句。

10 '如果2#工位无料就执行上料程序"10To12"，否则进行3#工位判断。

11 If M_In(15)＝0 Then

12 CallP"10To12"

13 GoTo * SL

14 Else'(2)

15 EndIf

16 '如果3#工位无料就执行上料程序"10To13"，否则进行4#工位判断。

17 If M_In(16)＝0 Then

18 CallP"10To13"

19 GoTo * SL

20 Else'(3)

21 EndIf

22 '如果4#工位无料就执行上料程序"10To14"，否则进行5#工位判断。

23 If M_In(17)＝0 Then

24 CallP"10To14"

25 GoTo * SL

26 Else'(4)

27 EndIf

28 '如果5#工位无料就执行上料程序"10To15"，否则进行6#工位判断。

29 If M_In(18)＝0 Then

30 CallP"10To15"

31 GoTo * SL

32 Else'(5)

33 EndIf

34 '如果6#工位无料就执行上料程序"10To16"，否则结束上料程序。

35 If M_In(19)＝0 Then

```
36  CallP"10To16"
37  Else'(6)
38  EndIf'
39  *LAB
40  End
```

（4）程序 10To11

本程序用于从输送带抓料到 1# 工作位，使用了柔性控制功能。

```
1   Servo ON'——伺服 ON。
2   Ovrd 100'——速度倍率 100%。
3   Mov P_10,50'——快进到输送带进料端位置点上方 50mm。
4   Ovrd 20'——设置速度倍率为 20%。
5   Mvs P_10'——慢速移动到输送带进料端位置点。
6   M_Out(11)=1'——抓手 ON。
7   Wait M_In(29)=1'——等待抓手夹紧完成。
8   Dly 0.3'——暂停 0.3s。
9   Mov P_10,50'——移动到输送带进料端位置点上方 50mm。
10  Ovrd 100'——设置速度倍率为 100%。
11  Mov P_01,50'——快进到 1# 工位位置点上方 50mm。
12  Ovrd 20'——设置速度倍率为 20%。
13  CmpG 1,1,0.7,1,1,1,,'——设置各轴柔性控制增益值。
14  Cmp Pos,&B000100'——设置 Z 轴为柔性控制轴。
15  Mvs P_01'——工进到 1# 工位位置点。
16  M_Out(11)=0'——松开抓手。
17  Wait M_In(30)=1'——等待抓手松开完成。
18  Dly 0.3'——暂停 0.3s。
19  Ovrd 100'——设置速度倍率为 100%。
20  Cmp Off'——关闭柔性控制功能。
21  Mov P_01,50'——移动到 1# 工位位置点上方 50mm。
22  Mov P_30'——移动到基准点。
23  End'——主程序结束。
```

8.3.4　卸料工序流程

（1）卸料程序的流程及要求

① 卸料程序必须首先判断：输送带出口段上是否有料和测试区是否有合格工件。

② 如果不满足这 2 个条件，就结束卸料程序返回主程序。

③ 如果满足这 2 个条件，则逐一判断合格工件所在工位，然后执行相应的搬运程序。

④ 每一次搬运动作结束后，不是回到程序 End，而是回到程序起始处，重新判断，直到全部合格工件被搬运到输送带上。

（2）卸料工步流程图

卸料工步流程图如图 8-5 所示。

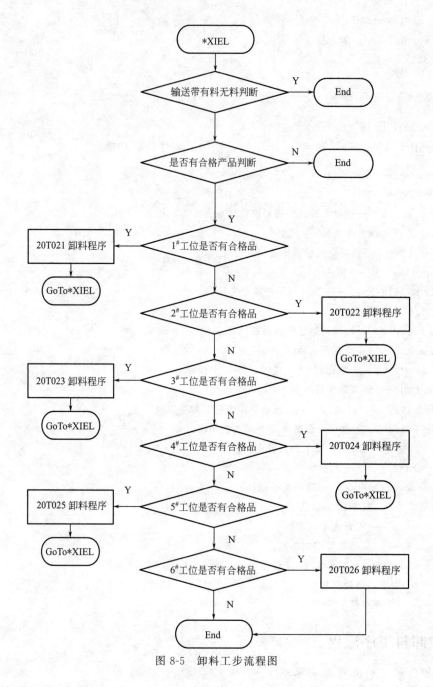

图 8-5 卸料工步流程图

（3）卸料程序 XIEL

1　*XIEL——程序分支标签。

2　M201＝M_In(20)′——1#工位检测合格信号。

3　M202＝M_In(21)′——2#工位检测合格信号。

4　M203＝M_In(22)′——3#工位检测合格信号。

5　M204＝M_In(23)′——4#工位检测合格信号。

6　M205＝M_In(24)′——5#工位检测合格信号。

7　M206＝M_In(25)′——6#工位检测合格信号。

'——检测合格信号＝0,检测不合格信号＝1。

8　M210＝M201＋M202＋M203＋M204＋M205＋M206

9　If M210＝6 Then＊LAB20'——如果全部工位检测不合格则跳到程序结束。

3　If M_In(13)＝1 Then＊ LAB20'——如果输送带有料则跳到程序结束。

4　'——如果 1# 工位检测合格就执行卸料程序"20To21",否则进行 2# 工位判断。

5　If M_In(20)＝0 Then

6　CallP"20To21"

7　GoTo＊XIEL

8　Else'(1)

9　EndIf

10　'——如果 2# 工位检测合格就执行卸料程序"20To22",否则进行 3# 工位判断。

11　If M_In(21)＝0 Then

12　CallP"20To22"

13　GoTo＊XIEL

14　Else'(2)

15　EndIf

16　'——如果 3# 工位检测合格就执行卸料程序"20To23",否则进行 4# 工位判断。

17　If M_In(22)＝0 Then

18　CallP"20To23"

19　GoTo＊XIEL

20　Else'(3)

21　EndIf

22　'——如果 4# 工位检测合格就执行卸料程序"20To24",否则进行 5# 工位判断。

23　If M_In(23)＝0 Then

24　CallP"20To24"

25　GoTo＊XIEL

26　Else'(4)

27　EndIf

28　'——如果 5# 工位检测合格就执行卸料程序"20To25",否则进行 6# 工位判断。

29　If M_In(24)＝0 Then

30　CallP"20To25"

31　GoTo＊XIEL

32　Else'(5)

33　EndIf

34　'——如果 6 工位检测合格就执行卸料程序"20To26",否则 GoTo END。

35　If M_In(25)＝0 Then

36　CALLP"20To25"

37　Else'(6)

38　EndIf'

39　＊LAB20

40　End

8.3.5　不良品处理程序

（1）程序的要求及流程

① 在"不良品处理工序"中，要对检测不合格的产品执行 3 次检测，3 次不合格才判定为不良品。从机器人动作来看，要将同一工件置于不同的 3 个测试工位中进行测试，测试不

合格才将工件转入"不良品区"。因此在"不良品处理工序"中:

a. 首先判断有无不良品。无不良品则结束本程序返回上一级程序。

b. 然后判断是否全部为不良品。如果全部为不良品,则必须报警,因为可能是出现了重大质量问题,需要停机检测。

② 如果不满足以上条件,则逐一判断不良品所在工位,判断完成后,执行相应的搬运程序。

③ 在下一级子程序中,还需要判断是否有空余工位,并且标定检测次数,在检测次数=3时,将工件搬运到"不良品区"。

(2) 不良品处理程序流程图

不良品处理程序流程图如图 8-6 所示。

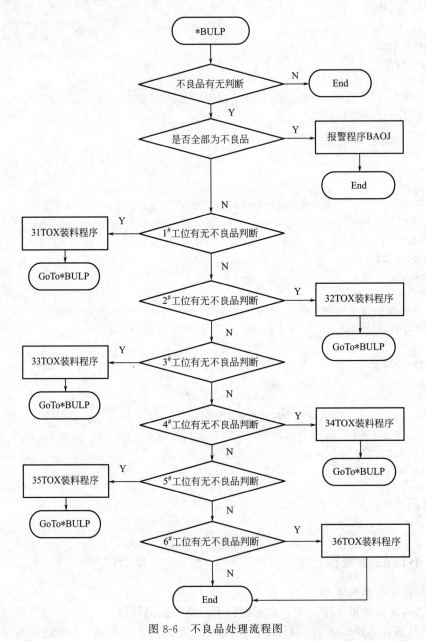

图 8-6 不良品处理流程图

（3）不良品处理程序 BULP

1　* BULP——程序分支标签。

2　M301＝M_In(20)'——1# 工位检测合格信号。

3　M302＝M_In(21)'——2# 工位检测合格信号。

4　M303＝M_In(22)'——3# 工位检测合格信号。

5　M304＝M_In(23)'——4# 工位检测合格信号。

6　M305＝M_In(24)'——5# 工位检测合格信号。

7　M306＝M_In(25)'——6# 工位检测合格信号。

'——检测合格信号＝0,检测不合格信号＝1。

M310＝M301＋M302＋M303＋M304＋M305＋M306

If M310＝0 Then * LAB2'——如果全部工位检测合格则跳到 * LAB2(结束程序)。

If M310＝6 Then * LAB3'——如果全部工位检测不合格则跳到报警程序。

'——如果 1# 工位检测不合格就执行转运程序"31TOX",否则进行 2# 工位判断。

5　If M_In(20)＝1 Then

6　CallP"31TOX"

7　GoTo * BULP'——回程序起始行。

8　Else'(1)

9　EndIf

10　'——如果 2 工位检测不合格就执行转运程序"32TOX",否则进行 3# 工位判断。

11　If M_In(21)＝1 Then

12　CallP"32TOX"

13　GoTo * BULP

14　Else'(2)

15　EndIf

16　'——如果 3 工位检测不合格就执行转运程序"33TOX",否则进行 4# 工位判断。

17　If M_In(22)＝1 Then

18　CallP"33TOX"

19　GoTo * BULP

20　Else'(3)

21　EndIf

22　'——如果 4 工位检测不合格就执行转运程序"34TOX",否则进行 5# 工位判断。

23　If M_In(23)＝1 Then

24　CallP"31TOX"

25　GoTo * BULP

26　Else'(4)

27　EndIf

28　'——如果 5 工位检测不合格就执行转运程序"35TOX",否则进行 6# 工位判断。

29　If M_In(24)＝1 Then

30　CallP"35TOX"

31　GoTo * BULP

32　Else'(5)

33　EndIf

34　'——如果 6 工位检测不合格就执行转运程序"36TOX",否则结束程序。

35　If M_In(24)＝1 Then

36　CallP"36TOX"

37　Else'(6)

38　EndIf'(6)

```
   * LAB2
   End
39   * LAB3
40   End
```

8.3.6 不良品在 1# 工位的处理流程 （31TOX）

（1）不良品在 1# 工位的处理程序 （31TOX）流程

不良品在 1# 工位的处理程序 （31TOX）流程图如图 8-7 所示。

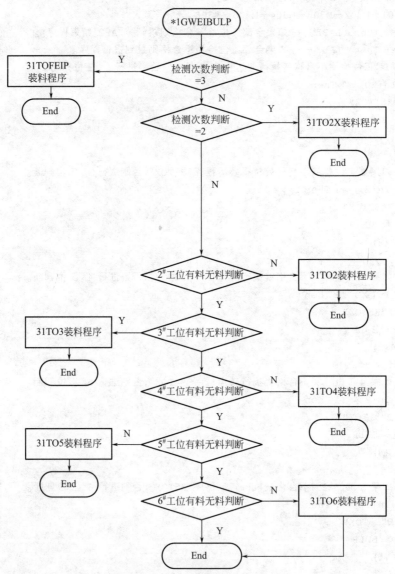

图 8-7　不良品在 1# 工位的处理程序 （31TOX）流程

　　① 当 1# 工位（包括 2#～5# 工位）有不良品时，先要进行检测次数判断。工艺规定对每一工件要进行 3 次检测，如果 3 次检测都不合格，才可以判断为不良品。

　　② 当检测次数＝3 时，进入"31TOFEIP"程序（将工件放入"不良品区"）。

③ 当检测次数＝2时，进入"31TO2X"子程序（将工件放入"其他工位"进行第3次检测）。

④ 当检测次数＝0（第1次）时，进入"31TOX"子程序（将工件放入"其他工位"进行第2次检测）。

如果检测次数＝0（初始值），则顺序判断各工位有料无料状态，执行相应的搬运程序。为此必须标定检测次数，从1#工位将工件转运到 N#工位后必须对各工位的检验次数进行标定，同时清掉1#工位的检测次数。

(2) 不良品在1#工位的处理程序（31TOX）

```
1    *1GWEIBULP'——程序分支标签。
2    '——如果检测次数＝3就执行不良品转运程序"31TOFEIP"，否则进行下一判断。
3    If M221＝3 Then CallP"31TOFEIP"
4    '——如果检测次数＝2就执行转运程序"31TO2X"，否则进行下一判断。
5    If M221＝2 Then CallP"31TO2X"
6    '——如果 2#工位无料就执行转运程序"31TO2"，否则进行 3#工位判断。
7    If M_In(14)＝0 Then
8    CallP"31TO2"
9    M222＝2'——标定 2#工位检测次数＝2。
10   M221＝0'——标定 1#工位检测次数＝0。
11   GoTo * LAB2
12   Else'(1)
13   EndIf
     '——如果 3#工位无料就执行转运程序"31TO3"，否则进行 4#工位判断。
14   If M_In(15)＝0 Then
15   CallP"31TO3"
16   M223＝2'——标定 3#工位检测次数＝2。
17   M221＝0'——标定 1#工位检测次数＝0。
18   GoTo * LAB2
19   Else'(2)
20   EndIf
21   '——如果 4#工位无料就执行转运程序"31TO4"，否则进行 5#工位判断。
22   If M_In(17)＝0 Then
23   CallP"31TO4"
24   M224＝2'——标定 4#工位检测次数＝2。
25   M221＝0'——标定 1#工位检测次数＝0。
26   GoTo * LAB2
27   Else'(3)
28   EndIf
29   '——如果 5#工位无料就执行转运程序"31TO5"，否则进行 6#工位判断。
30   If M_In(18)＝0 Then
31   CallP"31TO5"
32   M225＝2'——标定 5#工位检测次数＝2。
33   M221＝0'——标定 1#工位检测次数＝0。
34   GoTo * LAB2
35   Else'(4)
36   EndIf
37   '——如果 6#工位无料就执行转运程序"31TO6"，否则 GoToEnd。
```

```
38  If M_In(1)=0 Then
39  CallP"31TO6"
40  M226=2'——标定 5# 工位检测次数=2。
41  M221=0'——标定 1# 工位检测次数=0。
42  GoTo*LAB2
43  Else'(5)
44  EndIf
45  '——如果 6# 工位检测不合格就执行转运程序"36TOX",否则结束程序。
46  If M_In(24)=1 Then
47  CallP"36TOX"
48  Else'(6)
49  EndIf'
50  *LAB2
51  End
52  *LAB3
53  End
```

（3）不良品在 1# 工位向废品区的转运程序（31TOX）

不良品在 2#～6# 工位向废品区的转运程序与此类同。

① 流程图如图 8-8 所示。

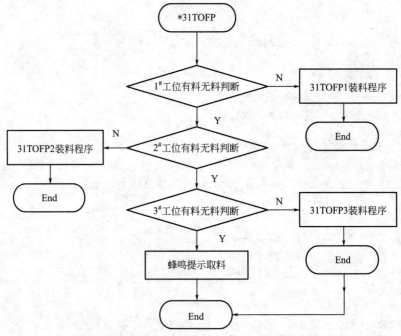

图 8-8　不良品在 1# 工位时向废品区的转运流程图

② 程序可参见 "31TOX"。

8.3.7　主程序子程序汇总表

由以上的分析可知，即使这样看似简单的搬运测试程序，也可以分解成许多子程序。对应于复杂的程序流程，将一段固定的动作编制为子程序是一种简单实用的编程方法。表 8-6 是程序汇总表。

表 8-6 主程序子程序汇总表

序号	程序名称	程序号	功能	上级程序
1	主程序	MAIN		
第 1 级子程序				
2	上料子程序	SL		MAIN
3	卸料子程序	XL		MAIN
4	不良品处理程序	BULP		MAIN
	报警程序	BAOJ		MAIN
第 2 级子程序 上料子程序所属子程序				
5	输送带到 1# 工位	10TO11		SL
6	输送带到 2# 工位	10TO12		SL
7	输送带到 3# 工位	10TO13		SL
8	输送带到 4# 工位	10TO14		SL
9	输送带到 5# 工位	10TO15		SL
10	输送带到 6# 工位	10TO16		SL
第 2 级子程序 卸料子程序所属子程序				
11	1# 工位到输送带	20TO21		XL
12	2# 工位到输送带	20TO22		XL
13	3# 工位到输送带	20TO23		XL
14	4# 工位到输送带	20TO24		XL
15	5# 工位到输送带	20TO25		XL
16	6# 工位到输送带	20TO26		XL
第 2 级子程序 不良品处理程序所属子程序				
17	不良品从 1# 工位转其他工位	31TOX		BULP
18	不良品从 2# 工位转其他工位	32TOX		BULP
19	不良品从 3# 工位转其他工位	33TOX		BULP
20	不良品从 4# 工位转其他工位	34TOX		BULP
21	不良品从 5# 工位转其他工位	35TOX		BULP
22	不良品从 6# 工位转其他工位	36TOX		BULP
23	不良品从 1# 工位转废品区程序	31TOFP		BULP
24	不良品从 2# 工位转废品区程序	32TOFP		BULP
25	不良品从 3# 工位转废品区程序	33TOFP		BULP
26	不良品从 4# 工位转废品区程序	34TOFP		BULP
27	不良品从 5# 工位转废品区程序	35TOFP		BULP
28	不良品从 6# 工位转废品区程序	36TOFP		BULP
第 3 级子程序				
29	不良品从 1# 工位转 2# 工位程序	31TO32		31TOX
30	不良品从 1# 工位转 3# 工位程序	31TO33		31TOX
31	不良品从 1# 工位转 4# 工位程序	31TO34		31TOX

序号	程序名称	程序号	功能	上级程序
	第 3 级子程序			
32	不良品从 1# 工位转 5# 工位程序	31TO35		31TOX
33	不良品从 1# 工位转 6# 工位程序	31TO36		31TOX
34	不良品从 2# 工位转 1# 工位程序	32TO31		32TOX
35	不良品从 2# 工位转 3# 工位程序	32TO33		32TOX
36	不良品从 2# 工位转 4# 工位程序	32TO34		32TOX
37	不良品从 2# 工位转 5# 工位程序	32TO35		32TOX
38	不良品从 2# 工位转 6# 工位程序	32TO36		32TOX
39	不良品从 3# 工位转 1# 工位程序	33TO31		33TOX
40	不良品从 3# 工位转 2# 工位程序	33TO32		33TOX
41	不良品从 3# 工位转 4# 工位程序	33TO34		33TOX
42	不良品从 3# 工位转 5# 工位程序	33TO35		33TOX
43	不良品从 3# 工位转 6# 工位程序	33TO36		33TOX
44	不良品从 4# 工位转 1# 工位程序	34TO31		34TOX
45	不良品从 4# 工位转 2# 工位程序	34TO32		34TOX
46	不良品从 4# 工位转 3# 工位程序	34TO33		34TOX
47	不良品从 4# 工位转 5# 工位程序	34TO35		34TOX
48	不良品从 4# 工位转 6# 工位程序	34TO36		34TOX
49	不良品从 5# 工位转 1# 工位程序	35TO31		35TOX
50	不良品从 5# 工位转 2# 工位程序	35TO32		35TOX
51	不良品从 5# 工位转 3# 工位程序	35TO33		35TOX
52	不良品从 5# 工位转 4# 工位程序	35TO34		35TOX
53	不良品从 5# 工位转 6# 工位程序	35TO36		35TOX
54	不良品从 6# 工位转 1# 工位程序	36TO31		36TOX
55	不良品从 6# 工位转 2# 工位程序	36TO32		36TOX
56	不良品从 6# 工位转 3# 工位程序	36TO33		36TOX
57	不良品从 6# 工位转 4# 工位程序	36TO34		36TOX
58	不良品从 6# 工位转 5# 工位程序	36TO35		36TOX
59	不良品从 1# 工位转废品区 1	31TOFP1		31TOFP
60	不良品从 1# 工位转废品区 2	31TOFP2		31TOFP
61	不良品从 1# 工位转废品区 3	31TOFP3		31TOFP
62	不良品从 2# 工位转废品区 1	32TOFP1		32TOFP
63	不良品从 2# 工位转废品区 2	32TOFP2		32TOFP
64	不良品从 2# 工位转废品区 3	32TOFP3		32TOFP
65	不良品从 3# 工位转废品区 1	33TOFP1		33TOFP
66	不良品从 3# 工位转废品区 2	33TOFP2		33TOFP
67	不良品从 3# 工位转废品区 3	33TOFP3		33TOFP

序号	程序名称	程序号	功能	上级程序
	第 3 级子程序			
68	不良品从 4# 工位转废品区 1	34TOFP1		34TOFP
69	不良品从 4# 工位转废品区 2	34TOFP2		34TOFP
70	不良品从 4# 工位转废品区 3	34TOFP3		34TOFP
71	不良品从 5# 工位转废品区 1	35TOFP1		35TOFP
72	不良品从 5# 工位转废品区 2	35TOFP3		35TOFP
73	不良品从 5# 工位转废品区 3	36TOFP3		35TOFP
74	不良品从 6# 工位转废品区 1	36TOFP1		36TOFP
75	不良品从 6# 工位转废品区 2	36TOFP3		36TOFP
76	不良品从 6# 工位转废品区 3	36TOFP3		36TOFP

8.4 结语

① 在工件检测项目中，编程的主要问题不是编制搬运程序，而是建立一个优化的程序流程。因此在程序编程初期，要与设备制造商的设计人员反复商讨工艺流程，在确认一个优化的工作流程后，再着手编制流程图和后续程序。

② 对每一段固定的动作必须将其编制为子程序，以简化编程工作和有利于对主程序的分析。

③ 柔性控制技术在将工件压入检测槽时是关键技术，如果工件没有紧密放置在检测槽内，会影响检测结果。

第 9 章
机器人在乐队指挥项目中的应用

9.1 项目综述

使用机器人做乐队指挥，用于表演与科普。

9.2 解决方案

① 选用搬运质量最小的 6 轴机器人；
② 配置一触摸屏。这样可以选择"歌曲"（程序号）。

9.3 编程

① 第一方案：由于机器人有高精度的定位功能，而歌曲乐谱是由旋律、节奏构成的，简谱中的数字音符实际代表了音程的高度和占用时间的长短，从坐标系来看，如果以 Z 轴表示音高，以 Y 轴表示每一音符的长度，是可以完整地表示一首乐曲的。演奏速度的快慢可以通过调整"速度倍率"而实现。按照这一方案进行初步的试验之后，发现机器人的动作大部分时间处于急剧的加减速中，仿佛一直在抖动，没有"轻歌曼舞"的感觉，不适于做"指挥"，所以放弃了。
② 第二方案：在观察了许多指挥家的表演后，决定以每首乐曲的节拍为基础，表现整首乐曲。机器人用不同的"曲线轨迹"对应不同的节拍，将所有节拍组合起来就形成了一首乐曲。初步试验后，效果可以模仿人的动作，所以决定采用第二方案，也称为"节拍方案"。

9.3.1 节拍与子程序汇总表

目前，歌曲中的节拍多为 2/4，3/4，4/4 拍。以 2/4 拍为例，4 分音符为一拍，一个小节里有 2 拍，每一拍占用的时间相同。

把每一种节拍类型描绘成标准的"曲线轨迹"，编制相应的程序，这相应的程序就是"子程序"。只要收入的节拍类型足够丰富，就能够完美地表现乐曲。

节拍与子程序汇总表如表 9-1 所示。

表 9-1　节拍与子程序汇总表

NO	子程序号	节拍	简谱	曲线轨迹
1	42PBOLS 42PBOLN	2/4	5̲6　5̲6	

NO	子程序号	节拍	简谱	曲线轨迹
2	42PWS 42PWN	2/4	56 56	
3	2PS 2PN	2/4	2—	
4	42PJQS 42PJQN	2/4	〉 〉 2 3	
5	43PBOLS 43PBOLN	3/4	5 1 1	
6	43PSJS 43PSJN	3/4	5 1 1	
7	43PJQS 43PJQN	3/4	〉 〉 〉 2 3 5	
8	44PBOLS 44PBOLN	4/4	25 35 23 35	
9	44PSJS 44PSJN	4/4	25 35 23 35	
10	44PJQS 44PJQN	4/4	〉 〉 〉 〉 2 3 5 6	
11	4PS 4PN	4/4	2 — — —	
12	1PS 1PN	1拍	3	
13	1PBOLS 1PBOLN	1拍	35	
14	05PS 05PN	半拍	3	
15	3PS 3PN	3拍	3 — —	
16	QFYAS QFYAN	切分音	5 6 5	
17	QFYBS QFYBN	切分音	5 3 5	

NO	子程序号	节拍	简谱	曲线轨迹
18	1P5TO5AS 1P5TO5AN	1拍半 TO 半拍	6.5	
19	1P5TO5BS 1P5TO5BN	一拍半 TO 半拍	3.5	
20	05PTO15AS 05PTO15AN	半拍 TO 1拍半	5 3.	
21	05PTO15BS 05PTO15BN	半拍 TO 1拍半	5 6.	

9.3.2 子程序详细说明

（1）2/4拍 波浪形轨迹

2/4拍 波浪形轨迹程序号及运动轨迹见表9-2。

表9-2 2/4拍 波浪形轨迹程序号及运动轨迹

子程序号	节拍类型	简谱形式	曲线轨迹
42PBOLS 42PBOLN	2/4	56 56	

① 程序42PBOLS 波浪形轨迹——从左到右 J_1 轴顺时针，以下简称 S。

1 Servo On'——伺服 ON。

2 Mvr J_Curr,J_Curr+(−10,0,10,0,0,0),J_Curr+(−20,0,0,0,0,0)'——第1拍轨迹。

3 Mvr J_Curr,J_Curr+(−10,0,10,0,0,0),J_Curr+(−20,0,0,0,0,0)'——第2拍轨迹。

4 End'——程序结束。

② 程序42PBOLN 波浪形轨迹——从右到左 J_1 轴逆时针，以下简称 N。

1 Servo On'——伺服 ON。

2 Mvr J_Curr,J_Curr+(10,0,10,0,0,0),J_Curr+(20,0,0,0,0,0)'——第1拍轨迹。

3 Mvr J_Curr,J_Curr+(10,0,10,0,0,0),J_Curr+(20,0,0,0,0,0)'——第2拍轨迹。

4 End'——程序结束。

（2）2/4拍 W形轨迹

这种轨迹适合于表现比较刚强的感情、有力的节奏，如表9-3所示。

表9-3 2/4拍 W形轨迹程序号及运动轨迹

子程序号	节拍类型	简谱形式	曲线轨迹
42PWS 42PWN	2/4	25 35 23 35	

程序42 PWS（W形轨迹）：

1 Servo ON'——伺服 ON。

2 Ovrd 15'——设置速度倍率。

'——以下为三角形轨迹。

3　Mov J_Curr＋（－5,0,20,0,0,0）
4　Mov J_Curr＋（－5,0,－20,0,0,0）
5　Mov J_Curr＋（－5,0,20,0,0,0）
6　Mov J_Curr＋（－5,0,－20,0,0,0）
7　End'——程序结束。

（3）2分音符直线轨迹

2分音符直线轨迹程序号及运动轨迹如表9-4所示。

表9-4　2分音符直线轨迹程序号及运动轨迹

子程序号	节拍类型	简谱形式	曲线轨迹
2PS 2PN	2/4	2—	→

程序2PS（2分音符直线轨迹）：

1　Servo ON'——伺服 ON。
2　Ovrd 15'——设置速度倍率。
3　'以下为2分音符轨迹。
4　Mvs P_Curr＋（0,20,0,0,0,0）
5　End'——程序结束。

（4）2/4拍 加强音轨迹

2/4拍 加强音轨迹程序号及运动轨迹如表9-5所示。

表9-5　2/4拍 加强音轨迹程序号及运动轨迹

子程序号	节拍类型	简谱形式	曲线轨迹
42PJQS 42PJQN	2/4	〉　〉 2　3	→　→

程序42PJQS（加强音轨迹）：

1　Servo ON'——伺服 ON。
2　Ovrd 15'——设置速度倍率。
3　'以下为加强音轨迹。
4　Mvs P_Curr＋（0,10,0,0,0,0）
5　Dly 0.2'——暂停0.2s。
6　Mvs P_Curr＋（0,10,0,0,0,0）
7　End'——程序结束。

（5）3/4拍　波浪形轨迹

3/4拍　波浪形轨迹程序号及运动轨迹如表9-6所示。

表9-6　3/4拍　波浪形轨迹程序号及运动轨迹

子程序号	节拍类型	简谱形式	曲线轨迹
43PBOLS 43PBOLN	3/4	5　1　1	∿∿∿

程序 43PBOLS：

1   Servo On'——伺服 ON。

2   Ovrd 20'——设置速度倍率。

3   Mvr J_Curr,J_Curr＋J1,J_Curr＋j2'——第 1 拍。

4   Mvr J_Curr,J_Curr＋J1,J_Curr＋j2'——第 2 拍。

5   Mvr J_Curr,J_Curr＋J1,J_Curr＋J2'——第 3 拍。

6   End'——程序结束。

（6）3/4 拍　3 角形轨迹

3/4 拍　3 角形轨迹程序号及运动轨迹如表 9-7 所示。

表 9-7　3/4 拍　3 角形轨迹程序号及运动轨迹

子程序号	节拍类型	简谱形式	曲线轨迹
43PSJS 43PSJN	3/4	5 1 1	

程序 43PSJS：

1   Servo On'——伺服 ON。

2   Ovrd 10'——设置速度倍率。

3   Cnt 1'——设置连续轨迹运行。

4   Mov J_Curr＋(10,0,20,0,0,0)'——第 1 拍。

5   Dly 0.1'——暂停 0.1s。

6   Mov J_Curr＋(20,0,0,0,0,0)'——第 2 拍。

7   Dly 0.1'——暂停 0.1s。

8   Mov J_Curr＋(－10,0,－20,0,0,0)'——第 3 拍。

9   Dly 0.1'——暂停 0.1s。

10   Cnt 0'——解除连续轨迹运行功能。

11   End'——程序结束。

（7）3/4 拍　加强型轨迹

3/4 拍　加强型轨迹程序号及运动轨迹如表 9-8 所示。

表 9-8　3/4 拍　加强型轨迹程序号及运动轨迹

子程序号	节拍类型	简谱形式	曲线轨迹
43PJQS 43PJQN	3/4	〉 〉 〉 2 3 5	→ → →

程序 43PJQS：

1   Servo On'——伺服 ON。

2   Ovrd 10'——设置速度倍率。

3   Mvs P_Curr＋(0,－10,0,0,0,0)'——第 1 拍。

4   Dly 0.1'——暂停 0.1s。

5   Mvs P_Curr＋(0,－10,0,0,0,0)'——第 2 拍。

6   Dly 0.1'——暂停 0.1s。

7   Mvs P_Curr＋(0,－10,0,0,0,0)'——第 3 拍。

8   Dly 0.1'——暂停 0.1s。

9   End'——程序结束。

（8）4/4 拍　波浪形轨迹

4/4 拍　波浪形轨迹程序号及运动轨迹如表 9-9 所示。

表 9-9　4/4 拍　波浪形轨迹程序号及运动轨迹

子程序号	节拍类型	简谱形式	曲线轨迹
44PBOLS 44PBOLN	4/4	<u>2</u>5　<u>3</u>5　<u>2</u>3　<u>3</u>5	〜〜〜〜

程序 44PBOLS：

1　Servo On'——伺服 ON。
2　Ovrd 20'——设置速度倍率。
3　Mvr J_Curr,J_Curr＋J1,J_Curr＋j2'——第 1 拍。
4　Mvr J_Curr,J_Curr＋J1,J_Curr＋j2'——第 2 拍。
5　Mvr J_Curr,J_Curr＋J1,J_Curr＋J2'——第 3 拍。
6　Mvr J_Curr,J_Curr＋J1,J_Curr＋J2'——第 4 拍。
7　End'——程序结束。

（9）4/4 拍　3 角形轨迹

4/4 拍　3 角形轨迹程序号及运动轨迹如表 9-10 所示。

表 9-10　4/4 拍　3 角形轨迹程序号及运动轨迹

子程序号	节拍类型	简谱形式	曲线轨迹
44PSJS 44PSJN	4/4	<u>2</u>5　<u>3</u>5　<u>2</u>3　<u>3</u>5	

程序 44PSJS：

1　Servo On'——伺服 ON。
2　Ovrd 10'——设置速度倍率。
3　Mvs P_Curr＋(0,20,－10,0,0,0)'——第 1 拍。
4　Dly 0.1'——暂停 0.1s。
5　Mvs P_Curr＋(0,－40,0,0,0,0)'——第 2 拍。
6　Dly 0.1'——暂停 0.1s。
7　Mvs P_Curr＋(0,20,10,0,0,0)'——第 3 拍。
8　Dly 0.1'——暂停 0.1s。
9　Mvs P_Curr＋(0,0,－20,0,0,0)'——第 4 拍。
10　End'——程序结束。

（10）4/4 拍　加强型轨迹

4/4 拍　加强型轨迹程序号及运动轨迹如表 9-11 所示。

表 9-11　4/4 拍　加强型轨迹程序号及运动轨迹

子程序号	节拍类型	简谱形式	曲线轨迹
44PJQS 44PJQN	4/4	〉　〉　〉　〉 2　3　5　6	→　→　→　→

程序 44PJQS：

1 Servo On'——伺服 ON。
2 Ovrd 10'——设置速度倍率。
3 Mvs P_Curr＋(10,0,0,0,0,0)'——第 1 拍。
4 Dly 0.1'——暂停 0.1s。
5 Mvs P_Curr＋(10,0,0,0,0,0'——第 2 拍。
6 Dly 0.1'——暂停 0.1s。
7 Mvs P_Curr＋(10,0,0,0,0,0)'——第 3 拍。
8 Dly 0.1'——暂停 0.1s。
9 Mvs P_Curr＋(10,0,0,0,0,0)'——第 4 拍。
10 End'——程序结束。

对于加强音轨迹，必须采用"点对点"的直线轨迹，所以全部采用 Mvs 指令。

（11）全音符

全音符程序号及运动轨迹如表 9-12 所示。

表 9-12 全音符程序号及运动轨迹

子程序号	节拍类型	简谱形式	曲线轨迹
4PS 4PN	4/4	2－ － －	————————

程序 4PS：

1 Servo On'——伺服 ON。
2 Ovrd 10'——设置速度倍率。
3 Mvs P_Curr＋(40,0,0,0,0,0)'——第 1 拍。
4 End'——程序结束。

（12）1 拍 A 直线轨迹

1 拍 A 直线轨迹程序号及运动轨迹如表 9-13 所示。

表 9-13 1 拍 A 直线轨迹程序号及运动轨迹

子程序号	节拍类型	简谱形式	曲线轨迹
1PS 1PN	1 拍	3	————————

程序 1PS：

1 Servo On'——伺服 ON。
2 Ovrd 10'——设置速度倍率。
3 Mvs P_Curr＋(0,5,0,0,0,0)'——第 1 拍。
4 End'——程序结束。

（13）1 拍 B 波浪形轨迹

1 拍 B 波浪形轨迹程序号及运动轨迹如表 9-14 所示。

表 9-14 1 拍 B 波浪形轨迹程序号及运动轨迹

子程序号	节拍类型	简谱形式	曲线轨迹
1PBOLS 1PBOLN	1 拍	23	∿

程序 1PBOLS：

1　Servo On'——伺服 ON。
2　Ovrd 20'——设置速度倍率。
3　Mvr J_Curr,J_Curr＋J1,J_Curr＋j2'——第 1 拍。
4　END'——程序结束。

对于波浪形轨迹，采用的是圆弧轨迹指令 Mvr。

（14）半拍轨迹

半拍轨迹程序号及运动轨迹如表 9-15 所示。

表 9-15　半拍轨迹程序号及运动轨迹

子程序号	节拍类型	简谱形式	曲线轨迹
05PS 05PN	半拍	5	——

程序 05PS：

1　Servo On'——伺服 ON。
2　Ovrd 10'——设置速度倍率。
3　Mvs P_Curr＋(0,5,0,0,0,0)'——第 1 拍。
4　End'——程序结束。

（15）3 拍　直线轨迹

3 拍　直线轨迹程序号及运动轨迹如表 9-16 所示。

表 9-16　半拍轨迹程序号及运动轨迹

子程序号	节拍类型	简谱形式	曲线轨迹
3PS 3PN	3 拍	3－ －	——

程序 3PS：

1　Servo On'——伺服 ON。
2　Ovrd 10'——设置速度倍率。
3　Mvs P_Curr＋(0,15,0,0,0,0)'——3 拍。
4　End'——程序结束。

（16）切分音 A 轨迹

切分音 A 轨迹程序号及运动轨迹如表 9-17 所示。

表 9-17　切分音 A 轨迹程序号及运动轨迹

子程序号	节拍类型	简谱形式	曲线轨迹
QFYAS QFYAN	切分音	5 6 5	

程序 QFYAS：

1　Servo On'——伺服 ON。
2　Ovrd 15'——设置速度倍率。

3 Cnt 1'——启动连续运行功能。

4 Mov J_Curr+(5,0,0,0,0,0)'——半拍。

5 Cnt 1,0,0'——设置连续运行轨迹。

6 Mvr J_Curr,J_Curr+(5,0,-10,0,0,0),J_Curr+(10,0,0,0,0,0)'——一拍。

7 Cnt 1,0,0'——设置连续运行轨迹。

8 Mov J_Curr+(5,0,0,0,0,0)'——半拍。

9 Cnt 1,0,0'——设置连续运行轨迹。

10 Cnt 0'——解除连续运行功能。

11 End'——程序结束。

（17）切分音 B 轨迹

切分音 B 轨迹程序号及运动轨迹如表 9-18 所示。

表 9-18   切分音 B 轨迹程序号及运动轨迹

子程序号	节拍类型	简谱形式	曲线轨迹
QFYBS QFYBN	切分音	5̲ 3 5̲	⌣

程序 QFYBS（注意，本程序轨迹与程序 QFYAS 的轨迹不同，其中一个圆弧是上半圆，一个圆弧是下半圆）：

1 Servo On'——伺服 ON。

2 Ovrd 15'——设置速度倍率。

3 Cnt 1'——启动连续运行功能。

4 Mov J_Curr+(5,0,0,0,0,0)

5 Cnt 1,0,0'——设置连续运行轨迹。

6 Mvr J_Curr,J_Curr+(5,0,10,0,0,0),J_Curr+(10,0,0,0,0,0)'——圆弧插补。

7 Cnt 1,0,0'——设置连续运行轨迹。

8 Mov J_Curr+(5,0,0,0,0,0)'——移动。

9 Cnt 1,0,0'——设置连续运行轨迹。

10 Cnt 0'——解除连续运行功能。

11 End'——程序结束。

（18）1 拍半 TO 半拍 A 轨迹

1 拍半 TO 半拍 A 轨迹程序号及运动轨迹如表 9-19 所示。

表 9-19   1 拍半 TO 半拍 A 轨迹程序号及运动轨迹

子程序号	节拍类型	简谱形式	曲线轨迹
1P5TO5AS 1P5TO5AN	1 拍半 TO 半拍	6̲.5̲	╲

程序 1P5TO5AS：

1 Servo On'——伺服 ON。

2 Ovrd 15'——设置速度倍率。

3 Cnt 1'——启用连续轨迹功能。

4 Mvr J_Curr,J_Curr+(8,0,5,0,0,0),J_Curr+(15,0,10,0,0,0)'——运行圆弧轨迹（1 拍半轨迹）。

5 Cnt 1,50,50'——设置到圆弧起点的过渡轨迹。

6 Mov J_Curr+(5,0,0,0,0,0)'——半拍轨迹。

7 Cnt 1,50,50′——设置圆弧到直线的过渡轨迹。

8 End′——程序结束。

（19）1 拍半 TO 半拍 B 轨迹

1 拍半 TO 半拍 B 轨迹程序号及运动轨迹如表 9-20 所示。

表 9-20　1 拍半 TO 半拍 B 轨迹程序号及运动轨迹

子程序号	节拍类型	简谱形式	曲线轨迹
1P5TO5BS 1P5TO5BN	一拍半 TO 半拍	3.<u>5</u>	

程序 1P5TO5BS：

1 Servo On′——伺服 ON。

2 Ovrd 15′——设置速度倍率。

3 Cnt 1′——启用连续轨迹功能。

4 Mvr J_Curr,J_Curr+(8,0,−5,0,0,0),J_Curr+(15,0,−10,0,0,0)′——运行圆弧轨迹（1 拍半轨迹）。

5 Cnt 1,50,50′——设置到圆弧起点的过渡轨迹。

6 Mov J_Curr+(5,0,0,0,0,0)′——半拍轨迹。

7 Cnt 1,50,50′——设置圆弧到直线的过渡轨迹。

8 End′——程序结束。

（20）半拍 TO 1 拍半 A 轨迹

半拍 TO 1 拍半 A 轨迹程序号及运动轨迹如表 9-21 所示。

表 9-21　半拍 TO 1 拍半 A 轨迹程序号及运动轨迹

子程序号	节拍类型	简谱形式	曲线轨迹
05PTO15AS 05PTO15AN	半拍 TO 1 拍半	5　3.	

程序 05PTO15AS：

1 Servo On′——伺服 ON。

2 Ovrd 15′——设置速度倍率。

3 Cnt 1′——启用连续轨迹功能。

4 Mov J_Curr+(5,0,0,0,0,0)′——半拍轨迹。

5 Mvr J_Curr,J_Curr+(8,0,5,0,0,0),J_Curr+(15,0,10,0,0,0)′——运行圆弧轨迹（1 拍半轨迹）。

6 Cnt 1,50,50′——设置到圆弧起点的过渡轨迹。

7 Cnt 0′——结束连续运行轨迹。

8 End′——程序结束。

（21）半拍 TO 1 拍半 B 轨迹

半拍 TO 1 拍半 B 轨迹程序号及运动轨迹如表 9-22 所示。

表 9-22　半拍 TO 1 拍半 B 轨迹程序号及运动轨迹

子程序号	节拍类型	简谱形式	曲线轨迹
05PTO15BS 05PTO15BN	半拍 TO 1 拍半	5　6.	

程序 05PTO15BS：

1　Servo On′——伺服 ON。

2　Ovrd 15′——设置速度倍率。

3　Cnt 1′——启用连续轨迹功能。

4　Mov J_Curr＋(5,0,0,0,0,0)′——半拍轨迹。

5　Mvr J_Curr,J_Curr＋(8,0,−5,0,0,0),J_Curr＋(15,0,−10,0,0,0)′——运行圆弧轨迹(1 拍半轨迹)。

6　Cnt 1,50,50′——设置到圆弧起点的过渡轨迹。

7　Cnt 0′——结束连续运行轨迹。

8　End′——程序结束。

9.3.3　主程序的合成

（1）歌曲《亲吻祖国》

简谱如图 9-1 所示。

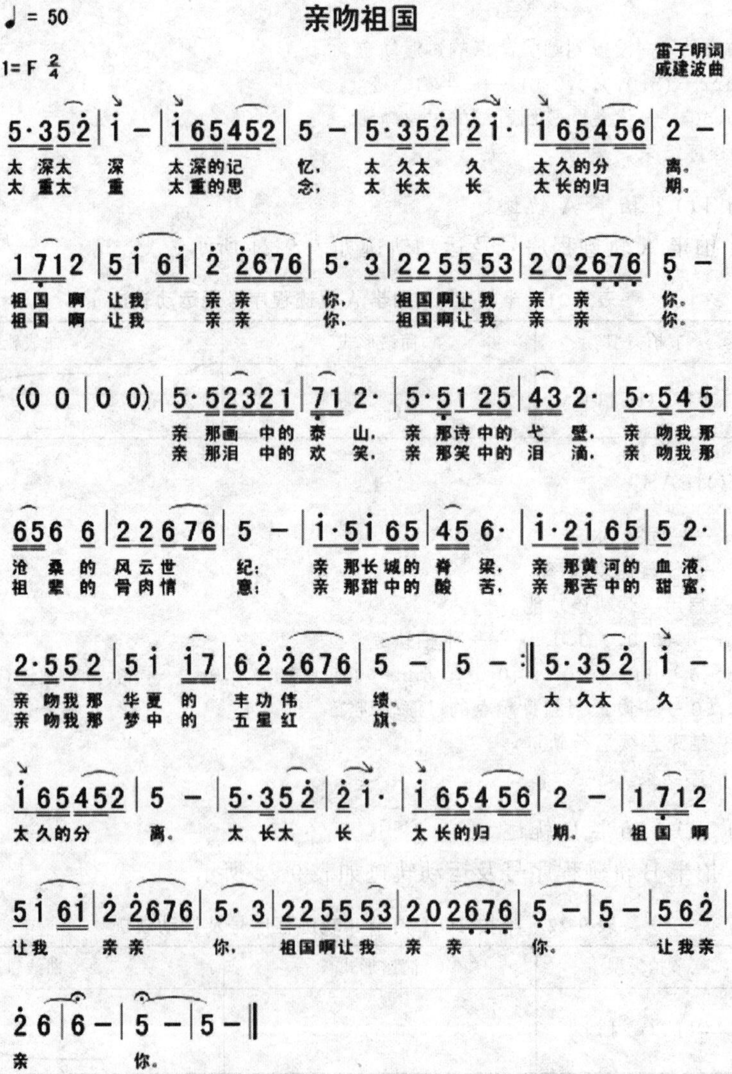

图 9-1　《亲吻祖国》简谱

程序 QWZG：

1　Servo ON'——伺服 ON。

2　Ovrd 30'——设置速度倍率。

3　Mov P_40'——回起始点。

4　CallP"42PBOLS"'——顺时针 2/4 拍波浪。

5　CallP"2PS"'——顺时针 2 分音符。

6　CallP"42PBOLS"'——顺时针 2/4 拍波浪。

7　CallP"2PS"'——顺时针 2 分音符。

8　'——反向逆时针运行。

9　CallP"42PBOLN"'——逆时针 2/4 拍波浪。

10　CallP"05PTO15BN"'——顺时针 2 分音符。

11　CallP"42PBOLN"'——逆时针 2/4 拍波浪。

12　CallP"2PN"'——逆时针 2 分音符。

13　CallP"42PBOLN"'——逆时针 2/4 拍波浪。

14　CallP"QFYAN"'——逆时针切分音。

15　CallP"42PBOLN"'——逆时针 2/4 拍波浪。

16　CallP"1P5TO5AN"'——逆时针 1 拍半 TO 半拍。

17　'——反向顺时针运行。

18　CallP"42PBOLS"'——顺时针 2/4 拍波浪。

19　CallP"05PS"'——顺时针半拍。

20　Dly 0.5'——停 1/2 拍。

21　CallP"1PS"'——顺时针 1 拍。

22　CallP"2PS"'——顺时针 2 分音符。

23　Dly 4'——停两小节。

24　CallP"42PBOLS"'——顺时针 2/4 拍波浪。

25　CallP"05PTO15AS"'——顺时针半拍 TO1 拍半。

26　CallP"42PBOLS"'——顺时针 2/4 拍波浪。

27　CallP"05PTO15AS"'——顺时针半拍 TO1 拍半。

28　'——反向逆时针运行。

29　CallP"42PBOLN"'——逆时针 2/4 拍波浪。

30　CallP"QFYAN"'——逆时针切分音。

31　CallP"42PBOLN"'——逆时针 2/4 拍波浪。

32　CallP"2PN"'——逆时针 2 拍。

33　'——反向顺时针运行。

34　CallP"42PBOLS"'——顺时针 2/4 拍波浪。

35　CallP"05PTO15AS"'——顺时针半拍 TO1 拍半。

36　CallP"42PBOLS"'——顺时针 2/4 拍波浪。

37　CallP"05PTO15AS"'——顺时针半拍 TO1 拍半。

38　'——反向逆时针运行

39　CallP"42PBOLN"'——逆时针 2/4 拍波浪。

40　CallP"QFYAN"'——逆时针切分音。

41　CallP"42BOLN"'——逆时针 2/4 拍波浪。

42　CallP"2PN"'——逆时针 2 拍。

43　CallP"2PN"'——逆时针 2 拍。

44　′——反向顺时针运行。

45　OVRD20′——设置速度倍率。

46　CallP"42PBOLS"′——顺时针 2/4 拍波浪。

47　CallP"2PS"′——顺时针 2 拍。

48　CallP"42PBOLS"′——顺时针 2/4 拍波浪。

49　CallP"2PS"′——顺时针 2 拍。

50　′——反向逆时针运行。

51　CallP"42PBOLN"——′逆时针 2/4 拍波浪。

52　CallP"05PTO15AN"′——逆时针半拍 TO1 拍半。

53　CallP"4P2BOLN"′——逆时针 2/4 拍波浪。

54　CallP"2PN"′——逆时针 2 拍。

55　CallP"42PBOLN"′——逆时针 2/4 拍波浪。

56　CallP"QFYAN"′——逆时针切分音。

57　′——反向顺时针运行。

58　CallP"42PBOLS"′——顺时针 2/4 拍波浪。

59　CallP"15PTO5BS"′——顺时针 1 拍半 TO 半拍。

60　CallP"42PBOLS"′——顺时针 2/4 拍波浪。

61　CallP"05PS"′——顺时针半拍。

62　Dly 0.5′——停 1/2 拍。

63　CallP"1PS"′——顺时针 1 拍。

64　CallP"2PS"′——顺时针 2 拍。

65　CallP"2PS"′——顺时针 2 拍。

66　′——反向逆时针运行。

67　CallP"42PBOLN"′——逆时针 2/4 拍波浪。

68　CallP"1PN"′——逆时针 1 拍。

69　CallP"1PN"′——逆时针 1 拍。

70　′——反向顺时针运行。

71　CallP"2PS"′——顺时针 2 拍。

72　CallP"2PS"′——顺时针 2 拍。

73　CallP"2PS"′——顺时针 2 拍。

74　End′——主程序结束。

（2）乐曲《梁祝》

歌谱《梁祝》如图 9-2 所示。

程序 LIANGZHU（梁祝）：

1　Servo ON′——伺服 ON。

2　Ovrd 30′——设置速度倍率。

3　Mov P_40′——回指挥基准点。

4　CallP"44PBOLS"′——顺时针 4/4 拍波浪。

5　CallP"1P5TO5AS"′——顺时针 1 拍半。

6　CallP"1PS"′——顺时针 1 拍。

7　CallP"1PS"′——顺时针 1 拍。

8　CallP"44PBOLS"′——顺时针 4/4 拍波浪。

9　CallP"1P5TO5AS"′——顺时针 1 拍半。

10 '——反向逆时针运行。

11 CallP"44PBOLN"'——逆时针 4/4 拍波浪。

12 CallP"3PN"'——逆时针 3 拍。

13 CallP"1PN"'——逆时针 1 拍。

14 CallP"44PBOLN"'——逆时针 4/4 拍波浪。

15 '——反向顺时针运行。

16 CallP"3PS"'——顺时针 3 拍。

17 CallP"1PS"'——顺时针 1 拍。

18 CallP"4PS"'——顺时针全音 4 拍。

19 Mov P_40'——回指挥基准点。

20 CallP"42P2S"'——顺时针 2 拍。

21 CallP"1P5TO5AS"'——顺时针 1 拍半。

22 CallP"1P5TO5AS"'——顺时针 1 拍半。

23 CallP"42PBOLS"'——顺时针 2 拍。

24 CallP"1P5TO5AS"'——顺时针 1 拍半。

25 CallP"42BOLS"'——顺时针 2 拍。

26 CallP"4PS"'——顺时针全音 4 拍。

27 '——反向逆时针运行。

28 CallP"1P5TO5AN"'——逆时针 1 拍半。

29 CallP"42PBOLN"'——逆时针 2 拍。

30 CallP"1P5TO5AN"''——逆时针 1 拍半。

31 CallP"42PBOLN"'——逆时针 2 拍。

32 CallP"44PBOLN"'——逆时针 4/4 拍波浪。

33 CallP"4PN"'——逆时针全音 4 拍。

34 '——反向顺时针运行。

35 CallP"1P5TO5AS"'——顺时针 1 拍半。

36 CallP"42PBOLS"'——顺时针 2 拍。

37 CallP"1PS"'——顺时针 1 拍。

38 CallP"2PS"'——顺时针 2 拍。

39 Dly 1'——暂停 1 拍。

40 CallP"QFYAS"'——顺时切分音。

41 CallP"42PBOLS"'——顺时针 2 拍。

42 CallP"3PS"'——顺时针 3 拍。

43 CallP"1PS"'——顺时针 1 拍。

44 '——反向逆时针运行。

45 CallP"1P5TO5AN"'——逆时针 1 拍半。

46 CallP"42PBOLN"'——逆时针 2 拍。

47 CallP"44PBOLN"'——逆时针 4 拍。

48 CallP"2PN"'——逆时针 2 拍。

49 CallP"2PN"'——逆时针 2 拍。

50 '——反向顺时针运行。

51 CallP"44PBOLS"'——顺时针 4 拍波浪。

52 CallP"4PS"'——顺时针 4 拍。

53 End'——主程序结束。

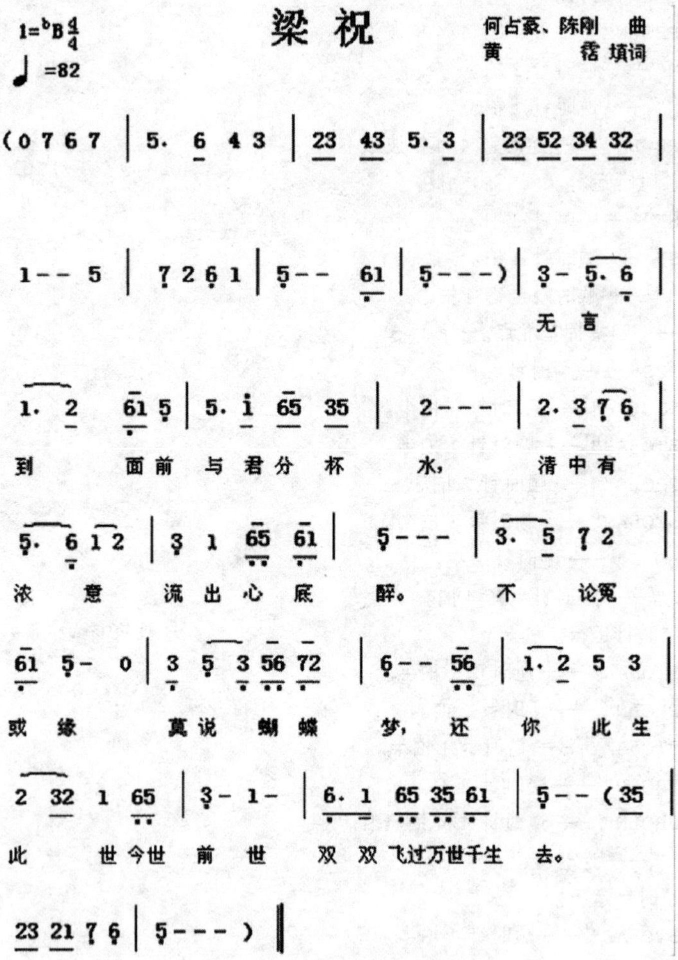

图 9-2　歌谱《梁祝》

9.4　结语

编制按轨迹运行这类程序，要充分使用"当前点"的功能，各种曲线轨迹都可以"当前点"为基础通过加减乘的方法编制。同时要根据编程的方便，随时变化使用"关节坐标"和"直交坐标"。在本项目的编程中，经常使用"关节坐标"，这是因为 J_1 轴的旋转类似人的转动。同时要注意方向的变化，一般 3~4 个小节就转换一次方向，否则就会超出机器人的行程范围。

在主程序中几乎全部是对子程序的调用指令。这样如果有曲线轨迹不流畅，只需要修改相应的子程序即可。

第 10 章

机器人在码垛项目中的应用

10.1　项目综述

　　某项目需要使用机器人对包装箱进行码垛处理。如图 10-1 所示，由传送线将包装箱传送到固定位置，再由机器人抓取并码垛。码垛规格要求为 6×8，错层布置，层数＝10，左右各一垛。

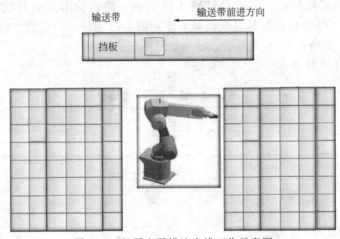

图 10-1　机器人码垛流水线工作示意图

10.2　解决方案

　　① 配置机器人一个作为工作中心，负责工件抓取搬运码垛。机器人配置 32 点输入 32 点输出的 I/O 卡。选取三菱 RV-7FLL 机器人，该机器人搬运质量＝7kg，最大动作半径 1503mm。由于是码垛作业，所以选取机器人的动作半径要求尽可能得大一些。三菱 RV-7FLL 臂长加长型的机器人，可以满足工作要求。

　　② 示教单元：R33TB（必须选配，用于示教位置点）。

　　③ 机器人选件—输入输出信号卡：2D-TZ368。用于接受外部操作屏信号和控制外围设备动作。

　　④ 选用三菱 PLC FX3U-48MR 作主控系统。用于控制机器人的动作并处理外部检测信号。

　　⑤ 触摸屏选用 GS2110。触摸屏可以直接与机器人相连接，直接设置和修改各工艺参数，发出操作信号。

10.2.1 硬件配置

根据技术经济性分析，选定硬件配置如表 10-1 所示。

表 10-1　硬件配置一览表

序号	名称	型号	数量	备注
1	机器人	RV-7FLL	1	三菱
2	简易示教单元	R33TB	1	三菱
3	输入输出卡	2D-TZ368	1	三菱
4	PLC	FX3U-48MR	1	三菱
5	GOT	GS2110-WTBD	1	三菱

10.2.2 输入输出点分配

根据现场控制和操作的需要，设计输入输出点，输入输出点通过机器人 I/O 卡 2D-TZ368 接入，2D-TZ368 的地址编号是机器人识别的 I/O 地址。为识别方便，分列输入输出信号。输入信号一览表如表 10-2 所示，输出信号一览表如表 10-3 所示。

（1）输入信号地址分配

表 10-2　输入信号一览表

序号	输入信号名称	输入地址(2D-TZ368)
1	自动启动	3
2	自动暂停	0
3	复位	2
4	伺服 ON	4
5	伺服 OFF	5
6	报警复位	6
7	操作权	7
8	回退避点	8
9	机械锁定	9
10	气压检测	10
11	输送带正常运行检测	11
12	输送带进料端有料无料检测	12
13	输送带无料时间超长检测	13
14	1# 垛位有料无料检测	14
15	2# 垛位有料无料检测	15
16	吸盘夹紧到位检测	29
17	吸盘松开到位检测	30

（2）输出信号地址分配

表 10-3　输出信号一览表

序号	输出信号名称	输出信号地址（2D-TZ368）
1	机器人自动运行中	0
2	机器人自动暂停中	4
3	急停中	5
4	报警复位	2
5	吸盘 ON	11
6	吸盘 OFF	12
7	输送带无料时间超长报警	13

10.3　编程

10.3.1　总工作流程

总工作流程如图 10-2 所示。

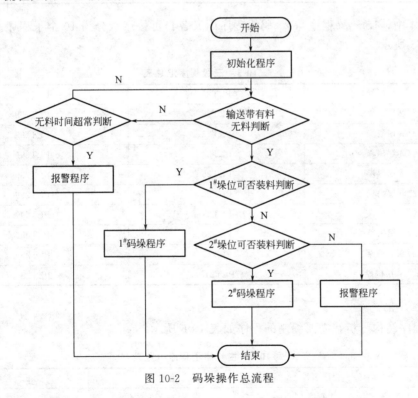

图 10-2　码垛操作总流程

（1）初始化程序

（2）输送带有料无料判断

① 如果无料，继续判断是否超过"无料等待时间"，如果超过，则进入报警程序；再跳到"程序 End"。

② 如果未超过"无料等待时间"，则继续进行"有料无料"判断。

③ 输送带有料无料判断：如果有料，则进行 $1^{\#}$ 垛位可否执行码垛作业判断，如果可以，则执行 $1^{\#}$ 码垛作业；如果不可以，则执行 $2^{\#}$ 码垛作业。

④ 进行 $2^{\#}$ 垛可否执行码垛作业判断，如果可以，则执行 $2^{\#}$ 码垛作业；如果不可以，则跳到报警提示程序，再执行结束 End。

10.3.2 编程计划

（1）程序结构分析

必须从宏观着手编制主程序，只有在编制主程序时考虑周详，无所遗漏，安全可靠，保护严密，才能达到事半功倍的效果。

对总工作流程图的分析：在总流程图上，主程序可以分为 4 个 2 级程序，如表 10-4 所示。

表 10-4　二级程序汇总表

1	初始化程序	CHUSH	MAIN
2	$1^{\#}$ 码垛程序	PLT199	MAIN
3	$2^{\#}$ 码垛程序	PLT299	MAIN
4	报警程序	BJ100	MAIN

表 10-4 中，$1^{\#}$ 码垛程序与 $2^{\#}$ 码垛程序内又各自可按层数分为 10 个子程序。部分子程序如表 10-5 所示。

表 10-5　三级程序汇总表

$2^{\#}1$ 层码垛	PLT21	PLT299
$2^{\#}2$ 层码垛	PLT22	PLT299
$2^{\#}3$ 层码垛	PLT23	PLT299
$2^{\#}4$ 层码垛	PLT24	PLT299
$2^{\#}5$ 层码垛	PLT25	PLT299
$2^{\#}6$ 层码垛	PLT26	PLT299
$2^{\#}7$ 层码垛	PLT27	PLT299
$2^{\#}8$ 层码垛	PLT28	PLT299
$2^{\#}9$ 层码垛	PLT29	PLT299
$2^{\#}10$ 层码垛	PLT210	PLT299

（2）程序汇总表

经过程序结构分析，需要编制的程序如表 10-6 所示。

表 10-6　主程序子程序一览表

序号	程序名称	程序号	上级程序
1	主程序	MAIN	
2	初始化程序	CHUSH	MAIN
3	$1^{\#}$ 码垛程序	PLT199	MAIN
4	$2^{\#}$ 码垛程序	PLT299	MAIN
5	报警程序	BJ100	MAIN
6	$1^{\#}1$ 层码垛	PLT11	PLT199

序号	程序名称	程序号	上级程序
7	1#2 层码垛	PLT12	PLT199
8	1#3 层码垛	PLT13	PLT199
9	1#4 层码垛	PLT14	PLT199
10	1#5 层码垛	PLT15	PLT199
11	1#6 层码垛	PLT16	PLT199
12	1#7 层码垛	PLT17	PLT199
13	1#8 层码垛	PLT18	PLT199
14	1#9 层码垛	PLT19	PLT199
15	1#10 层码垛	PLT110	PLT199
16	2#1 层码垛	PLT21	PLT299
17	2#2 层码垛	PLT22	PLT299
18	2#3 层码垛	PLT23	PLT299
19	2#4 层码垛	PLT24	PLT299
20	2#5 层码垛	PLT25	PLT299
21	2#6 层码垛	PLT26	PLT299
22	2#7 层码垛	PLT27	PLT299
23	2#8 层码垛	PLT28	PLT299
24	2#9 层码垛	PLT29	PLT299
25	2#10 层码垛	PLT210	PLT299

经过试验，可以将每一层的运动程序编制为一个子程序，在每一子程序中都重新定义 PLT（矩阵）规格，而且每一层的矩阵位置点也确实与上下一层各不相同。主程序就是顺序调用子程序，这样的编程也简洁明了，同时也不受 PLT 指令数量的限制。

（3）主程序 MAIN

根据图 10-2 主程序流程图编制的主程序如下。

主程序 MAIN

1 CallP"CHUSH"'——调用初始化程序。
2 *LAB1'——程序分支标志。
3 If M_In(12)＝0 Then'——进行输送带有料无料判断。
4 GoTo LAB2'——如果输送带无料则跳转到 *LAB2。
5 Else'——否则往下执行。
6 EndIf'——判断语句结束。
7 If M_In(14)＝1 Then'——进行 1# 码垛位有料无料 (是否码垛完成) 判断。
8 GoTo LAB3'——如果 1# 码垛位有料 (码垛完成) 则跳转到 *LAB3。
9 Else'——否则往下执行。
10 EndIf'——判断语句结束。
11 CallP"PLT99"'——调用 1# 码垛程序。
12 *LAB4'——程序结束标志。
13 End'——程序结束。
14 *LAB2——输送带无料程序分支。
15 If M_In(13)＝1 Then'——进行待料时间判断。

16 　M_Out(13)=1'——如果待料时间超长则发出报警。

17 　GoTo＊LAB4'——结束程序。

18 　Else'——否则重新检测输送带有料无料。

19 　GoTo＊LAB1'——跳转到＊LAB1行。

20 　EndIf'——判断选择语句结束。

21 　＊LAB3'——1#垛位有料程序分支,转入对2#码垛位的处理。

22 　If M_In(15)=1 Then'——如果2#垛位有料,则报警。

23 　M_Out(13)=1'——指令输出信号(13)=ON。

24 　GoTo＊LAB4'——结束程序。

25 　Else'——否则。

26 　CallP"PLT199"'——调用2#码垛程序。

27 　EndIf'——判断选择语句结束。

28 　End'——程序结束。

（4）1#垛码垛程序 PLT199

1#垛码垛程序 PLT199 又分为 10 个子程序,每一层的码垛分为一个子程序。这是因为:包装箱需要错层布置,防止垮塌;每一层的高度在增加,需要设置 Z 轴坐标。

1#垛码垛程序 PLT199

1 　CallP"PLT11"'——调用第1层码垛程序。

2 　Dly 1'——暂停1s。

3 　CallP"PLT12"'——调用第2层码垛程序。

4 　Dly 1'——暂停1s。

5 　CallP"PLT13"'——调用第3层码垛程序。

6 　Dly 1'——暂停1s。

7 　CallP"PLT14"'——调用第4层码垛程序。

8 　Dly 1'——暂停1s。

9 　CallP"PLT15"'——调用第5层码垛程序。

10 　Dly 1'——暂停1s。

11 　CallP"PLT16"'——调用第6层码垛程序。

12 　Dly 1'——暂停1s。

13 　CallP"PLT17"'——调用第7层码垛程序。

14 　Dly 1'——暂停1s。

15 　CallP"PLT18"'——调用第8层码垛程序。

16 　Dly 1'——暂停1s。

17 　CallP"PLT19"'——调用第9层码垛程序。

18 　Dly 1'——暂停1s。

19 　CallP"PLT110"'——调用第10层码垛程序。

20 　End'——程序结束。

（5）码垛程序 PLT11（1#垛第1层）

码垛程序 PLT11 是 1#垛第1层的码垛程序,在这个程序中,使用了专用的码垛指令,用于确定每一格的定位位置,是这个程序的关键之点。

图 10-3 是 1#1 层码垛子程序的流程图。在码垛程序 PLT11 中,其运动点位如图 10-4 所示。

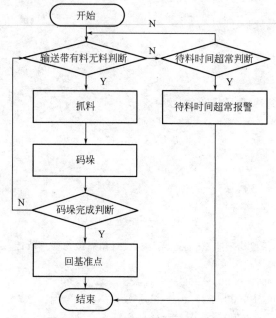

图 10-3 1#1 层码垛子程序的流程图

48 终点B	47	46	45	44	43 ↑ 对角点
37	38	39	40	41	42
36	35	34	33	32	31
25	26	27	28	29	30
24	23	22	21	20	19
13	14	15	16	17	18
12	11	10	9	8	7
1 起点	2	3	4	5	6 终点A

图 10-4 Plt 指令定义托盘位置图

1 Servo On$'$——伺服 ON。

2 Ovrd 20$'$——设置速度倍率。

3 $'$——以下对托盘 1 各位置点进行定义。

4 P10＝P_01＋（＋0.00，＋0.00，＋0.00，＋0.00，＋0.00，＋0.00）$'$——起点。

5 P11＝P10＋（＋0.00，＋100.00，＋0.00，＋0.00，＋0.00，＋0.00）$'$——终点 A。

6 P12＝P10＋（＋140.00，＋0.00，＋0.00，＋0.00，＋0.00，＋0.00）$'$——终点 B。

7 P13＝P10＋（＋140.00，＋100.00，＋0.00，＋0.00，＋0.00，＋0.00）$'$——对角点，参见图 10-4。

8 Def Plt 1,P10,P11,P12,P13,6,8,1$'$——定义托盘 1。

9 M1＝1$'$——M1 表示各位置点。

10 ＊LOOP$'$——循环程序起点标志

11 If M_In(11)＝0 Then ＊LAB1$'$——输送带有料无料判断。如果无料，则跳转到 ＊LAB1 程序分支处，否则往下执行。

12 Mov P1,－50$'$——移动到输送带位置点准备抓料。

13 Mvs P1$'$——前进到 P_1 点。

14 M_Out(12)＝1$'$——指令吸盘＝ON。

15 Wait M_In(12)＝1$'$——等待吸盘＝ON。

16 Dly 0.5$'$——暂停 0.5s。

17 Mvs,－50$'$——退回到 P_1 点的"近点"。

18 P100＝Plt 1,m1$'$——以变量形式表示托盘 1 中的各位置点。

19 Mvs P100,－50$'$——运行到码垛位置点准备卸料。

20 Mvs P100$'$——前进到 P_{100} 点。

21 M_Out(12)＝0$'$——指令吸盘＝OFF，卸料。

22 Wait M_In(12)＝0$'$——等待卸料完成。

23 Dly 0.3$'$——暂停 0.3s。

24 Mvs,－50$'$——退回到 P_{100} 点的"近点"。

25　M1＝M1＋1′——变量加 1。

26　If M1〈＝48 Then＊LOOP′——判断:如果变量小于等于 48,则继续循环。

27　′——否则移动到输送带待料。

28　Mov P1,－50′——移动到输送带位置点准备抓料。

29　End′——程序结束。

30　＊LAB1′——程序分支标志。

31　If M_In(12)＝1 Then M_OUT(10)＝1′——如果待料时间超长,则报警。

32　′——否则重新进入循环＊LOOP

33　GoTo＊LOOP′——跳转到"＊LOOP"行。

34　End′——程序结束。

（6）码垛程序 PLT12（1#垛第 2 层）

1　Servo On′——伺服 ON。

2　Ovrd 20′——设置速度倍率。

3　′——以下对托盘 2 各位置点进行定义。注意,由于是错层布置,各起点、终点、对角点位置要重新计算,而且抓手要旋转一个角度。

4　P10＝P_01＋（＋0.00,＋0.00,＋10＊.00,＋0.00,＋0.00,＋90）′——起点。

5　P11＝P10＋（＋0.00,＋10＊.00,＋0.00,＋0.00,＋0.00,＋90）′——终点 A。

6　P12＝P10＋（＋14＊.00,＋0.00,＋0.00,＋0.00,＋0.00,＋90）′——终点 B。

7　P13＝P10＋（＋14＊.00,＋108.00,＋0.00,＋0.00,＋0.00,＋90）′——对角点。
……

　　码垛程序 PLT12（1#垛第 2 层）与码垛程序 PLT11（1#垛第 1 层）在结构形式上完全相同。唯一区别是托盘 2 的起点坐标在 Z 向上比第 1 层多一"层高"数据。注意程序中序号第 4 行,其中 Z 向数值比码垛程序 PLT11 多一"层高"数值。由于是错层布置,各起点、终点、对角点位置要重新计算,而且抓手要旋转一个角度。其余各层程序均做如此处理。

10.4　结语

　　机器人在码垛中的应用主要使用 Plt 指令,但实质上 Plt 指令只是一个定义矩阵格中心位置的指令。由于实际码垛一般需要错层布置,所以不能一个 Plt 指令用到底,每一层的位置都需要重新定义,然后使用循环指令反复执行抓取,而且必须要作为一个完整的系统工程来考虑。

第 11 章

机器人在同步喷漆项目中的应用

11.1 项目综述

某汽车零部件生产线，汽车零件悬挂于空中输送线上，要求使用一个机器人随输送线同步运行，对汽车零件的规定部位进行喷漆，如图 11-1 所示。

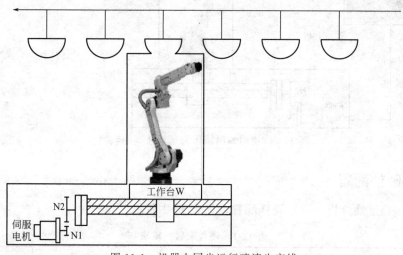

图 11-1　机器人同步运行喷漆生产线

11.2 解决方案

本项目的难点在于"同步运行"。为了提高生产效率，悬挂输送线在正常情况下是以设定速度运行的，所以要求将机器人置于一运动工作台上，在喷漆期间必须保证机器人与工件是"同步运动"的，这样才能保证机器人的喷漆动作如同工件在静止状态进行。

（1）解决方案 1

机器人工作台不运动，悬挂生产线运动。由光电开关检测是否有工件经过，悬挂线由变频器控制做定位运行，当悬挂线上的工件到达喷漆位置，立即停止，同时启动机器人做喷漆运行。机器人喷漆完成后，发出信号启动悬挂线运行。如此连续运行。这种方案的优点是控制方案简单，喷漆质量高，误差少；缺点是效率低，悬挂线启动停止频繁。

（2）解决方案 2

由伺服电机驱动机器人工作台，在悬挂输送线上配置一旋转编码器，该编码器检测悬挂线的实际速度，通过高速计数器输入到 PLC 中，PLC 再将速度指令发给伺服系统，通过伺服系统保证机器人工作台的运动速度与悬挂线速度一致。机器人工作台的运动是反复"启动—匀速运动—返回—停止"的过程。这种方案的优点是生产效率高，但是控制方案复杂。

方案 2 的设备布置如图 11-2 所示。机器人的喷漆运行轨迹根据工件几何形状制订。客户要求采用第 2 种方案。

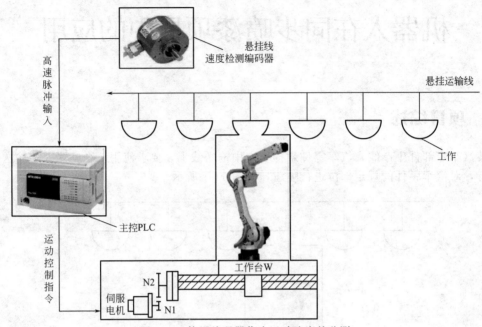

图 11-2　使用编码器作为运动速度的监测

11.2.1　硬件配置

根据技术经济性分析，选定硬件配置，如表 11-1 所示。

表 11-1　硬件配置一览表

序号	名称	型号	数量	备注
1	机器人	RV-7FLL	1	三菱
2	简易示教单元	R33TB	1	三菱
3	输入输出卡	2D-TZ368	1	三菱
4	PLC	FX3U-48MR	1	三菱
5	GOT	GS2110-WTBD	1	三菱
6	伺服驱动系统	MR-J4-200A	1	三菱
7	伺服电机	HG-SR202	1	三菱
8	编码器			

11.2.2　输入输出点分配

根据现场控制和操作的需要，设计输入输出点，输入输出点通过机器人 I/O 卡 2D-TZ368 接入，2D-TZ368 的地址编号是机器人识别的 I/O 地址。为识别方便，分列输入输出信号。输入信号一览表如表 11-2 所示，输出信号一览表如表 11-3 所示。

（1）输入信号地址分配

表 11-2　输入信号一览表

序号	输入信号名称	输入地址(2D-TZ368)
1	自动启动	3
2	自动暂停	0
3	复位	2
4	伺服 ON	4
5	伺服 OFF	5
6	报警复位	6
7	操作权	7
8	回退避点	8
9	机械锁定	9
10	工件进入任务区检测信号	10
11	悬挂线正常运行检测	11
12	伺服电机同步速度到达信号	12
13	悬挂线故障停机信号	13
14	悬挂线速度过低信号检测	14
15	悬挂线速度过高信号检测	15
16	工件位置正常信号	16
17	油漆压力泵压力正常信号	17
18	喷嘴与工件距离过大检测信号	18
19	喷嘴与工件距离过小检测信号	19

（2）输出信号地址一览表

表 11-3　输出信号一览表

序号	输出信号名称	输出信号地址(2D-TZ368)
1	机器人自动运行中	0
2	机器人自动暂停中	4
3	急停中	5
4	报警复位	2
5	喷漆启动 ON	11
6	喷漆停止 OFF	12
7	输送带无料时间超长报警	13
8	工作台速度补偿指令 1	14
9	工作台速度补偿指令 2	15

11.3　编程

11.3.1　编程规划

① 与伺服工作台动作的相关程序（各种检测信号的采集、判断、处理，包括机器人的

启动、停止）全部由 PLC 处理，因为 PLC 处理逻辑关系方便明了。

② 机器人一侧的动作由机器人程序确定，机器人一侧的输入输出信号要与 PLC 一侧相连接。

11.3.2 伺服电机的运动曲线

（1）伺服电机的运动曲线

理想的伺服电机的运动曲线如图 11-3 所示。

伺服电机采用速度控制，是为了保证工作台与工件保持恒定的工作距离，在同步速度段实施"喷漆"。

（2）伺服电机的速度控制

伺服电机的速度控制分为以下 3 段：

① 加速段（T_1） 在加速段完成后要保证：

$$S = S_1 - S_2$$

式中 S——喷嘴与工件的正常工作距离；

S_1——伺服工作台运行距离；

S_2——悬挂线（工件）移动距离。

② 同步运行段（T_2） 时间 T_2 取决于喷

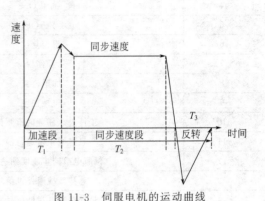

图 11-3 伺服电机的运动曲线

漆时间。在保证喷漆质量的前提下，调整机器人最佳工作速度，以获得最短工作时间。

③ 减速停止及回工作点 2 的时间 T_3 时间 T_3 越短越好，以不引起伺服电机过载为标准。

11.3.3 主要检测信号的功能

（1）主要检测信号（表 11-4）

表 11-4 主要检测信号一览表

1	工件进入任务区检测信号
2	悬挂线正常速度检测信号
3	伺服电机同步速度到达信号
4	悬挂线故障停机信号
5	悬挂线速度过低信号检测
6	悬挂线速度过高信号检测
7	工件位置正常信号
8	油漆压力泵压力正常信号
9	喷嘴与工件距离过大检测信号
10	喷嘴与工件距离过小检测信号

（2）使用器件及功能详述

检测信号名称	PLC 输入地址号
工件进入任务区检测信号	X0

器件：光电开关。

功能：用于检测悬挂线上的工件是否进入任务区，当工件进入任务区时，X0＝ON，本信号是伺服电机启动的必要条件。

检测信号名称	PLC 输入地址号
悬挂线正常速度运行检测	X1

器件：编码器。

功能：通过对编码器输入脉冲的计算，判断悬挂线运行速度是否正常。如果速度不正常，则不发出机器人启动指令，同时发出报警提示信号。

检测信号名称	PLC 输入地址号
伺服电机同步速度到达信号	X2

功能：本信号由伺服驱动器发出，表示工作台速度到达设定的速度（同步速度），是机器人启动的条件之一。

检测信号名称	PLC 输入地址号
喷嘴与工件距离过大检测信号	X3

器件：接近开关。

功能：用于检测悬挂线上的工件与机器人喷嘴之间的距离。如果距离过大，则发出"速度补偿指令1"，降低工作台速度。

检测信号名称	PLC 输入地址号
喷嘴与工件距离过小检测信号	X4

器件：接近开关。

功能：用于检测悬挂线上的工件与机器人喷嘴之间的距离。如果距离过小，有可能发生喷嘴与工件之间碰撞，则发出"速度补偿指令2"，提高工作台速度。

11.3.4 PLC 相关程序

（1）同步速度的调节

为了保证同步速度必须实时对伺服电机速度进行调节，采用 PID 调节是目前最常用的方法。

① 取"工作台速度"与"悬挂线速度"之差作为"调节目标"；

② 以伺服电机速度为"调节对象"。

假设 V_2——"工作台速度"与"悬挂线速度"之差。

V_1——工作台速度；

V_0——悬挂线速度。

则：$V_2 = V_1 - V_0$

V_0——由悬挂线编码器脉冲输入到 PLC。

V_1——由伺服驱动器一侧的编码器脉冲输出端输出的脉冲。

（2）PID 控制

① 指令格式：如图 11-4 所示。

S1——控制对象的目标值（SV）；

S2——控制对象当前值（PV）；

S3——PID 控制参数（S3，S3+1……）；

D——输出值（MV）。

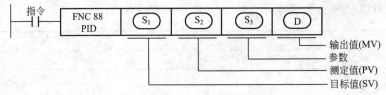

图 11-4　指令格式

在同步速度中，V_2 为控制对象，输出值为伺服电机速度。

② 与 PID 控制相关的 PLC 程序如图 11-5 所示。

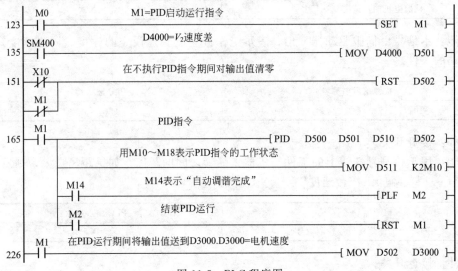

图 11-5　PLC 程序图

11.3.5　机器人动作程序

（1）工作流程图

喷漆程序流程图如图 11-6 所示。

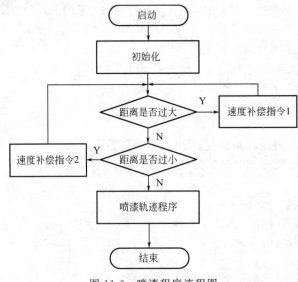

图 11-6　喷漆程序流程图

（2）对工作流程图的说明

① 调用初始化程序。

② 检测喷嘴与工件之间的距离并做出判断，随后发出相关速度补偿指令。

③ 执行喷漆轨迹动作。

（3）机器人动作程序

根据流程图编制的机器人动作程序如下：

1 Servo ON'——伺服 ON。

2 Ovrd 30'——设置速度倍率。

3 Def Act 1,M_In(17)=1 GoTo*L100'——如果悬挂线速度异常,则执行中断*L100。

4 Mov P1'——前进到工作基准点 P_1。

5 *LAB1'——程序分支标志。

6 '——以下是判断喷嘴与工件距离是否过大的程序。

7 '——如果过大,则发出工作台速度补偿指令 1。

8 '——否则进入下一步。

9 If M_In(18)=0 Then'——M_In(18)是喷嘴与工件距离过大检测。

10 M_Out(14)=1'——发出工作台速度补偿指令 1。

11 GoTo*LAB1'——跳转到*LAB1。

12 Else'——否则。

13 EndIf'——判断-执行语句结束。

14 '——以下是判断喷嘴与工件距离是否过小的程序。

15 '——如果过小,则发出工作台速度补偿指令 2。

16 '——否则进入下一步。

17 If M_In(2)=0 Then'——M_In(2)是喷嘴与工件距离过小检测。

18 M_Out(2)=1'——发出工作台速度补偿指令 2。

19 GoTo*LAB1'——跳转到*LAB1。

20 Else'——否则。

21 EndIf'——判断-执行语句结束。

22 M_Out(3)=1'——喷漆启动。

23 P2=P1+(0,0,0,0,0,0)'——计算。

24 P3=P1+(0,0,0,0,0,0)'——计算。

25 Act1=1'——中断程序生效区间。

26 Mvr P1,P2,P3'——按工件形状进行插补运行。

27 Act1=0'——中断程序生效区间结束标志。

28 M_Out(3)=0'——喷漆停止。

29 Mov P4'——运动到工作点 2。

30 M_Out(4)=1'——发出喷漆结束信号。

31 *LAB10'——程序分支标志。

32 End'——程序结束。

33 *L100'——中断程序标志。

34 M_Out(3)=0'——喷漆停止。

35 Mov P4'——运动到工作点 2。

36 End'——程序结束。

11.4 结语

在机器人与喷漆生产线同步运行的项目中，最关键的问题是同步的问题，因此必须实时地检测悬挂线的速度与工作台的速度，通过 PID 调节减少同步速度的误差。

如果悬挂线与工作台都由伺服电机控制，上位采用运动控制器，也有成熟的同步运动控制方法。但是悬挂线要求的电机功率较大，使用伺服电机成本太高，而且悬挂线可能经常停机待料。所以悬挂线一侧常常使用变频器＋普通电机，也可以调节悬挂线的运行速度。悬挂线的实际运行速度用编码器来检测最为精确。

由 PLC 对机器人和悬挂线的运动实施控制，同时还可以兼顾对悬挂线的其他控制要求。

第 12 章

机器人在数控折边机中的应用

12.1 项目综述

在一般普通的折边机中，每一工件板料的每一工步都需要划线，还需要操作工凭肉眼观察是否对齐，工效低而且精度低。即使数控折边机采用后挡板结构解决了板料对齐问题，但还是无法解决换向和翻边，仍然无法实现一次成形。

用机器人代替操作工后，可以实现精确的定位、翻边、换向。在本项目中，机器人夹持工件送入数控折边机中，要求机器人在折边过程中始终夹持工件，在折边过程中，机器人必须随工件运动，与操作工人的操作略有不同。这是对机器人应用的特殊要求。机器人与数控折边机的配合应用如图 12-1 所示。

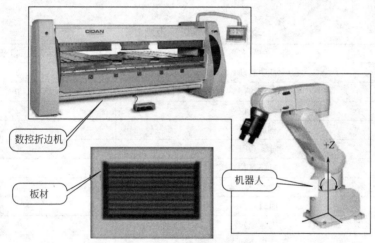

图 12-1 机器人在数控折边机中的应用

12.2 解决方案

12.2.1 方案概述

① 配置数控折边机一台。数控折边机能够发出折边加工上升到位，下降到位、正常启动等工作信号。

② 选用三菱 RV-7FLL 机器人。要求机器人具备加长手臂。

③ 机器人配置 2D-TZ368 I/O 模块。用于执行与数控折边机侧的信息交换。

④ 配置 PLC FX3U-48MR。用于处理来自机器人和数控机床侧的 I/O 信号，特别是处理各信号的安全保护条件。

⑤ 配置触摸屏一台。用于发出各种操作信号和工作状态的监视。

12.2.2 硬件配置

经过技术经济分析，选用主要硬件设备，如表 12-1 所示。

表 12-1　系统硬件配置表

序号	名称	型号	数量	备注
1	机器人	RV-7FLL	1	三菱
2	简易示教单元	R33TB	1	三菱
3	输入输出卡	2D-TZ368	1	三菱
4	PLC	FX3U-48MR	1	三菱
5	GOT	GS2110-WTBD	1	三菱

12.2.3 输入输出点分配

根据现场控制和操作的需要，设计输入输出点，输入输出点通过机器人 I/O 卡 2D-TZ368 接入，2D-TZ368 的地址编号是机器人识别的 I/O 地址。为识别方便，分列输入输出信号。输入信号一览表如表 12-2 所示，输出信号一览表如表 12-3 所示。

（1）输入信号

表 12-2　输入信号地址分配

序号	输入信号名称	输入地址（2D-TZ368）
1	自动启动	3
2	自动暂停	0
3	程序复位	2
4	伺服 ON	4
5	伺服 OFF	5
6	报警复位	6
7	操作权	7
8	回退避点	8
9	机械锁定	9
10	气压检测	10
11	进料端有料无料检测	11
12	1# 抓手夹紧到位检测	12
13	1# 抓手松开到位检测	13
14	折边机上升到位信号	14
15	折边机下降到位信号	15
16	折边机正常工作中信号	16

（2）输出信号

表 12-3　输出信号地址分配

序号	输出信号名称	输出信号地址（2D-TZ368）
1	机器人自动运行中	0

序号	输出信号名称	输出信号地址(2D-TZ368)
2	机器人自动暂停中	4
3	急停中	5
4	报警复位	2
5	1#抓手夹紧(=ON)	11
6	1#抓手松开(=OFF)	12
7	折边机滑块下降指令信号	13
8	折边机滑块上升指令信号	14
9	折边机启动指令	15

12.3 编程

12.3.1 主程序

（1）工作流程图

机器人的主工作流程如图 12-2 所示。

（2）对流程图的说明

在主流程图中：

① 执行初始化程序；

② 进行气压检测保证压力达到标准才可执行下一工步；

③ 检测折边机是否正常启动；

④ 检测滑块是否上升到位；

⑤ 在这些条件满足后，机器人才执行正常的夹料和送料折边程序。

为了编程方便，"初始化程序"和"折边程序"单独编制为"子程序"，以方便阅读和修改。

（3）主程序

根据主工作流程图编制程序如下：

主程序 MAIN

1 CallP"CHUSH"'——调用初始化程序。

2 * YALI'——程序分支标志。

3 If M15＝0 Then GoTo * YALI'——判断气压是否达到标准。

4 * QULIAO'——程序分支标志。

5 If M25＝0 Then GoTo * QULIAO'——判断上料端有料无料。

6 If M100＝0 Then GoSub * LAB1'——判断是否执行折边机启动程序。

7 If M200＝0 Then GoTo * LAB2'——判断是否执行滑块上升指令。

8 CallP"ZBJ"'——调用"折边机"程序。

9 End'——主程序结束。

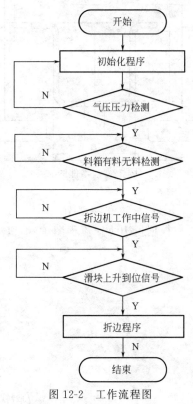

图 12-2 工作流程图

10 ＊LAB1'——执行折边机启动程序。

11 M_Out(15)＝1'——发折边机启动指令。

12 Return'——子程序结束。

13 ＊LAB2'——执行滑块上升指令。

14 M_Out(14)＝1'——发滑块上升指令。

15 Wait M_In(14)＝1'——等待滑块上升到位。

16 Return'——子程序结束。

12.3.2 第1级子程序—折边子程序

（1）折边工作流程图

折边子程序是机器人从取料到折边、调头装夹、随动运行、卸料的全部过程。图 12-3 是零件图，图 12-4 是折边子程序的流程图。

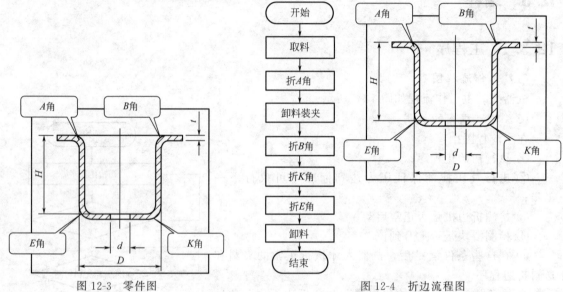

图 12-3 零件图   图 12-4 折边流程图

（2）折边程序 ZBJ

根据折边工作流程图 12-4 和机器人移动路径图 12-5，编制折边程序 ZBJ。

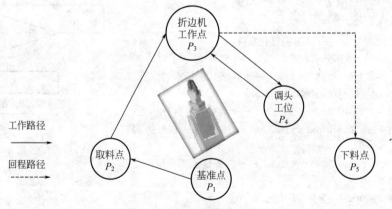

图 12-5 机器人移动路径图

程序 ZBJ

1 Mov P1′——回基准点。

2 ′——以下为取料动作程序。

3 Ovrd 80′——预置速度倍率。

4 Mov P2,－50′——移动到取料点 P2。

5 M_Out(11)＝1′——发抓手松开指令。

6 Wait M_In(13)＝1′——等待抓手松开完成。

7 Ovrd 30′——调节速度倍率。

8 Mov P2′——前进到 P2 点。

9 M_Out(12)＝1′——抓手夹紧。

10 Wait M_In(12)＝1′——等待抓手夹紧完成。

11 Wait M_In(14)＝1′——检测折边机滑块是否上升到位。

12 Ovrd 80′——调节速度倍率。

13 Mov P3A′——移动到工件A 点 P3A。

14 CallP"101"′——调用折边子程序 101。

15 ′——以下是调头装夹程序。

16 Ovrd 80′——调节速度倍率。

17 Mov P4′——移动到调头工位。

18 M_Out(11)＝1′——发抓手松开指令。

19 Wait M_In(13)＝1′——等待抓手松开完成。

20 Mov P4A,－50′——快速前进到 P4A 上方(调头装夹点)。

21 Ovrd 30′——调节速度倍率。

22 Mov P4′——工进到 P4。

23 M_Out(12)＝1′——抓手夹紧。

24 Wait M_In(12)′＝′——等待抓手夹紧完成。

25 Wait M_In(14)＝1′——等待折边机滑块上升到位。

26 Ovrd 80′——调节速度倍率。

27 Mov P3B′——移动到工件 P3B 点。

28 Dly 0.2′——暂停 0.2s。

29 CallP"102"′——调用折边子程序 102。

30 Mov P3K′——移动到工件 K 点 P3K。

31 CallP"103"′——调用折边子程序 103。

32 Mov P3E′——移动到工件 E 点 P3E。

33 CallP"104"′——调用折边子程序 104。

34 Ovrd 80′——设置速度倍率。

35 Mov P5′——移动到卸料点 P5。

36 M_Out(11)＝1′——发抓手松开指令。

37 Wait M_In(13)′——＝1 等待抓手松开完成。

38 Mov P1′——回基准点。

39 End′——程序结束。

12.3.3　第 2 级子程序—随动子程序

随动子程序包括滑块下降执行折边动作，机器人随工件运动而上升。本项目中，机器人动作的特殊之点在于，由于折边过程中，工件被折成直角边或其他角度，夹持板料的机器人抓手要随之运动，与工件的变形过程完全同步，否则就会使抓手脱落或损坏。机器人的随动轨迹实际上是圆弧轨迹，但运行速度要根据折边机滑块的下降工作速度而定。因此在程序中，运行速度使用"变量"，要根据现场调试决定。

由于在零件的各折边点抓手位置不同，因此随动圆弧轨迹不同，所以每次折边动作都有对应的随动子程序。

(1) 随动子程序 101 (A)

1 M_Out(13)＝1′——发滑块下降指令。

2 Wait M_In(15)＝1′——等待滑块下降到位。

3 Dly 0.2′——暂停 0.2s。

4 Ovrd M101′——速度可调(注意这是要点)。

5 Mvr3 P101,P102,P103′——抓手做圆弧随动。

6 Dly 0.2′——暂停 0.2s。

7 M_Out(14)＝1′——发滑块上升指令。

8 Wait M_In(14)＝′——等待滑块上升到位。

9 End′——程序结束。

(2) 随动子程序 102 (B)

1 M_Out(13)＝1′——发滑块下降指令。

2 Wait M_In(15)＝1′——等待滑块下降到位。

3 Dly 0.2′——暂停 0.2s。

4 Ovrd M102′——速度可调。

5 Mvr3 P201,P202,P203′——抓手做圆弧随动。

6 Dly 0.2′——暂停 0.2s。

7 M_Out(14)＝1′——发滑块上升指令。

8 Wait M_In(14)＝′——等待滑块上升到位。

9 End′——程序结束。

(3) 随动子程序 103 (K)

1 M_Out(13)＝1′——发滑块下降指令。

2 Wait M_In(15)＝1′——等待滑块下降到位。

3 Dly 0.2′——暂停 0.2s。

4 Ovrd M103′——速度可调。

5 Mvr3 P301,P302,P303′——抓手做圆弧随动。

6 Dly 0.2′——暂停 0.2s。

7 M_Out(14)＝1′——发滑块上升指令。

8 Wait M_In(14)＝1′——等待滑块上升到位。

9 End′——程序结束。

(4) 随动子程序 104 (E)

1 M_Out(13)＝1′——发滑块下降指令。

2 Wait M_In(15)＝1′——等待滑块下降到位。

3 Dly 0.2′——暂停 0.2s。

4 Ovrd M104′——速度可调。

5 Mvr3 P401,P402,P403′——抓手做圆弧随动。

6 Dly0.2′——暂停 0.2s。

7 M_Out(14)＝1′——发滑块上升指令。

8 Wait M_In(14)＝1′——等待滑块上升到位。

9 End′——程序结束。

12.4 结语

在本项目中，机器人为数控折边机上下料，最关键的技术要点是机器人在折边过程中，要随着工件运动，这是在其他的机械设备中没有的运动要求。影响随动过程的因素有压力机滑块的运行速度和夹持工件的位置，因此必须计算出滑块下行速度与机器人夹持工件点圆弧运行速度的关系，才能保证运行的稳定。

第 **13** 章

机器人在数控机床上下料中的应用

13.1 项目综述

机器人与数控机床配合使用是智能化制造工厂的重要核心板块。在这个项目中，要求：

① 机器人能够执行抓料、开门、卸料、一次装夹、工件掉头装夹、关门、卸料等一系列动作。

② 要求机器人工作信号与数控机床上的工作信号进行交流。

③ 要求抓手是双抓手，能够在一个工作点（卡盘）实现装夹和卸料动作。

④ 要求机器人的运动轨迹是规定的路径，避免发生碰撞事故。

⑤ 加工工件要求双头加工，因此在加工过程中要求进行调头装夹。

机器人与数控机床的联合工作如图 13-1 所示，加工工件如图 13-2 所示。

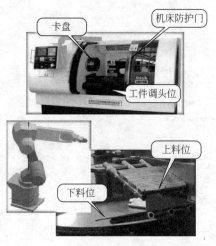

图 13-1 机器人上下料工作示意

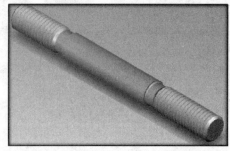

图 13-2 加工工件示意

13.2 解决方案

13.2.1 方案概述

① 数控机床为数控加工中心。能够发出工件加工完毕信号和主轴转速信号。

② 选用三菱 RV-7FLL 机器人。要求机器人具备加长手臂。

③ 机器人配置 2D-TZ368 I/O 模块。用于执行与数控机床侧的信息交换。

④ 配置 PLC FX3U-48MR。用于处理来自机器人和数控机床侧的 I/O 信号，特别是处

理各信号的安全保护条件。

⑤ 配置触摸屏一台。用于发出各种操作信号和工作状态的监视。

13.2.2　硬件配置

经过技术经济分析，选用主要硬件设备，如表 13-1 所示。

表 13-1　系统硬件配置表

序号	名称	型号	数量	备注
1	机器人	RV-7FLL	1	三菱
2	简易示教单元	R33TB	1	三菱
3	输入输出卡	2D-TZ368	1	三菱
4	PLC	FX3U-48MR	1	三菱
5	GOT	GS2110-WTBD	1	三菱

13.2.3　输入输出点分配

根据现场控制和操作的需要，设计输入输出点，输入输出点通过机器人 I/O 卡 2D-TZ368 接入，2D-TZ368 的地址编号是机器人识别的 I/O 地址。为识别方便，分列输入输出信号。输入信号一览表如表 13-2 所示，输出信号一览表如表 13-3 所示。

（1）输入信号

表 13-2　输入信号地址分配

序号	输入信号名称	输入地址(2D-TZ368)
1	自动启动	3
2	自动暂停	0
3	程序复位	2
4	伺服 ON	4
5	伺服 OFF	5
6	报警复位	6
7	操作权	7
8	回退避点	8
9	机械锁定	9
10	气压检测	10
11	进料端有料无料检测	11
12	机床关门到位检测	12
13	机床开门到位检测	13
14	机床卡盘夹紧到位检测	14
15	机床卡盘松开到位检测	15
16	1#抓手夹紧到位检测	16
17	1#抓手松开到位检测	17
18	2#抓手夹紧到位检测	18
19	2#抓手松开到位检测	19
20	数控机床工件加工完成信号	20
21	数控机床主轴转速＝0信号	21

（2）输出信号

表 13-3　机器人一侧的输出地址表

序号	输出信号名称	输出信号地址(2D-TZ368)
1	机器人自动运行中	0
2	机器人自动暂停中	4
3	急停中	5
4	报警复位	2
5	1#抓手夹紧(=ON)	11
6	1#抓手松开(=OFF)	12
7	2#抓手夹紧(=ON)	13
8	2#抓手松开(=OFF)	14
9	机床卡盘夹紧(=ON)	15
10	机床卡盘松开(=OFF)	16
11	机床加工程序启动	17

13.3　编程

13.3.1　主程序

（1）主程序流程图

根据工艺要求及效率原则，编制了工艺流程图（图 13-3）。在本流程图中，有：

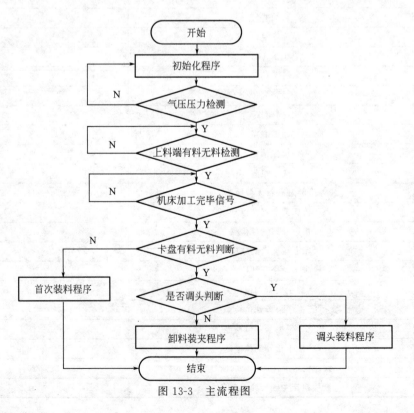

图 13-3　主流程图

① 初始化程序。

② 首次装夹程序。

③ 调头装夹程序。

④ 卸料装夹程序。

需要根据不同的工作条件进行选择。

（2）程序总表

为了编程简便，需要将主程序分解成若干个子程序，经过程序结构分析，需要编制的程序如表 13-4 所示。

表 13-4　程序汇总表

序号	程序名称	程序号	功能	上级程序
1	主程序	MAIN		
第 1 级子程序				
2	初始化程序	CHUSH		MAIN
3	首次装料程序	FIRST		MAIN
4	调头夹装程序	EXC		MAIN
5	卸料及夹装联合程序	XANDJ		MAIN
第 2 级子程序				
6	取料子程序	QL		
7	开门子程序	KAIM		
8	卸料子程序	XIAL		
9	夹装子程序	JIAZ		
10	关门子程序	GM		
11	卸料及夹装程序	XJ		
12	调头夹装程序	DIAOT		

（3）主程序

根据主工作流程图编制程序如下：

主程序 MAIN

1　CallP"CHUSH"'——调用初始化程序。

2　*LAB3'——程序分支标志。

3　*YALI'——程序分支标志。

4　If M15＝0 Then GoTo *YALI'——判断气压是否达到标准。

5　*QULIAO'——程序分支标志。

6　If M25＝0 Then GoTo *QULIAO'——判断上料端有料无料。

7　*WANC'——程序分支标志

8　If M35＝0 Then GoTo *WANC'——判断机床加工是否完成信号。

9　If M100＝0 Then GoTo *LAB1'——判断是否执行 1 次上料。

10　If M200＝0 Then GoTo *LAB2'——判断是否执行调头装夹。

11　CallP"XANDJ"'——调用卸料装夹联合程序。

12　M300＝1'——卸料装夹联合程序执行完毕。

13　M200＝0'——可执行掉头装夹。

14　End'——主程序结束。

15　＊LAB1′——执行首次上料。

16　CallP"FIRST"′——调用首次上料程序。

17　M100＝1′——首次上料执行完毕。

18　GoTo＊LAB3′——跳转到＊LAB3行。

19　＊LAB2′——执行调头装夹程序。

20　CallP"EXC"′——调用调头装夹程序。

21　M200＝1′——掉头装夹执行完毕。

22　GoTo＊LAB3′——跳转到＊LAB3行。

13.3.2　第一级子程序

（1）首次装夹子程序

首次装夹指卡盘上没有工件，机器人进行的第一次工件装夹。

① 首次装夹子程序流程图　首次装夹子程序流程图如图13-4所示。

② 首次装夹工作路径图　首次装夹工作路径图如图13-5所示。

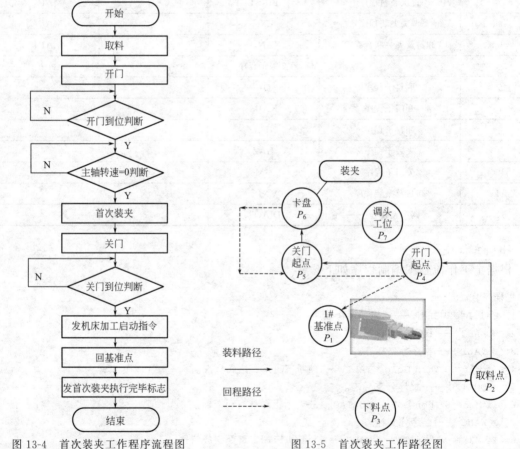

图 13-4　首次装夹工作程序流程图　　　　　图 13-5　首次装夹工作路径图

首次装夹的运动路径如图13-5所示，即1#基准点 P_1→取料点 P_2→开门点 P_4→开门行程→"→卡盘位置 P_6（装夹工件）→退出→关门点 P_5→关门动作行程→回1#基准点 P_1。

③ 首次装夹程序：

1　CallP"QL"′——调用取料子程序。

2 CallP"KAIM"'——调用开门子程序。

3 *LAB1'——程序分支标志。

4 If M_In(11)=1 Then GoTo *LAB1'——主轴速度=0判断。

5 '如果主轴速度不为0,则跳转到*LAB1,否则执行下一步。

6 CallP"JIAZ"'——调用夹装子程序。

7 CallP"GM"'——调用关门子程序。

8 M_Out(17)=1'——发机床加工启动指令。

9 MOV P1'——回基准点。

10 M100=1'——发首次装夹完成标志。

11 End'——程序结束。

（2）调头夹装程序

在本项目中，需要对工件两头进行加工，所以在加工完一头后需要先卸下，在调头工位进行调头，再进行装夹。

① 调头夹装程序流程图　调头夹装程序流程图如图 13-6 所示。

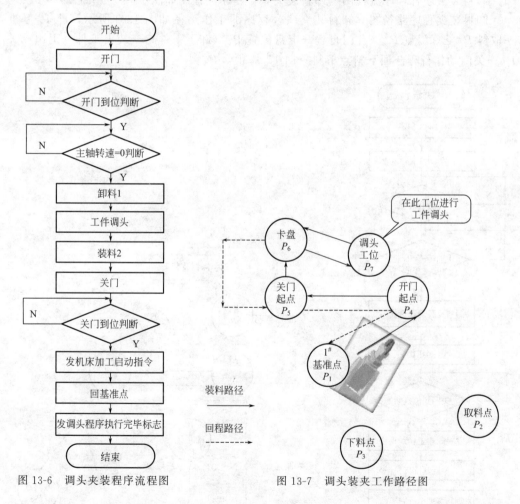

图 13-6　调头夹装程序流程图　　　　　图 13-7　调头装夹工作路径图

② 调头装夹工作路径图　调头装夹工作路径如图 13-7 所示，即 $1^\#$ 基准点 P_1→开门起点 P_4→开门行程→卡盘位置 P_6（卸下工件）→至调头工位 P_7（调头处理）→卡盘位置 P_6（装夹工件）→退出→关门点 P_5→关门动作行程→回 $1^\#$ 基准点 P_1。

③ 调头夹装程序：

1　CallP"KAIM"′——调用开门子程序。

2　＊LAB1′——程序分支标志。

3　If M_In(11)＝1 Then GoTo ＊LAB1′——主轴速度＝0判断。

4　′——如果主轴速度不为0,则跳转到＊LAB1。

5　CallP"DIAOT"′——调用调头夹装子程序。

6　CallP"GM"′——调用关门子程序。

7　M_Out(17)＝1′——发机床加工启动指令。

8　Mov P1′——回基准点。

9　M200＝1′——发调头装夹程序完成标志。

10　End′——程序结束。

（3）卸料装夹联合程序

在本项目中，当工件加工完成后，为提高效率，需要先卸料再进行装夹新料。

① 卸料装夹联合程序流程图　卸料装夹联合程序流程图如图 13-8 所示。

② 卸料装夹程序路径图　卸料装夹联合程序的工作路径如图 13-9 所示，即 1# 基准点 P_1→取料 P_2→开门点 P_4→开门行程→卡盘位置 P_6（卸下工件）→装夹工件→退出→关门点 P_5→关门动作行程→回下料点下料→回 1# 基准点 P_1。

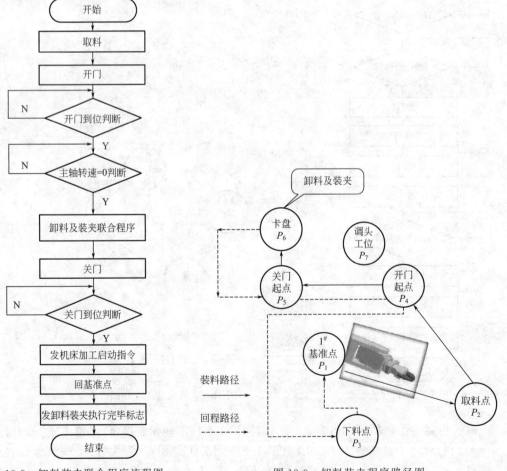

图 13-8　卸料装夹联合程序流程图　　　图 13-9　卸料装夹程序路径图

③ 卸料装夹程序：

1　CallP"KAIM"'——调用开门子程序。

2　*LAB1'——程序分支标志。

3　If M_In(11)＝1 Then GoTo *LAB1'——主轴速度＝0判断。

4　'——如果主轴速度不为 0,则跳转到 *LAB1。

5　CallP"XJ"'——调用卸料装夹子程序。

6　CallP"GM"'——调用关门子程序。

7　M_Out(17)＝1'——发机床加工启动指令。

8　CallP"XIAL"'——调用下料子程序。

9　End'——程序结束。

13.3.3　第二级子程序

（1）开门子程序 KAIM

1　Mov P4'——移动到开门点 P_4。

2　Dly 0.2'——暂停。

3　Mov P5'——开门行程。

4　Dly 0.2'——暂停。

5　*LAB1'——程序分支标记。

6　If M_In(13)＝0 GoTo *LAB1'——等待开门到位信号。

7　Mov P10'——移动到门中间。

8　End'——程序结束。

（2）关门子程序 GM

1　Mov P10'——移动到门中间。

2　Mov P5'——移动到关门点 P_5。

3　Dly 0.2'——暂停。

4　Mov P4'——开门行程。

5　Dly 0.2'——暂停。

6　*LAB2'——程序分支标志。

7　If M_In(12)＝0 GoTo *LAB2'——等待关门到位信号。

8　Mov P10'——移动到门中间。

9　End'——程序结束。

（3）调头处理子程序

1　Ovrd 70'——速度倍率设置。

2　Mov P6,30'——2# 抓手移动卡盘上方 30mm。

3　Dly 0.2'——暂停。

4　M_Out(14)＝1'——发 2# 抓手松开指令。

5　Wait M_In(19)＝1'——等待 2# 抓手松开到位。

6　Mov P6'——2# 抓手移动到卡盘中心点。

7　M_Out(13)＝1'——2# 抓手夹紧。

8　Wait M_In(18)＝1'——等待 2# 抓手夹紧到位。

9　M_Out(16)＝1'——发卡盘松开指令。

10　Wait M_In(15)＝1'——等待卡盘松开到位。

11　Mov P16'——拉出工件。

12　Mov P17,30'——移动到调头工位上方 30mm。

13　Mov P17′——移动到调头工位。

14　M_Out(14)=1′——发 2# 抓手松开指令。

15　Wait M_In(19)=1′——等待 2# 抓手松开到位。

16　Mov P17,30′——上升 30mm。

17　Mov P18,30′——移动到工件正中间位。

18　Mov P18′——下降 30mm。

19　M_Out(13)=1′——2# 抓手夹紧。

20　Wait M_In(18)=1′——等待 2# 抓手夹紧到位。

21　Mov P18,60′——上升 60mm。

22　Mov J_CURR+(0,0,0,0,0,180)′——旋转 180°。

23　Mov P19′——移动到调头位。

24　M_Out(14)=1′——发 2# 抓手松开指令。

25　Wait M_In(19)=1′——等待 2# 抓手松开到位。

26　Mov P19,30′——上升 30mm。

27　Mov P17,30′——移动到调头工位上方 30mm。

28　Mov P17′——移动到调头工位。

29　M_Out(13)=1′——2# 抓手夹紧。

30　Wait M_In(18)=1′——等待 2# 抓手夹紧到位。

31　Mov P17,30′——上升 30mm。

32　Mov P16′——移动到卡盘中心点。

33　Mov P6′——工件插入卡盘内。

34　M_Out(15)=1′——发卡盘夹紧指令。

35　Wait M_In(14)=1′——等待卡盘夹紧完成。

36　M_Out(14)=1′——发 2# 抓手松开指令。

37　Wait M_In(19)=1′——等待 2# 抓手松开到位。

38　Mov P10′——退出机床门外。

39　End′——程序结束。

（4）卸料及装夹程序 XJ

1　Ovrd 70′——设置速度倍率。

2　Mov P6,30′——2# 抓手移动到卡盘上方 30mm。

3　Dly 0.2′——暂停。

4　M_Out(14)=1′——发 2# 抓手松开指令。

5　Wait M_In(19)=1′——等待 2# 抓手松开到位。

6　Mov P6′——2# 抓手移动到卡盘中心点。

7　M_Out(13)=1′——2# 抓手夹紧。

8　Wait M_In(18)=1′——等待 2# 抓手夹紧到位。

9　M_Out(16)=1′——发卡盘松开指令。

10　Wait M_In(15)=1′——等待卡盘松开到位。

11　Mov P16′——拉出工件。

12　Mov P20′——1# 抓手到装夹位。

13　Mov P21′——插入工件。

14　M_Out(15)=1′——发卡盘夹紧指令。

15　Wait M_In(14)=1′——等待卡盘夹紧完成。

16　M_Out(12)=1′——发 1# 抓手松开指令。

17　Wait M_In(17)=1′——等待 2# 抓手松开到位。

18　Mov P10′——退出机床门外。

19　End′——程序结束。

第 14 章

视觉系统的应用

在很多流水线上，工件的摆放位置是任意的，当工件随流水线运行到机器人工作范围时，要求机器人能够识别这些工件的位置进行抓取。而实际上，机器人只能够根据机器人的坐标系动作，所以必须采用视觉系统—照相机通过照相—所获得的工件位置信息传送给机器人。视觉系统所获得的工件位置信息称为"像素坐标"，即根据视觉系统的坐标系所获得的坐标值。将"视觉坐标系"与"机器人坐标系"建立关系的工作称为"标定"。经过标定后，视觉系统传过来的位置信息可以为机器人所用。

本章介绍视觉系统在机器人上的应用。

14.1 前期准备及通信设置

14.1.1 基本设备配置及连接

（1）基本配置

为了进行视觉通信，最基本的硬件配置如表 14-1 所示。

表 14-1 视觉通信基本硬件配置

序号	设备	数量	说明
1	机器人	1	
2	视觉传感器	1	
3	相机	1	
4	HUB	1	
5	以太网线（直线）	1	
6	工件	4	
7	校准用工件	8	
8	校正用指示针	2	
9	电脑	1	
10	RTToolBox2	1	机器人软件
11	In-Sight Explorer	1	视觉传感器软件

（2）连接

如图 14-1 所示，机器人与电脑、机器人与视觉传感器都通过以太网进行连接。

14.1.2 通信设置

由于是以太网通信，设置原则是各通信设备的 IP 地址在同一网段内，即前 3 位数字相同，第 4 位数字不同。

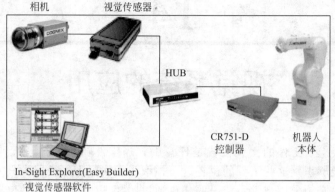

相机　　　　视觉传感器

HUB

CR751-D
控制器

机器人
本体

In-Sight Explorer(Easy Builder)
视觉传感器软件

图 14-1　视觉系统与机器人连接图

设置要求如下：

① 机器人 IP 地址设置为 "192.168.0.20"。

② 电脑 IP 地址设置为 "192.168.0.30"。子网掩码设置为 "255.255.255.0"。

③ 视觉传感器 IP 地址设置为 "192.168.0.10"。

（1）机器人 IP 地址设置

如图 14-2 所示：

① 在 RT ToolBox2 建立新工作区；

② 通信设置选择 TCP/IP；

③ 点击 "详细设定" 设置 IP 地址：192.168.0.20；

④ 点击 "OK"，设置完成。

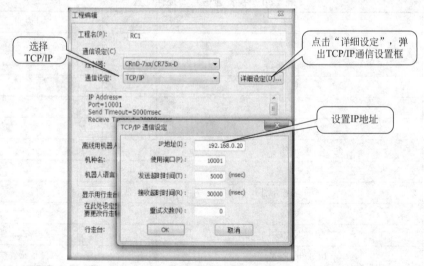

图 14-2　机器人 IP 地址设置

（2）电脑 IP 地址设置

如图 14-3 所示：

① 点击电脑 "控制面板"；

② 点击 "网络和 INTERNET 协议"；

③ 点击 "属性"；

④ 选择 "TCP/IPv4";

⑤ 设置 "IP 地址": 192.168.0.30。子网掩码设置为 "255.255.255.0"。

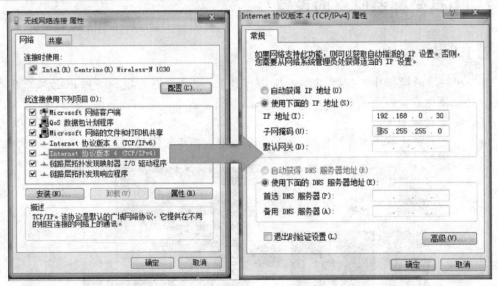

图 14-3　电脑 IP 地址设置

⑥ 点击 "确定", 设置完成。

(3) 视觉传感器 IP 地址设置

操作方法如图 14-4 所示:

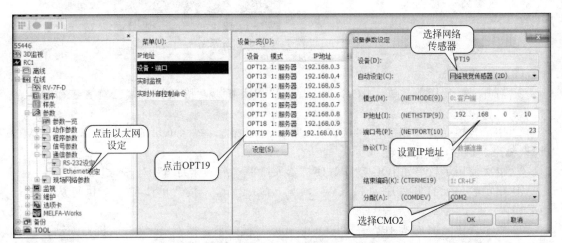

图 14-4　视觉传感器 IP 地址设置

① 打开 RT 软件, 选择 [在线]—[参数]—[参数一览], 设定参数 "NVTRGTMG" =1。

② 点击 "以太网"—选择 "设备·端口", 弹出 "设备一览框"。

③ 在 "设备一览框" 选择 "OPT19", 弹出 "设备参数设定框"。

④ 在 "自动设定框" 选择网络传感器。

⑤ 在 "IP 地址" 框设置 "192.168.0.10"。

⑥ 在 "分配 (COMDEV) 框" 设置 "COM2" 作为通信口。

⑦ 点击 "OK"。

⑧ 点击"写入",设置完成。

14.2　工具坐标系原点的设置

14.2.1　操作方法

由于在后续的操作中,推荐机器人使用 TOOL 坐标系进行定位,所以必须求出新的 TOOL 坐标系原点。以下是求 TOOL 坐标系原点的方法。

（1）安置指示针

在工作台上安置一"工件指针",作为以下机器人抓手校准的标志,如图 14-5 所示。

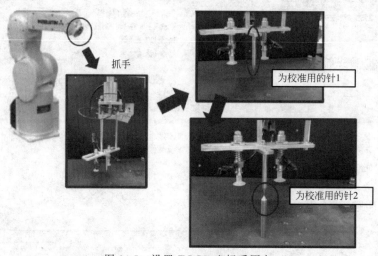

图 14-5　设置 TOOL 坐标系原点

（2）校准方法

① 对齐——使用示教单元 JOG 动作,使机器人抓手"指示针尖端"对齐工作台上的 "指示针"。

② 用示教单元打开程序"TLXY"（见 14.3.2 节）,按"单步前进"到第 5 行"Mvs P91"结束。这时,抓手旋转 90°。

③ 再次使用示教单元 JOG 动作,使机器人抓手"指示针尖端"对齐桌上的指示针。

④ 用示教单元打开程序"TLXY"（见 14.3.2 节）,按"单步前进"执行从第 7 行 到 End。

⑤ 用示教单元 JOG 动作,在"TOOL JOG"模式下,按 C+,C−,机器人动作,若 抓手指示针与桌面指示针的相对位置不变,此时,新的"工具坐标系原点"设置完成。

⑥ 在 RT Tool Box2 软件中打开程序"TLXY"和"SVS"。

⑦ 复制程序"TLXY"中的位置变量"PLT2",粘贴到程序"SVS"中;保存程序;关 闭程序。

14.2.2　求 TOOL 坐标系原点的程序 TLXY

程序 TLXY:

```
'X-YTOOL  setting program
PTool=P_Tool'——P_Tool 为当前设置的 TOOL 坐标系数据。
```

P0＝P_FBC′——P_FBC 为编码器反映的当前位置。

1 P91＝P0 * (0,0,0,0,0,90)′——计算 P_{91} 位置点。

2 Mvs P91′移动到 P_{91}，绕 Z 轴旋转 90°。

3 ′以上为第一阶段。

4 P90＝P_FBC′——P_FBC 为编码器反映的当前位置。

5 PTL＝P_ZERO′——清零。

6 PT＝Inv(P90) * P0′——PT 为 P_{90} 与 P_0 两点之间的偏差值。

7 PTL.X＝(PT.X＋PT.Y)/2′——PTL 为偏差值的中间量。

PTL.Y＝(－PT.X＋PT.Y)/2

PLT2＝PTOOL * PTL′——PLT2 为在原 TOOL 坐标系原点加上偏差量后的位置点。

8 TOOL PLT2′——以 PLT2 为当前 TOOL 坐标系原点。

9 HLT′——暂停。

14.3 坐标系标定

"坐标系标定"就是建立"视觉传感器坐标系"与"机器人坐标系"之间的关系。当视觉传感器将"像素坐标"传到机器人时，机器人能够判定"像素坐标"在机器人坐标系中的位置。简单地说就是建立两个坐标系之间的关系，相当于建立"工件坐标系"与"基本坐标系"之间的关系。

14.3.1 前期准备

① 准备带标记的工件。带标记的工件必须与实际工件高度相同。

② 标记工件必须准备 5 个。

14.3.2 坐标系标定步骤

(1) In-Sight Explorer 软件的初步设置

① 打开软件 In-Sight Explorer。

② 点击菜单 [系统]→[将传感器/设备添加到网络]。

③ 点击弹出的"视觉传感器"，设定"视觉传感器"的 IP 地址：192.168.0.10；子网掩码：255.255.255.0。

④ 点击菜单 [系统]→[选项]。

⑤ 点击 [用户界面]→选择"对 Easy Builder 使用英文符号标记"。

⑥ 点击"确定"。

(2) 视觉传感器的观察与调节

① 选中视觉传感器，点击"连接"。

② 点击"联机"，使作业 JOB 进入连机状态。

③ 点击工具栏中的"触发"按钮，调整镜头的亮度和焦点，一直调整并触发，直到工件清晰出现在页面内。

④ 选中应用程序步骤中的"检查部件"。

⑤ 打开"几何工具"，点击"用户定义的点"，点击"添加"，一共需要添加 5 个点。

⑥ 移动各工件（用户定义点），使其均匀分布在视觉范围内。

⑦ 在选择板中可以看到这 5 个点的"像素坐标"（这是最重要的工作目的）。

(3) 视觉传感器的精确调节

① 移动工件，点击工具栏上的"触发"按钮，不断移动、触发，使十字线交叉点与工

件标记点重合（获得像素坐标）。

② 使用示教单元移动机器人 JOG，使抓手指示针与工件标记十字线重合（停止，获得机器人坐标）。

（4）坐标系标定

① 打开"RT"软件，点击 ［维护］—［2D VISION Calibration］，选择 "Calibration1"（可以选择 Calibration1～Calibration8 中的任何一个），如图 14-6 所示。

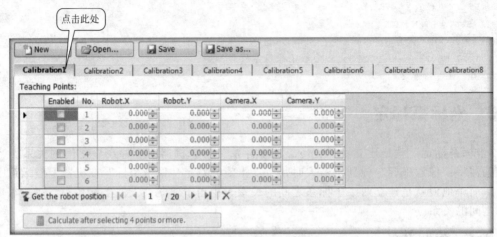

图 14-6　RT 软件设置选择标定序号

② 选中做好标记的点（以第 3 点为例），点击 "Get Robot Position" 获得当前位置 X、Y 坐标值，如图 14-7 所示。

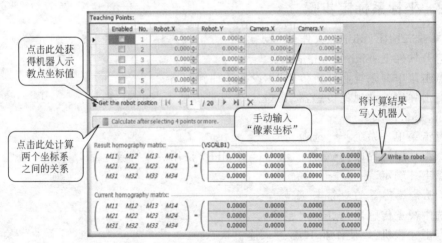

图 14-7　标定方法

③ 手动输入第 3 点像素坐标。

④ 按照以上方法获得 5 个点的机器人坐标和像素坐标，在标定完成前，必须一直保持伺服＝ON。

⑤ 点击 "Calculation after selection 4point or more"。本步骤用于计算两个坐标系之间的关系。

⑥ 点击 "Write to robot" 写入机器人。

⑦ 点击 "Save" 保存。

经过以上步骤后，标定结束。

14.4　视觉传感器程序制作

定位部件 Pat Max 用于记忆工件的特征，包括工件外部的轮廓和工件上的表面特征，工件周边的颜色即背景色。所以在调整 MODEL 框时，应该尽可能地接近工件的外形，注意周边颜色不能与工件颜色相同，最好颜色反差较大。

制作视觉传感器程序的操作方法如下。

在 In-Sight Explorer 软件一侧的设置：

① 打开软件　In-Sight Explorer。

② 新建作业。

③ 点击［触发］，更新画面。

④ 点击［设置图像］—［触发器］，选择"手动"，调整曝光使图像清晰。

⑤ 点击［定位部件］，选择"位置工具"中的 Pat Max 图案，点击添加。视区内会出现两个矩形，分别是"模型"和"搜索"。

⑥ 调整"模型"矩形，使其包括工件。

⑦ 调整"搜索"矩形，使其在视觉传感器的搜索区域内。点击"OK"。

⑧ 保存本程序，程序名为"TSC."。

14.5　视觉传感器与机器人的通信

在 In-Sight Explorer 软件一侧的设置：

① 打开软件 In-Sight Explorer。

② 点击［通信］—［添加设备］。

③ 在"设备选择框"中，选择"机器人"。

④ 在"制造商"栏，选择"MITSUBISHI"。

⑤ 在协议栏选择"以太网本机字符串"，点击"以太网本机字符串"，点击"添加"。

⑥ 点击"Pattern _ 1"。

⑦ 选择 Fixture. X、Fixture. Y、Fixture. Angle、Pass _ Count，点击"确定"。

⑧ 通过"上""下"按钮调整顺序。调整结果与后面的 EBRead 指令中的变量顺序有关。

⑨ 设定完成后，点击保存。

14.6　调试程序

（1）打开软件　In-Sight Explorer

点击"联机"按钮，使视觉传感器 JOB 在线（注意如果视觉传感器不在线，执行程序会发生报警，报警代码 8650）。

（2）使用示教单元确定工作点

① 使用示教单元打开程序"SVS"，使机器人以 JOG 模式动作，示教机器人待机位置"PHOME"和工件抓取点"PWK"（此点位于工件上，不同于标记点）。示教完成后不可以移动工件。

② 使用示教单元关闭程序"SVS"，保存程序。

（3）"RT ToolBox2"软件的使用

① 打开程序 SVS（如下）取消 19 行的注释符号，让 19 行程序生效。

② 将程序中 23 行的内容改为"TSC.JOB"。关闭程序，保存程序。

③ 在自动模式下，使用示教单元选择程序"SVS"，启动执行"SVS"，程序运行结束后，就可获得"抓取点与识别点之间的补偿量 PH"。

（4）调试程序

调试程序"SVS"：

```
1   LoadSet 1.1'——选择抓手及工件。
2   Oadl ON'——对应抓手及工件条件,选择最佳加减速模式的指令。
3   Servo ON'——伺服 ON。
4   Wait M_Svo＝1'——M_Svo＝1,伺服电源＝ON。
5   Ovrd M_Novrd'——速度倍率的初始值(100%)。
6   Spd M_Nspd'——初始速度(最佳速度控制)。
7   Accel 100,100'——加减速度倍率指令(%),设置加减速度的百分数。
8   Base P_NBase'——以基本坐标系的初始位置为"当前世界坐标系"。
9   TOOL  PLT2'——以 PLT2 为 TOOL 坐标系原点。
10   '——open port
'以下程序用于判断 1# 文件是否开启,如果没有开启则指令 com2 开启,并一直等待 1# 文件开启完成。
11   If M_NvOpen(1)〈〉1 Then
12   NVOpen"com2:"AS ＃1
13   Wait M_NVOpen(1)＝1
14   EndIf
15   NVLoad ＃1,"tsc.job"'——加载"tsc.job"作为 1# 文件
19   GoSub * MAKE_PH'——调用子程序 * MAKE_PH。
20    * MAIN'——程序分支标志。
21   Mov PHOME'——前进到"PHOME"点。
22   Dly 0.5'——暂停 0.5s。
23   NVRun ＃1,"tsc.job"'——运行"tsc.job"文件并将"tsc.job"作为 1# 文件。
24   EBRead ＃1,"""",M1,PVS1'——读 1# 文件。
25   If M1＝0 Then ERROR 9102'——如果 M1＝0 则报警 9102。
26   Dly 0.5'——暂停 0.5s。
27   NVRun ＃1"tsc.job"'——运行"tsc.job"文件并将"tsc.job"作为 1# 文件。
28   EBRead ＃1,"""",M1,PVS0'——读 1# 文件。
```

（5）程序的保存

① 自动运行完成后，首先关闭在电脑上的程序。此时，不要保存程序，因为此时操作错误的话，刚刚做的 PH 数据就会丢失。

② 在"RT ToolBox2"的"在线"中打开程序"SVS"，将 19 行"GoSub * MAKE _ PH"变为"注释行"——"'GoSub * MAKE _ PH"，然后关闭程序，保存程序。

14.7 动作确认

① 在自动模式下，使用示教单元执行"SVS"程序，机器人会先移动到"PWK"位置，然后再回到"PHOME"位置。

② 移动工件位置，再次运行"SVS"程序，确认机器人会先移动到"PWK"位置，然

后再回到"PHOME"位置。

14.8　与视觉功能相关的指令

常用的与视觉应用相关的指令/状态变量如表 14-2 所示。

表 14-2　视觉功能相关的指令一览表

序号	指令	名　　称	功　　能
1	NVLoad	加载视觉程序	将指定的视觉程序加载到视觉传感器
2	NVOpen	连接视觉传感器	连接指定的视觉传感器并登录注册该传感器
3	NVClose	关断视觉传感器通信线路	关断视觉传感器通信线路
4	NVIn	接收视觉传感器的识别信息	接收视觉传感器的识别信息
5	NVPst	启动视觉程序并获取数据	启动指定的视觉程序并获取数据
6	NVRun	启动运行视觉程序	启动运行指定的视觉程序
7	NVTrg	指令视觉传感器拍摄图像	指令视觉传感器拍摄图像
8	PVSCL	视觉标定指令	
以下是状态变量			
9	P_NvS1~P_NvS8	以位置数据格式保存视觉传感器的识别信息	位置数据
10	M_NvOpen	通信连接状态变量	表示视觉通信是否连接完成
11	M_NvNum	检测到工件总数的状态变量	表示检测到工件总数
12	M_NvS1~M_NvS8	以数值表示识别信息的变量	数值

NV——(Network vision sensor)网络视觉传感器。

14.9　视觉功能指令详细说明

14.9.1　NVOpen (Network Vision Sensor Line Open)

(1) 功能

连接视觉传感器并登记注册该视觉传感器。

(2) 格式

NVOpen "〈通信口编号〉" AS♯〈视觉传感器编号〉

(3) 术语

①〈通信口编号〉(不能省略)　以 Open 指令同样的方法设置通信口编号 COM＊，但不能使用 COM1。COM1 口是 TB 单元的 RS-232 通信专用口。设置范围:COM2~COM8。

②〈视觉传感器编号〉(不能省略)　设置与机器人通信口连接的视觉传感器编号。设置范围:1~8。

(4) 样例程序

1　If M_NvOpen(1)〈〉1 Then'——判断 1♯ 视觉传感器是否连接。

2　NVOpen "COM2:" AS ♯1'——将视觉传感器连接到 COM2 口并设置为 1♯ 传感器。

```
3  EndIf
4  Wait M_NvOpen(1)=1'——等待 1# 视觉传感器连接完成。
```

（5）说明

① 本指令功能为连接视觉传感器到指定的通信口 COM * 并登记注册该视觉传感器。

② 最多可连接 7 个视觉传感器，视觉传感器的编号要按顺序设置，用逗号分隔。

③ 与 Open 指令共同使用时，Open 指令使用的通信口号 COM * 和"文件号"与本指令使用的通信口号 COM * 和"视觉传感器编号"要合理分配，不能重复。例如：

```
1  Open "COM1:" AS ♯1
2  NVOpen "COM2:" AS ♯2
3  NVOpen "COM3:" AS ♯3
```

错误的样例：

```
1  Open"COM2:"AS♯1
2  NVOpen"COM2:"AS♯2'——COM2 口已经被占用。
3  NVOpen"COM3:"AS♯1'——"视觉传感器编号"已经被占用。
```

在一个机器人控制器和一个视觉传感器的场合，开启的通信线路不能大于 1。

④ 注册视觉传感器需要"用户名"和"密码"，因此需要在机器人参数［NVUSER］和［NVPSWD］中设置"用户名"和"密码"。用户名和密码可以为 15 个字符，是数字 0～9 及 A～Z 的集合。

T/B（示教器）仅仅支持大写字母，所以使用 T/B 设置用户名和密码时必须使用大写字母。

购置的网络视觉传感器的用户名是"admin"。密码是""。因此参数［NVUSER］和［NVPSWD］的预设值为：［NVUSER］＝"admin"，［NVPSWD］＝""。

当使用 MELFA-Vision 更改用户名和密码时，必须更改参数［NVUSER］和［NVPSWD］。更改参数后断电上电后参数生效。

注意

如果连接多个视觉传感器到一个机器人控制器，则所有视觉传感器必须使用同样的用户名和密码。

⑤ 本指令的执行状态可以用 M_NvOpen 状态变量检查。

⑥ 如果在执行本指令时，程序被删除，则立即停止。再启动时，按顺序联机传感器。必须复位机器人程序再启动。

⑦ 在多任务工作时使用本指令，有如下限制（不同的任务区的程序中，"通信口编号 COM *""视觉传感器编号"不能相同）。

a. 如果使用了相同的 COM * 编号，则会出现"attempt was made to open an already open communication file（试图打开已经被开启了的一个通信口）"报警。

在图 14-8 中，在任务区 2 和任务区 3 中都同时指定了 COM2 口，所以报警。

b. 如果设置了同样的"视觉传感器编号"也会报警。

图 14-9 中，在任务区 2 和任务区 3 中都指定了 1# 视觉传感器，所以报警。

⑧ 不支持启动条件为"Always"与设置为"连续功能"的程序。

⑨ 在构建系统时要注意，一个视觉传感器可以同时连接 3 个机器人，如果连接第 4 个机器人，则第 1 个被切断。

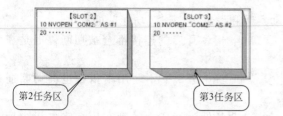

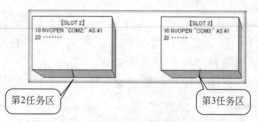

图 14-8　在任务区 2 和任务区 3
中都同时指定了 COM2 口

图 14-9　在任务区 2 和任务区 3 中都
指定了 1# 视觉传感器

⑩ 调用子程序时，通信连接不会被切断，但是主程序的 End 指令与复位指令会切断通信连接。

如果在执行本指令时，某个中断程序的启动条件成立，则立即执行中断程序。

（6）报警

① 如果数据类型是错误的，则会出现 "syntax error in input command（指令语法错误）" 报警。

② 如果 "COM＊" 口编号不是 COM2～COM8，会报警。

③ 如果视觉传感器编号不是 1～8，会报警。

14.9.2　NVClose—关断视觉传感器通信线路指令

（1）功能

关断视觉传感器通信线路。

（2）格式

NVClose([＃]〈视觉传感器编号〉[,[[＃]〈视觉传感器编号〉…)

（3）术语

视觉传感器编号（不能省略）：指连接到机器人通信口的视觉传感器编号（可能在一个网络上可有多个视觉传感器）。设置范围：1～8。如果有多个传感器，用逗号分隔。

（4）样例程序

```
1   If M_NvOpen(1)〈〉1 Then'——判断 1# 视觉传感器是否联机完成。
2   NVOpen"COM2:"AS ＃1'——在 COM2 口连接视觉传感器并将其设置为 1# 传感器。
3   EndIf
4   Wait M_NvOpen(1)＝1'——等待 1# 传感器联机通信完成。
5   …
10  NVClose ＃1'——关断 1# 视觉传感器与 COM2 口的通信。
```

（5）说明

① 本指令功能为关断在 "NVOpen" 指令下的通信连接。

② 如果省略了 〈视觉传感器编号〉，则切断所有视觉传感器的通信连接。

③ 如果通信线路已经切断，则转入下一步。

④ 由于可以同时连接 7 个视觉传感器，所有必须按顺序编写 〈视觉传感器编号〉，这样可以按顺序关断视觉传感器。

⑤ 如果执行本指令时程序被删除，则继续执行本指令直到本指令处理的工作完成。

⑥ 如果在多任务中使用本指令，在使用本指令的任务中，仅仅需要关闭由 "NVOpen"

指令打开的通信线路。

⑦ 不支持启动条件为"Always（上电启动）"和设置为"连续功能"的程序。

⑧ 如果使用 End 指令，所有由 NVOpen 或 Open 指令开启的连接都会被切断，但是在调用子程序指令下不会关断。

程序复位也会切断通信连接。所以在程序复位和 End 指令下不使用本指令也会切断通信连接。

⑨ 如果在执行本指令时，有某个中断程序的启动条件已经成立，则在执行完本指令后才执行中断程序。

（6）报警

如果"视觉传感器编号"超出范围 1～8，则会出现"超范围报警"。

14.9.3　NVLoad—加载程序指令

（1）功能

加载指定的视觉程序到视觉传感器。

（2）格式

NVLoad#〈视觉传感器名称〉,"〈视觉程序名称〉"

（3）术语

〈视觉程序名称〉—指要启动的视觉程序名称（已经存在的视觉程序名称可以省略）。

只可以使用"0"～"9"，"A"～"Z"，"a"～"z"，"—"，以及下划线"＿"，对程序进行命名。

（4）样例程序

```
1   If M_NvOPen(1)〈〉1 Then'——判断 1# 视觉传感器是否联机完成。
2   NVOpen "COM2:" AS ＃1'——在 COM2 口连接视觉传感器并将其设置为 1# 传感器。
3   EndIf
4   Wait M_NvOpen(1)＝1'——等待通信连接完成。
5   NVLoad＃1,"TEST"'——加载"Test"程序。
6   NVPst ＃1,"","E76","J81","L84",0,10'——启动 1# 程序并获取信息。
```

（5）说明

① 本指令功能为加载指定的程序到指定的视觉传感器。

② 在加载程序到视觉传感器的位置点，本指令将移动到下一步。

③ 如果执行本指令时删除了程序，立即停机。

④ 如果指定的程序名已经被加载，则本指令立即结束不做其他处理。

⑤ 在执行多任务时使用本指令，必须在任务区执行 NVOpen 指令，同时必须用 NVOpen 指令指定传感器编号。

⑥ 不支持启动条件为"Always（上电启动）"与设置为"连续功能"的程序。

⑦ 如果在执行本指令时，某个中断程序的启动条件成立，则立即执行中断程序。

14.9.4　NVPst—启动视觉程序获取信息指令

（1）功能

启动指定的视觉程序并获取信息。从视觉传感器接收的数据存储于机器人控制器作为状态变量。

（2）格式

NVPst#〈视觉传感器编号〉","〈视觉程序名称〉","〈存储识别工件数据量的单元格号〉","〈开始单元格编号〉","〈结束单元格编号〉",〈数据类型〉[,〈延迟时间〉]

（3）术语

①〈视觉传感器编号〉：对使用的视觉传感器设置的编号（不能省略）。设置范围：1～8。

②〈视觉程序名称〉（不能省略）：设置视觉程序名称，已经加载的视觉程序可省略。只有"0"～"9"，"A"～"Z"，"a"～"z"，"−"以及下划线"_"等字符可以使用。

③〈存储识别工件数据量的单元格号〉：指定一个单元格。在这个单元格内存储被识别的工件数量。

设置范围：行0～399，列A～Z。例如A5。

被识别的"工件数"存储在 M_NvNum（＊）（＊=1～8）中。

④〈开始单元格编号〉/〈结束单元格编号〉（不能省略）指定（电子表格内）视觉传感器识别信息的存放范围（从起始到结束）。单元格的内容存储在 P_NvS＊(30)、M_NvS＊(30,10)、C_NvS＊(30,10)(＊=1～8) 等变量中。

设置范围：行0～399，列A～Z。例如A5。在视觉程序内的电子表格及单元格如图14-10所示。

但是，当指定的行＝30，列＝10，或单元格总数超过90就会出现"设置的单元格数超出范围"报警。

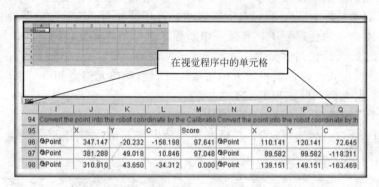

图14-10　在视觉程序内的电子表格及单元格

⑤〈数据类型〉（不能省略）：用于设置所获取的数据类型。所获取的数据类型有位置型数据、单精度实数、文本型数据。设置范围：0～7。具体设置见表14-3。

表14-3　〈数据类型〉设置表

设定值	0	1	2	3	4	5	6	7
单元格状态	1个数据/单元格（每个单元格内放一个数据）				每个单元格内放2个或更多个数据			
对应使用的状态变量	P_NvS()	M_NvS()	C_NvS()	M_NvS() C_NvS()	P_NvS()	M_NvS()	C_NvS()	M_NvS() C_NvS()
数据类型	位置型数据	单精度实数	文本型	单精度实数 文本型	位置型数据	单精度实数	文本型	单精度实数 文本型

⑥〈延迟时间〉—本指令执行的时间。

（4）样例程序

```
1   If M_NvOpen(1)〈〉1 Then
2   NVOpen "COM2:" AS ＃1
3   EndIf
4   Wait M_NvOpen(1)＝1
5   NVPst ＃1,"TEST","E76","J81","L84",1,10
```

'——启动运行"Test"程序，在 E67 单元格内存放识别工件数量。识别信息存放区域为 J81 到 L84，"数据类型"为"单精度实数"，同时识别信息还存放在机器人状态变量 M_NvS1() 中。

```
30   NVclose ＃1'——关闭通信线路。
```

（5）说明

① 本指令功能为启动视觉程序并接收识别信息。

② 在延迟时间内，直到信息接收完成之前，不要移动到下一步。

⚠ **注意**

在机器人程序停止时，本指令立即被删除。程序重新启动后，继续处理。

③ 如果指定的程序已经被加载，本指令无须加载程序而立即执行，可以缩短处理时间。

④ 当在多任务状态下使用本指令时，必须使用 NVOpen 指令。

⑤ 如果〈数据类型〉设置为 4～7，则可以提高信息接收的速度。

⑥ 不支持启动条件为"Always（上电启动）"和设置为"连续功能"的程序。

⑦ 如果在本指令执行过程中，有任一中断程序执行条件成立，则立即执行中断程序。

（6）多通道模式的使用方法

当使用多通道模式时，根据机器人的数量设置〈启动单元格〉和〈结束单元格〉以取得信息，同时"数据类型"设置为 1～3。

下例是 1 个多通道模式的信息处理方法。

如图 14-11 所示：设置〈启动单元格〉和〈结束单元格〉为 J96～M98，则给第 1 个机器人的信息存储在视觉程序表格 J97～M98 中。

	I	J	K	L	M	N	O	P	Q
94	Convert the point into the robot coordinate by the Calibratio					Convert the point into the robot coordinate by th			
95		X	Y	C	Score		X	Y	C
96	⊕Point	347.147	-20.232	-158.198	97.641	⊕Point	110.141	120.141	72.645
97	⊕Point	381.288	49.018	10.846	97.048	⊕Point	89.582	99.582	-118.311
98	⊕Point	310.810	43.650	-34.312	0.000	⊕Point	139.151	149.151	-163.469

图 14-11 视觉程序电子表格信息

传送给第 2 个机器人的信息存储在视觉程序表格 O97～R98。如果在 NVPst 指令中设置〈数据类型〉=1，则数据被存储在 M_NvS1() 中，如表 14-4 所示。

表 14-4 M_NvS1() 中的实际数据

行　　列		1	2	3	4	5	6	7	8	9
	1	347.147	−20.232	−158.198	97.641	0.0	0.0	0.0	0.0	0.0
	2	381.288	49.018	10.846	97.048	0.0	0.0	0.0	0.0	0.0
M_NvS1()	3	310.81	43.65	−34.312	0.0	0.0	0.0	0.0	0.0	0.0
	4	0.0	0.0	0.0	0.0	0.0	0	0	0	0
	5	0.0	0.0	0.0	0.0	0.0	0	0	0	0

例：如果为 2 通道模式，〈启动单元格〉=J96，〈结束单元格〉=R98，〈数据类型〉=1，则信息存储在 M_NvS1（30，10）中，结果如表 14-5 所示。

表 14-5　2 通道模式中 M_NvS1 的数据

行＼列		1	2	3	4	5	6	7	8	9
M_NvS1()	1	347.147	−20.232	−158.198	97.641	0.0	110.141	120.141	72.645	97.641
	2	381.288	49.018	10.846	97.048	0.0	89.582	99.582	−118.311	97.048
	3	310.81	43.65	−34.312	0.0	0.0	139.151	149.151	−163.469	95.793
	4	0.0	0.0	0.0	0.0	0.0	0.0	0.0	0.0	0.0
	5	0.0	0.0	0.0	0.0	0.0	0.0	0.0	0.0	0.0

一个视觉传感器最多可同时连接 3 个机器人控制器，不过本指令在同一时间只能使用一次。本指令可以用于任一机器人控制器。

（7）3 个机器人与 1 个视觉传感器构成的跟踪系统实例

工作步骤（见图 14-12）：

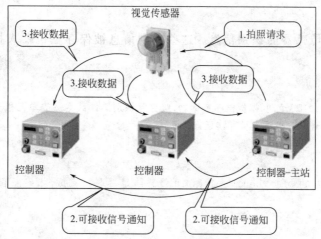

图 14-12　3 个机器人与 1 个视觉传感器构成的系统

① 3 个机器人，1 个设置为主站，主站使用 NVPst 指令向视觉传感器发出"拍照请求"，视觉传感器启动拍照，当拍照结束后，将数据信息传送到机器人主站。

② 主站机器人发出"接收通知"给另外两个机器人（推荐 2 个机器人之间使用 I/O 连接，另 1 个机器人使用以太网连接）。

③ 使用 NVIn 指令，每个机器人可分别接收各自的信息。

（8）2 个机器人与 1 个视觉传感器构建系统的样例

工作步骤（见图 14-13）：

① 当前使用视觉传感器的控制器：首先要检查视觉传感器没有被另一个控制器使用并向另外一个控制器发出"在使用中"的信号。

② 向视觉传感器发出"拍照请求"。

③ 当视觉传感器处理完成图像数据后，控制器就接收必要的数据。

④ 控制器关闭"在使用中"的信号并输出给另外 1 个控制器。

⑤ 另 1 个控制器执行步骤①～④。

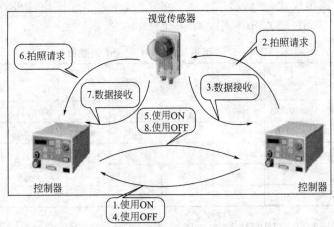

图 14-13　2 个机器人与 1 个视觉传感器构成的系统

用这种方法，2 个控制器能够交替使用 1 个视觉传感器。

14.9.5　NVIn—读取信息指令

（1）功能

接收来自视觉传感器的识别信息。这些识别信息被保存在机器人控制器中作为状态变量。

（2）格式

NVIn#〈视觉传感器编号〉,"〈视觉程序名称〉","〈存储识别工件数据量的单元格号〉","〈开始单元格编号〉","〈结束单元格编号〉",〈数据类型〉[,〈延迟时间〉]

（3）样例程序

1　If M_NvOpen(1)〈〉1 Then'——判断 1# 传感器是否联机完成，如果没有联机完成，就连接到"COM2"。

2　NVOpen"COM2:"AS#1

3　EndIf

4　Wait M_NvOpen(1)＝1

5　NVRun #1,"TEST"'——启动"TEST"程序。

6　NVIn #1,"TEST","E76","J81","L84",0,10'——接收信息。在"E76"内存放"工件数量"。"J81"～"L84"中存放识别的数据。数据是"位置变量"。"位置变量"存储在 P_NvS1(30)中。

30　NVClose #1'——关闭 1# 文件。

（4）说明

① NVIn 指令与 NVPst 指令的区别在于：NVIn 指令仅仅是一个读取信息的指令，而 NVPst 指令是先启动程序运行再读取信息的指令。NVIn 指令与 NVPst 指令的术语定义完全相同。

② 通过设置〈数据类型〉，将读取的信息存放在 P_NvS1（30）中。

14.9.6　NVRun—视觉程序启动指令

（1）功能

启动运行指定的程序。

（2）格式

NVRun #〈传感器编号〉,"〈传感器程序名〉"

（3）样例程序

1 If M_NvOpen(1)〈〉1 Then'——判断 1# 传感器是否联机完成,如果没有联机完成就连接到"COM2:"。
2 NVOpen"COM2:"AS＃1'——将传感器连接到通信口 COM2。
3 EndIf
4 Wait M_NvOpen(1)＝1'——等待联机完成。
5 NVRun ＃1,"TEST"'——启动运行"Test"程序。
6 NVIn 1,"TEST","E76","J81","L84",0,10'——输入相关数据。

14.9.7 NVTrg—请求拍照指令

（1）功能

向视觉传感器发出拍照请求。

（2）格式

NVTrg#〈视觉传感器编号〉,〈延迟时间〉,〈存放 1# 编码器数据的状态变量〉[,〈存放 2# 编码器数据的状态变量〉][,〈存放 3# 编码器数据的状态变量〉][,〈存放 4# 编码器数据的状态变量〉][,〈存放 5# 编码器数据的状态变量〉][,〈存放 6# 编码器数据的状态变量〉][,〈存放 7# 编码器数据的状态变量〉][,〈存放 8# 编码器数据的状态变量〉]

（3）术语

①〈延迟时间〉：从向传感器发出拍照指令到编码器数据被读出的时间。设置范围：0～150ms。

②〈存放 n# 编码器数据的状态变量〉：指定一个双精度变量。这个变量存储从外部编码器 n 读出的数据。n＝1～8。

（4）样例程序

1 If M_NvOpen(1)〈〉1 Then'——判断 1# 传感器是否联机完成,如果没有联机完成就连接到"COM2:"。
2 NVOpen"COM2:"AS＃1
3 EndIf
4 Wait M_NvOpen(1)＝1'——等待联机完成。
5 NVRun ＃1,"TEST"'——运行"TEST"程序。
6 NVTrg ＃1,15,M1＃,M2＃'——请求 1# 视觉传感器拍照并在 15ms 后将编码器 1 和编码器 2 的值存储在变量 M1＃和 M2＃中。

14.9.8 P_NvS1～P_NvS8—"位置型变量"

（1）功能

P_NvS＊是以位置数据格式保存的视觉传感器的识别信息。在 NVPst 指令或 NVIn 指令中，设置〈数据类型〉＝0 时，数据以 X、Y、C 坐标数据的格式保存识别信息，也就是"位置型数据"。

样例：如图 14-14 所示。

在 NVPst 指令或 NVIn 指令中，设置〈启动单元格〉＝J96，〈结束单元格〉＝L98，则

	I	J	K	L	M	N	O	P	Q
94	Convert the point into the robot coordinate by the Calibratio					Convert the point into the robot coordinate by th			
95		X	Y	C	Score		X	Y	C
96	⊕Point	347.147	-20.232	-158.198	97.641	⊕Point	110.141	120.141	72.645
97	⊕Point	381.288	49.018	10.846	97.048	⊕Point	89.582	99.582	-118.311
98	⊕Point	310.810	43.650	-34.312	0.000	⊕Point	139.151	149.151	-163.469

图 14-14　视觉程序信息表格

P＿NVS1（）如下（有 3 点有效的数据）：

P_NvS1(1)＝(＋347.14,－20.23,＋0.00,＋0.00,＋0.00,－158.19,＋0.00,＋0.00) (0,0)

P_NvS1(2)＝(＋381.28,＋49.01,＋0.00,＋0.00,＋0.00,＋10.84,＋0.00,＋0.00) (0,0)

P_NvS1(3)＝(＋310.81,＋43.65,＋0.00,＋0.00,＋0.00,－34.312,＋0.00,＋0.00) (0,0)

P_NvS1(4)＝(＋0.00,＋0.00,＋0.00,＋0.00,＋0.00,＋0.00,＋0.00,＋0.00) (0,0)

P_NvS1(5)＝(＋0.00,＋0.00,＋0.00,＋0.00,＋0.00,＋0.00,＋0.00,＋0.00) (0,0)

P_NvS1(30)＝(＋0.00,＋0.00,＋0.00,＋0.00,＋0.00,＋0.00,＋0.00,＋0.00) (0,0)

！ 注意

在 P＿NvS1＊位置数据中，没有 Z、A、B 及第 7 轴、第 8 轴数据，直接使用 P＿NvS1＊要特别注意检查。注意程序样例中的处理方法。

（2）格式

〈位置变量〉＝P_NvS＊(〈位置点编号〉)

（3）术语

〈位置点编号〉：1～30。

＊（1～8）：视觉传感器编号。

（4）样例程序

1　If M_NvOpen(1)〈〉1 Then'——如果 1# 传感器通信连接未完成。

2　NvOpen"COM2:"AS ＃1'——将 1# 传感器连接到 COM2 通信口。

3　EndIf

4　Wait M_NvOpen(1)＝1'——等待 1# 传感器通信连接完成。

5　NvPst ＃1,"TEST","E76","J96","L98",0,10'——读取的数据存放在 P_NvS1() 中。

6　MvCnt＝M_NvNum(1)'——以"检测到的工件数量"设置为 MvCnt。

7　For MCnt＝1 To MvCnt'——以"检测到的工件数量"编制一个循环程序。

8　P10＝P1'——赋值。

9　P10＝P10＊P_NvS1(MCnt)'——将 P10 与 P_NvS1(MCnt) 相乘获得完整位置信号。

10　Mov P10,－50'——前进到 P10 点的近点。

11　Mvs P10'——前进到 P10 点。

12　HClose 1'——抓手动作。

13　Mvs P10,－50'——前进到 P10 点的近点。

14　Next MCnt'——循环语句。

14.9.9　M_NvNum—状态变量（存储视觉传感器检测到的工件数量的状态变量）

（1）功能

存储视觉传感器检测到的工件数量（0～255）。

（2）格式

〈数字变量〉=M_NvNum(〈传感器编号〉)

（3）术语

〈数字变量〉：设置需要使用的数字变量。

（4）样例程序

```
1  If M_NvOpen(1)〈〉1 Then'——如果1#传感器通信连接未完成。
2  NvOpen"COM2:"AS ♯1'——将1#传感器连接到COM2通信口。
3  EndIf
4  Wait M_NvOpen(1)=1'——等待联机完成。
5  NvPst ♯1,"TEST","E76","J81","L84",1,10'——运行"TEST"程序并读信息。
6  MvCnt=M_NvNum(1)'——将1#视觉传感器检测到的工件数量赋值到MvCnt。
```

（5）说明

① M_NvNum是一个状态变量，用于表示执行NVPst指令或NVIn指令时，视觉传感器检测到的工件数量。

② 存储的识别数量数据会一直保存，直到执行下一个NVPst指令或NVIn指令。

14.9.10　M_NvOpen—状态变量（存储视觉传感器的连接状态的状态变量）

（1）功能

存储视觉传感器通信连接状态。在NVOpen指令之后，检查通信连接是否连接完成。

M_NvOpen=0—未连接完成。

M_NvOpen=1—连接完成。

M_NvOpen=−1—未连接。

（2）格式

〈数字变量〉=M_NvOpen(〈视觉传感器编号〉)

（3）样例程序

```
1  If M_NvOpen(1)〈〉1 Then'——判断:如果1#视觉传感器没有连接。
2  NvOpen"COM2:"AS ♯1'——将视觉传感器连接到COM2口并设置为1#视觉传感器。
3  EndIf
4  Wait M_NvOpen(1)=1'——等待连接完成。
```

（4）说明

初始值M_NvOpen=−1，在执行NVOpen指令时，M_NvOpen=0，表示通信线路未连接完成，随后M_NvOpen=1，表示联机完成。

14.9.11　M_NvS1~M_NvS8—视觉传感器识别的数值型变量

（1）功能

M_NvS*是状态变量。M_NvS*以数字格式存储视觉传感器的识别数据。在NVPst指令或NVIn指令中，如果设置〈数据类型〉=1、3、5、7，则其指定范围内的识别信息被转换为数值并存储。

样例：

在图 14-15 上部，是视觉程序所获得的识别信息。使用 NVPst 指令或 NVIn 指令，设置〈启动单元格〉＝J96，〈停止单元格〉＝L98。这样在状态变量 M _ NvS ＊ 中，其对应的数据如图 14-15 下部。

	I	J	K	L	M	N	O	P	Q
94	Convert the point into the robot coordinate by the Calibratio					Convert the point into the robot coordinate by th			
95		X	Y	C	Score		X	Y	C
96	🔵Point	347.147	-20.232	-158.198	97.641	🔵Point	110.141	120.141	72.645
97	🔵Point	381.288	49.018	10.846	97.048	🔵Point	89.582	99.582	-118.311
98	🔵Point	310.810	43.650	-34.312	0.000	🔵Point	139.151	149.151	-163.469

行 ＼ 列	1	2	3	4	5	6	7	8	9
1	347.147	-20.232	-158.198	97.641	0.0	110.141	120.141	72.645	0.0
2	381.288	49.018	10.846	97.048	0.0	89.582	99.582	-118.311	0.0
3	310.81	43.65	-34.312	0.0	0.0	139.151	149.151	-163.469	0.0
4	0.0	0.0	0.0	0.0	0.0	0.0	0.0	0.0	0.0
5	0.0	0.0	0.0	0.0	0.0	0.0	0.0	0.0	0.0

(左侧纵向标注：M _ NvS10)

图 14-15　视觉识别信息与变量的关系

（2）格式

〈数字变量〉＝M_NvS＊(〈行编号〉,〈列编号〉)

＊（1～8）：视觉传感器编号。

 注意

M _ NvS ＊ 与 P _ NvS ＊ 的区别在于：P _ NvS ＊ 是一个"位置型变量"，可以表示一个位置点，而 M _ NvS ＊ 只是表示电子表格中一个单元格的数据。请注意样例程序中的用法。

（3）样例程序

```
1  If M_NvOpen(1)〈〉1 Then
2  NvOpen"COM2:"AS ♯1
3  EndIf
4  Wait M_NvOpen(1)＝1
5  NvPst ♯1,"TEST","E76","J96","Q98"0.1,10'——数据类型＝1,获取的数据存放在 M_NvS1()中。
6  MvCnt＝M_NvNum(1)'——获取视觉传感器检测到的工件数。
7  For MCnt＝1 To MvCnt'——做循环程序。
8  P10＝P1'——赋值计算。
9  P10.X＝M_NvS1(MCnt,1)'——指定 M_NvS1()第 1 行第 1 列的数据＝P10.X。
10 P10.Y＝M_NvS1(MCnt,2)'——指定 M_NvS1()第 1 行第 2 列的数据＝P10.Y。
11 P10.C＝M_NvS1(MCnt,3)'——指定 M_NvS1()第 1 行第 3 列的数据＝P10.C。
12 Mov P10,－50'——前进到 P10点的近点。
13 Mvs P10'——前进到 P10点。
14 HClose 1'——抓手动作。
15 Mvs P10,－50'——前进到 P10点的近点。
16 Next MCnt'——下一循环。在下面的循环中,MCnt＝2,3,4。
```

（4）说明

① M _ NvS ＊ 中的数据会一直保持，直到执行下一个 NVPst 指令或 NVIn 指令。但是

在断电、执行 End 指令、程序 Reset 指令时，M_NvS*的数据会被清零。同时，如果〈数据类型〉设置不是1、3、5、7，M_NvS*的数据会被清零。

② 如果识别的数据是字符串，M_NvS*的数据会被清零。

14.9.12 EBRead（EasyBuilder Read）—读数据指令（康耐斯专用）

（1）功能

读出指定视觉传感器的数据。这些数据被存储在指定的变量中。本指令专用于康耐斯公司的 EB 软件制作的视觉程序。

（2）格式

EBRead#〈视觉传感器编号〉,[〈标签名称〉],〈变量1〉[,〈变量12〉]..[,〈延迟时间〉]

（3）术语

视觉程序名：指定视觉程序名。读出该程序内存储的数据。如果省略视觉程序名，则要在参数 EBRDTAG 内设置。初始值为：Job. Robot. FormatString。

延迟时间：设置范围：1～32767s。

（4）样例程序

```
100   If M_NvOpen(1)〈〉1 Then
110       NVOpen"COM2:"As #1
120   End If
130   Wait M_NvOpen(1)=1'——等待联机完成。
140   NVLoad #1,"TEST"'——加载"TEST"程序。
150   NVRun #1,"TEST"'——运行"TEST"程序。
160   EBRead #1,,MNUM,PVS1,PVS2'——读出程序"Job. Robot. FormatString"内的数据,将这些数
```
据存储在指定的变量中。

（5）说明

① 本指令用于读取数据。

② 数据存储在指定的变量中。

③ 变量用逗号分隔，数据按变量排列的顺序存储，因此读出数据的类型要与指定变量的类型相同。

④ 当指定变量为位置型变量时，存储的数据为 X、Y、C，而其他各轴的值为"0"。C 值的单位为弧度。

⑤ 当指定的变量数少于接收数据，则接收的数据仅仅存储在指定的变量中。

⑥ 当指定的变量数多于接收数据，则多出的数据部分不上传。

⑦ 如果省略视觉程序名称则默认为参数 EBRDTAG 的初始值：Job. Robot. FormatString。

⑧ 在延迟时间内不要移动到下一步，必须等到数据读出完成。注意，如果机器人程序停止，本指令立即被删除，需要用重启指令继续执行本指令。

⑨ 多任务时必须使用 NVOpen 指令和 NVRun 指令，在相关的任务区程序内指定视觉传感器的编号。

⑩ 不支持启动条件为"上电启动"和连续功能的程序。

如果执行本指令时，某一中断程序的条件成立，则立即执行中断程序，待中断程序执行完毕后再执行本指令。

为了缩短生产时间，可以在执行 NVRun 指令和 EBRead 后执行其他动作。如果在执行

NVRun 指令后立即执行 EBRead 指令，必须设置参数 NVTRGTMG＝1。如果参数 NVTRGTMG＝出厂值，则在执行 NVRun 指令后的下一个程序无须等待视觉程序的处理完成即可执行。如果在 NVRun 和 EBRead 之间，程序停止，则执行 NVRun 指令和 EBRead 指令的结果可能不同。

（6）指令样例

变量值：执行 EBRead 指令的变量如下。

① 如果视觉程序的内容是 10，则：

a. 执行 "EBRead＃1," Pattern＿1. Number＿Found"，MNUM" 后
   MNUM＝10

b. 执行 "EBRead＃1," Pattern＿1. Number＿Found"，CNUM" 后
   CNUM＝10

② 如果执行视觉程序 Job. Robot. FormatString 的内容为：

2，125.75，130.5，－117.2，55.1，0，16.2，

a. 执行 "EBRead＃1,，MNUM，PVS1，PVS2" 后

```
    MNUM＝2
PVS1. X＝125.75    PVS1. Y＝130.5    PVS1. C＝－117.2
PVS2. X＝55.1      PVS2. Y＝0,       PVS2. C＝16.2
其他轴数据＝0
```

 注意

PVS1，PVS2 是位置型变量，所以读出的数据为"位置点数据"。

b. 执行 "EBRead＃1,，MNUM，MX1，MY1，MC1，MX2，MY2，MC2" 后

```
MNUM＝2
MX1＝125.75   MY1＝130.5   MC1＝－117.2
MX2＝55.1     MY2＝0       MC2＝16.2
```

 注意

MX1，MY1，MC1 是数据型变量，所以读出的数据为"数字"。

c. 执行 "EBRead＃1,，CNUM，CX1，CY1，CC1，CX2，CY2，CC2" 后

```
CNUM＝2
CX1＝125.75   CY1＝130.5   CC1＝－117.2
CX2＝55.1     CY2＝0       CC2＝16.2
```

 注意

CX1，CY1，CC1 是字符串型变量，所以读出的数据为"字符串"。

③ 如果执行视觉程序 Job. Robot. FormatString 的内容为

2，125.75，130.5

则执行 "EBRead ＃1,，MNUM，PVS 1" 后

```
    MNUM＝2
PVS1. X＝125.75   PVS1. Y＝130.5
其他轴数据＝0
```

14.10 应用案例

14.10.1 案例1—抓取及放置工件

（1）工况状态及要求

在图14-16中，工件放置的"标准位置"，其缺口是垂直方向（设置为"0"度位置）的。同时要求经过机器人搬运到下一工位后，工件的放置位置仍然为缺口＝0度的位置。但是工件的实际上料位置可能千变万化（缺口位置可能是任意角度），所以用视觉系统获得工件的实际上料位置，其工作流程如图14-16所示，流程中的各位置点如图14-17所示。

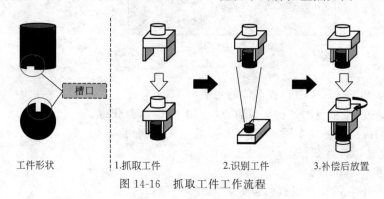

工件形状　　　1.抓取工件　　　2.识别工件　　　3.补偿后放置

图14-16　抓取工件工作流程

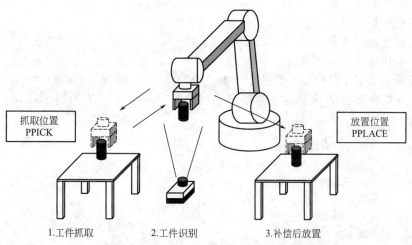

1.工件抓取　　　2.工件识别　　　3.补偿后放置

图14-17　抓取工件工作流程中的各位置点

（2）解决问题的思路

在图14-16中，工件放置的"标准位置"，其缺口是垂直方向的，但是实际上料位置可能千变万化。解决问题的思路是使用视觉相机拍摄被抓取工件实际位置，求出标准位置数据与实际位置数据的"偏差量"，将该"偏差量"作为后续定位位置的"补偿量"。

在这种方法中，关键是如何计算"偏差量"。图14-18是计算"偏差量"的示意图，其中"标准位置数据 PVSCHK"和"视觉相机拍摄获得的数据 PVSO"都是以机器人坐标系确定的数据，通过空间位置点的计算就可以获得这两个位置点之间的"偏差量"（PH＝Inv（PVS0）＊PVSCHK）。

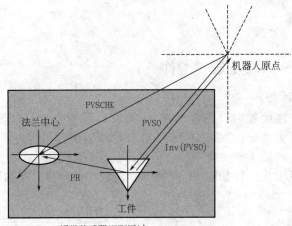

视觉传感器识别区域

图 14-18　计算"偏差量"示意图

在图 14-18 和图 14-17 中，各点位的意义如下：

PVSCHK—拍摄位置的"标准位置点"。用 JOG 示教获得。

PVSO—拍摄位置的"实际位置点"。用相机拍摄获得。

PH—偏差量。计算获得。

PPICK—抓料点位置。

PPLACE—下一工位放置点的位置。

（3）操作方法

① 在相机拍摄位置先用 JOG 方式标定"标准位置"的坐标。

② 运行视觉程序获得工件的"实际位置"。

③ 编写程序计算"偏差量"。

④ 在最后的放置工件位置补偿这个"偏差量"。这样就得到了正确的"放置工件位置"。

（4）拍照获取数据并计算偏差量程序 STEP1（参见图 14-18 和图 14-17）

步骤 1：

1　Mov PHOME'——移动到待机位置。

2　Mov PPICK，－50'——移动到抓料位置上方。

3　Mvs PPICK'——移动到抓料位置。

4　Dly 0.5'——暂停 0.5s。

5　HClose 1'——抓手＝ON。

6　Dly 0.5'——暂停 0.5s。

7　Mvs PPICK，－50'——移动到"PPICK 点"的近点。

8　Mov PVSCHK'——移动到拍照位置。

9　Dly 0.5'——暂停 0.5s。

10　Hlt'——暂停。

步骤 2：

11　If M_NvOpen(1)〈〉1 Then'——判断是否联机通信。

12　NVOpen"COM2:"As ＃1'——设置"COM2"为通信口，并将从"COM2"输入的文件作为 1# 文件。

13　Wait M_NvOpen(1)＝1'——等待联机完成。

14　EndIf'——判断语句结束。

15　NVRun ＃1,"sample.JOB"'——运行视觉程序。

16 EBRead ♯1,,MNUM,PVS'——读取视觉识别信息。

17 If MNUM＝0 Then＊VS_MISS'——如果无法识别就跳转到报警程序。

18 PVS0＝P_Zero'——对 PVS0 清零。

19 PVS0＝PVS'——设置 PVS0 为识别点位置。

20 PVS0.FL1＝PVSCHK.FL1'——设置 PVS0 的位置结构标志与"标准位置相同"。

21 PH＝Inv(PVS0)＊PVSCHK'——计算偏差量重要！

22 Hlt'——暂停。

步骤 3：

P_01＝PVSCHK'——设置各有关点为全局变量。

23 P_02＝PH'——注意这是偏差量。

24 P_03＝PPLACE'——放置位置。

25 P_04＝PHOME'——原点位置。

26 P_05＝PPICK'——抓取点位置。

27 Hlt'——暂停。

28 End'——程序结束。

29 '＊＊＊＊＊ ERROR 报警子程序 ＊＊＊＊＊

30 ＊VS_MISS'——程序分支标志。

31 Error 9001'——报警 9001。

32 GoTo＊VS_MISS'——跳转到＊VS_MISS 行。

33 Return'——子程序结束。

（5）说明

① NVRun 命令紧接着为 EBRead 命令时，必须设置参数 NVTRGTMG＝1。

如果参数 NVTRGTMG 为出厂设定（NVTRGTMG＝2）时，NVRun 命令不等待视觉识别处理结束就执行下一条命令，因此紧接着执行 EBRead 命令的话，有可能会读出上一次的识别结果。

② 执行 EBRead 命令时，识别结果（识别工件数）保存至变量 MNUM 中，工件的识别位置（X、Y、C）保存至变量 PVS 中。识别结果 NG 或识别数量为 0 时，会进行报警处理。

③ 识别的角度数据的符号颠倒的情况下，请追加如下处理。

PVS0.C＝PVS.C＊（－1）

④ 由于步骤 1 中使用的变量需要传送给步骤 2，使用了全局变量。本程序中，使用 P_01～P_05。全局变量在本工程的所有程序中都生效，使用时务必注意。

（6）应用偏差量进行补偿的搬送程序

1 PVSCHK＝P_01'——代入相关变量。

2 PH＝P_02'——代入相关变量。

3 PPLACE＝P_03'——代入相关变量。

4 PHOME＝P_04'——代入相关变量。

5 PPICK＝P_05'——代入相关变量。

6 Mov PHOME'——移动到待机点。

7 Dly 0.5'——暂停 0.5s。

8 HOpen 1'——抓手张开。

9 If M_NvOpen(1)〈〉1 Then'——判断通信连接状态。

10 NVOpen"COM2:"As ♯1'——设置"COM2"为通信口，并将从"COM2"输入的文件作为 1♯ 文件。

```
11  Wait M_NvOpen(1)=1'——等待连接完成。
12  EndIf'——判断语句结束。
13  Mov PPICK,-50'——移动到取料点上方。
14  Mvs PPICK'——移动到取料点。
15  Dly 0.5'——暂停 0.5s。
16  HClose 1'——抓手闭合。
17  Dly 0.5'——暂停 0.5s。
18  Mvs PPICK,-50'——移动到取料点上方。
19  Mov PVSCHK'——移动到拍照位置。
20  Dly 0.5'——暂停 0.5s。
21  NVRun #1,"sample.JOB"'——运行视觉程序。
22  EBRead #1,,MNUM,PVS'——读出视觉识别信息。
23  If MNUM=0 Then *VS_MISS'——如果无法识别就跳转到报警程序。
24  PVS1=P_Zero'——对 PVS1 进行初始化设置。
25  PVS1=PVS*2'——对 PVS1 进行设置。
26  PVS1.FL1=PVSCHK.FL1'——对 PVS1 进行设置。
27  PPLACE1=PPLACE*PH'——关键!! 对工件放置位置进行补偿(位置点乘法运算)。
28  Mov PPLACE1,-50'——移动到放置点上方。
29  Mvs PPLACE1'——移动到放置点。
30  Dly 0.5'——暂停 0.5s。
31  HOpen 1'——抓手张开。
32  Dly 0.5'——暂停 0.5s。
33  Mvs PPLACE1,-50'——移动到放置点上方。
34  Mov PHOME'——移动到 PHOME 点。
35  Hlt'——暂停。
36  End
37  '*****ERROR*****
38  *VS_MISS'——程序分支标志。
39  Error 9001'——报警 9001。
40  GoTo *VS_MISS'——跳转到"*VS_MISS"行。
41  Return'——子程序结束。
```

（7）说明

① 视觉程序 JOB 的识别结果（识别工件数）保存至变量 MNUM 中，将工件的识别位置（X、Y、C）保存至变量 PVS 中。识别结果 NG 或识别数量为 0 时，会进行报警处理。

② 识别的角度数据的符号颠倒的情况下，须要追加如下处理：

```
PVS0.C=PVS.C*(-1)
```

（8）操作方法

步骤 1：

① 在工件识别的一面贴上画有十字线的纸，然后使用机器人抓取工件。

② 设定工具点使纸上画的十字线的交点成为旋转中心。

③ 机器人抓住工件向拍照位置移动，使工件上的十字线与相机镜头对焦。对焦完成后的位置即为"位置变量 PVSCHK"。

④ 进行"位置变量 PVSCHK"确认的同时，实施视觉传感器的 N 点校准（2D 校准）。

⑤ 打开抓手取出工件，设置工件抓取位置。

⑥ 机器人抓取出工件的位置即为"位置变量 PPICK"。

⑦ 将待机位置设置为"位置变量 PHOME"。

⑧ 执行自动运行，运行至 Hlt 停止。

步骤 2：

① 使用示教单元打开程序、JOG 运行使十字线再次对焦、再次示教位置变量 PVSCHK。

② 对焦完成后制作工件识别 JOB 并保存。

③ 使视觉传感器在线，自动运行至停止。运行视觉程序并执行读取指令 EBRead 后的数据如图 14-19 所示。

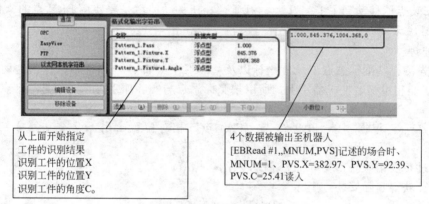

图 14-19　视觉程序信息

步骤 3：

① 使用 TB 打开程序、通过 JOG 运行将工件的放置位置示教为"位置变量 PPLACE"。

② 放开工件，将机器人移动至待机位置，保存程序。

14.10.2　案例 2

（1）工况要求

如图 14-20 所示，工作要求为在工件 A 上安装工件 B。由机器人夹持工件 B 安装在工件 A 上。

工件 A 由其他设备上料，每次工件 A 的实际位置与理想基准位置都会发生偏差，所以要靠视觉照相机获得实际的位置信息。

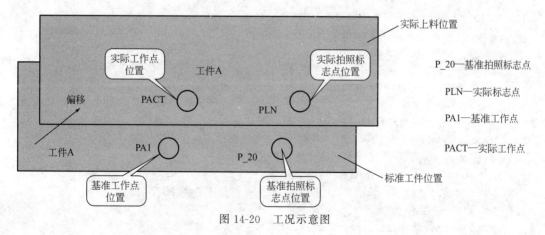

图 14-20　工况示意图

在图 14-20 中有几个重要的位置点，现说明如下：

P_20——基准标志点。工件 A 在理想基准位置的照相标志点。

PA1——基准安装工作点。工件 A 在理想基准位置的安装工作点。

PLN——实际标志点。工件 A 在实际位置的照相标志点。

PACT——实际安装工作点。工件 A 在实际位置的安装工作点。

由于照相机安装在机器手上，所以拍照标志点与实际抓手工作点不是一个点，这是 P_20 与 PA1 的区别和不同用途。

如图 14-20 所示，每次上料后，工件 A 的基准标志点 P_20 偏移到 PLN 点，这样工件 B 的实际安装点就移动到了 PACT 点。视觉照相机的功能就是要获得 PLN 点的坐标值。

（2）解决方案

工作原理：

① 预先测得基准标志点 P_20 坐标以及基准工作点 PA1 点坐标，计算出这两点之间的关系（由于照相机安装在机器手上，所以拍照标志点与实际抓手工作点不是一个点）。

$$PA1 = P\_20 * P\_22$$

式中　P_22——根据"P_20 点"与"PA1 点"相对位置求出，设置为全局变量，便于使用。

② 通过每次拍照获得实际标志 PLN 点的坐标值。

③ 计算获得实际安装点坐标。

$$PACT = PLN * P\_22$$

（3）操作步骤

① 确认工件上的基准拍照标志点。用示教单元获取该点的位置坐标，并命名为 P_20。

② 确认工件上的基准安装点。用示教单元获取该点的位置坐标，并命名为 PA1。

③ 根据公式 PA1 = P_20 * P_22，计算出 P_22。

④ 移动机器人到拍照位拍照并读取视觉信息，获得 PLN 点坐标值。

⑤ 根据 PACT = PLN * P_22 计算出实际安装点位置。

（4）机器人程序

```
1    '——判断位置回安全高度。
2    Servo On'——伺服 ON。
3    If P_Curr.Z>850 Then'——判断当前位置点的 Z 轴坐标是否大于 850。
4    Ovrd 20'——设置速度倍率。
5    PHOME = P_Curr'——定义 PHOME 为当前位置。
6    PHOME.Z = 800'——定义 PHOME 的高度为 800mm。
7    Mvs PHOME'——上升回 800m 高度。
8    EndIf'——判断语句结束。
9    GoTo *GET1'——跳转到 *GET1 行。
10   '——通信并接收数据。
11   *COMM'——程序分支标志。
12   NVOpen"COM3:"As #1'——将 1# 视觉传感器与通信口 3 建立通信通道。
13   Wait M_NvOpen(1) = 1'——等待通信接口联机完成。
14   NVLoad #1,"AF1"'——加载程序"AF1"。
15   NVRun #1,"AF1"'——启动相机的程序。"AF1"是视觉传感器用程序名。
16   DLY 0.5'——暂停 0.5s。
17   NVIn #1,"AF1","J21","K21","M21",0,10'——读取位置型数据。
18   GoSub *DATA'——跳转子程序 *DATA。
```

19　GoTo * PUTFS1'——跳转到 * PUTFS1 行。

20　Hlt'——暂停,等待 START 再启动。

21　End'——主程序结束。

22　* DATA'——数据整定。

23　PLN=P_NvS1(1)'——PLN 为实际标志点视觉信息数据。

27　PACT=PLN* P_22'——获得实际安装工作点位置数据(位置点乘法运算)。

36　Return'——返回。

37　'——取抓手 138 * GET1。

39　Mov phand1get+(+0.00,+0.00,-200.00,+0.00,+0.00,+0.00)'——移动。

40　Ovrd 40'——速度倍率 40%(速度)。

41　Dly 0.5'——暂停 0.5s。

42　Mvs phand1get+(+0.00,+0.00,-50.00,+0.00,+0.00,+0.00)'——移动到抓取 1 号抓手
上方 50mm。

43　M_Out(14)=1'——卡爪收回。

44　Ovrd 5'——速度倍率 5%。

45　Mvs phand1get'——降到抓取位置。

46　M_Out(14)=0'——打开卡爪。

47　Dly 0.5'——暂停 0.5s。

48　Mvs phand1get+(+0.00,+0.00,-50.00,+0.00,+0.00,+0.00)'——回升到 50mm 上方。

49　Hlt'——暂停。

50　GoTo * GETFS'——跳转到" * GETFS"行。

51　'——抓取工件 1。

52　* GETFS'——程序分支标志。

53　Ovrd 40'——设置速度倍率。

54　Mvs phand1get+(+0.00,+0.00,-250.00,+0.00,+0.00,+0.00)'——高速移动到抓手上
方 250mm 高度。

55　Mov pfs1get+(+0.00,+0.00,-250.00,+0.00,+0.00,+0.00)'——高速移动到取工件 1
上方 250mm 高度。

56　Mvs pfs1get+(+0.00,+0.00,-50.00,+0.00,+0.00,+0.00)'——高速下降到工件 1 上
方 50mm。

57　M_Out(10)=0'——气缸关闭。

58　M_Out(12)=0'——输出(12)=0。

59　Ovrd 5'——设置速度倍率。

60　Mvs pfs1get'——低速下降到抓取工件 1 位置。

61　Dly 0.5'——暂停 0.5s。

62　M_Out(10)=1'——工件 1 夹取

63　M_Out(12)=1'——输出(12)=1。

64　Dly 0.5'——暂停 0.5s。

65　Mvs pfs1get+(+0.00,+0.00,-50.00,+0.00,+0.00,+0.00)'——低速上升到工件 1 上
方 50mm。

66　Ovrd 40'——设置速度倍率。

67　Mvs pfs1get+(+0.00,+0.00,-250.00,+0.00,+0.00,+0.00)'——高速上升到工件 1 上
方 250mm。

68　Hlt'——暂停。

69　GoTo * photo1'——跳转到" * PHOTO1"行。

70　'——1 号工件 1 拍照。

71　* PHOTO1'——程序分支标志。

73　MovP_20'——移动到标准拍照点。

74　HLT'——暂停。

75　GoTo * COMM'——跳转到通信程序执行拍照。

76　'——安装工件 177 * PUTFS1。

78　Hlt'——暂停。

81　Ovrd 5'——设置速度倍率。

82　Mvs PACT'——PACT 是实际的工件安装位置。

83　Dly 0. 5'——暂停 0.5s。

End'——暂停。

第 15 章

视觉追踪

15.1 视觉追踪概述

15.1.1 追踪功能

"追踪功能"指机器人追踪在传送带上的工件运动的功能,可以在传送带不停机的情况下抓取及搬运工件,不需要工件固定于某一位置,其特点如下:

① 能够追踪在传送带上线性整齐排列的工件并抓取搬运工件(使用光电开关检测在传送带上的工件位置)。

② 能够追踪在传送带上不规则排列的工件(包括不同种类的工件)并抓取搬运工件(使用视觉系统检测工件位置)。

③ 追踪传送带运动速度变化的工件。

④ 使用 MELFA-BASIC V 编程指令可以方便编制追踪程序。

⑤ 使用采样程序可以方便构建系统。

15.1.2 一般应用案例

追踪功能一般应用于如下场合:

(1)食品加工流水线

图 15-1 表示在食品生产流水线上使用机器人进行追踪抓取摆放成品。

(2)将工件整齐排列

图 15-2 是将生产流水线上随机凌乱排列的工件摆放整齐的案例。

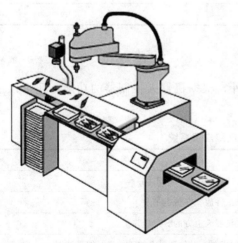
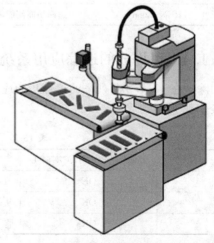

图 15-1 在食品生产流水线上使用机器人进行追踪　图 15-2 将生产流水线上随机凌乱排列的工件摆放整齐

（3）小型电子产品的装配

图 15-3 是使用机器人的追踪功能进行小型电子产品装配的案例。

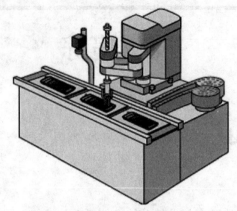

图 15-3　使用机器人的追踪功能进行小型电子产品装配

15.1.3　追踪功能技术术语和缩写

关于追踪功能的部分技术术语及缩写如表 15-1 所示。

表 15-1　追踪功能的部分技术术语及缩写

名词	功能
追踪功能	追踪功能即机器人追踪在传送带上的工件运动,在传送带不停机的情况下抓取及搬运工件的功能
传送带追踪	传送带上的工件为线性整齐排列时,机器人根据光电开关的信息进行追踪工作的模式
视觉追踪	当传送带上的工件为不规则排列时,机器人根据视觉系统提供的信息进行追踪的工作模式
网络视觉传感器	用于识别工件的视觉传感器系统
编码器编号	由参数"EXTENC"设置的编码器编号,表示在追踪功能中使用的编码器序号
TREN signal	追踪功能使能信号

15.1.4　可构成的追踪应用系统

除了在 15.1.2 节列举的追踪功能应用场合外，根据机器人控制器的功能，还可以进行如表 15-2 所示的应用。

表 15-2　可构成的追踪应用系统

序号	控制器 CR750-D、CR751-D	系统样例
1	OK	机器人抓取在传送带上运行的工件
2	OK	从托盘上抓取工件放置在传送带上
3	OK	将工件放置在机器人上方的 S 形挂钩上
4	OK	在追踪过程中,机器人对传送带上的工件进行加工处理

序号	控制器 CR750-D、CR751-D	系统样例
5	OK	在追踪过程中,对传送带上的工件进行装配
6	OK	能够对传送带 A 和传送带 B 进行追踪
7	OK	能够使用差动型编码器进行追踪
8	OK	能够使用电压型编码器和集电极开路型编码器构成追踪系统

15.2 硬件系统构成

本节叙述构成追踪系统所需要的最基本的硬件,即除了机器人本体外所需要的硬件。

15.2.1 传送带追踪用部件构成

传送带追踪系统所需要的硬件如表 15-3 所示。

表 15-3 传送带追踪系统所需要的硬件

部件名称	型号	数量	说明
机器人部分			
示教单元	R32TB/R33TB	1	
抓手		1	
抓手传感器		1	用于确认抓手抓牢工件
电磁阀套件		1	
抓手输入电缆		1	
气阀输入接口	2A-RZ365 或 2A-RZ375	1	
标定用检具		1	
传送带部分			
编码器		N	推荐使用编码器型号: Omron E6B2-CWZ1X-1000 或 Omron E6B2-CWZ1X-2000。 编码器电缆为带屏蔽双绞线
光电开关		N	用于同步追踪系统
5V 电源		N	用于编码器
24V 电源		N	用于光电开关
个人计算机			
个人计算机			
RT ToolBox2	3D-11C-WINE 3D-12C-WINE		

15.2.2 视觉追踪系统部件构成

视觉追踪系统所需要的硬件如表 15-4 所示。

表 15-4　视觉追踪系统所需要的硬件

部件名称	型号	数量	备注
机器人部分			
示教单元	R32TB/R33TB	1	
抓手		1	
抓手传感器		1	用于确认抓手抓牢工件
电磁阀套件		1	
抓手输入电缆		1	
气阀输入接口	2A-RZ365 或 2A-RZ375	1	
标定用检具		1	
传送带部分			
编码器		N	推荐使用编码器型号： Omron E6B2-CWZ1X-1000 或 Omron E6B2-CWZ1X-2000。 编码器电缆为带屏蔽双绞线
光电开关		N	用于同步追踪系统
5V 电源		N	用于编码器
24V 电源		N	用于光电开关
视觉系统			
视觉系统	4D-2CG5××××-PKG	1 套	
镜头		1	
照明设备		1	
连接部件			
HUB		1	
以太网电缆		1	机器人控制器与 HUB 之间连接；计算机与 HUB 之间连接
个人计算机			
个人计算机			
RT ToolBox2	3D-11C-WINE 3D-12C-WINE		

15.2.3　传送带追踪系统构成案例

本节以图示方式说明追踪系统的构成和布置，如图 15-4、图 15-5 所示。

在传送带追踪系统中，机器人的动作范围必须覆盖传送带运行区域的一部分。传送带上的工件是线性整齐排列的（即在机器人坐标系中，工件位置的 X 和 Z 坐标都不变化，只有 Y 坐标不断变化），而且：

① 使用简单的光电开关检测工件经过的位置。光电开关的检测信号输入到机器人控制器的通用 I/O 单元。光电开关使用 DC24V 电源。

② 使用编码器检测传送带的运动速度。也间接表示了在传送带上工件的运动位置。编码器信号直接输入到机器人控制器中。编码器使用 DC5V 电源。

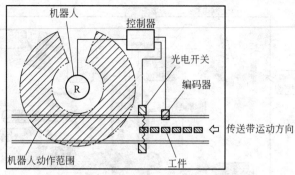

图 15-4　传送带追踪系统的构成和布置

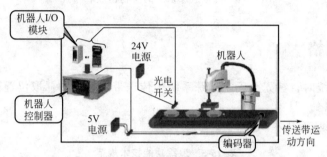

图 15-5　传送带追踪系统的实物构成图

15.2.4　视觉追踪系统构成案例

本节以图示方式说明视觉追踪系统的构成和布置，如图 15-6、图 15-7 所示。

在视觉追踪系统中，机器人的动作范围必须覆盖传送带运行区域的一部分。传送带上的工件是无规则排列的（即在机器人坐标系中，工件位置的 X、Y、Z 坐标都可能变化），所以：

① 使用视觉系统检测工件的位置。视觉系统通过以太网与机器人控制通信，将检测识别到的工件位置信息传送到机器人控制器。视觉系统使用 DC24V 电源。

② 使用编码器检测传送带的运动速度。也间接表示了在传送带上工件的运动位置。编码器信号直接输入到机器人控制器中。编码器使用 DC 5V 电源。

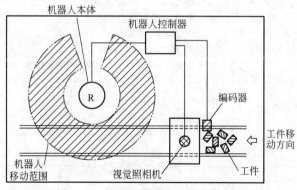

图 15-6　视觉追踪系统的构成和布置

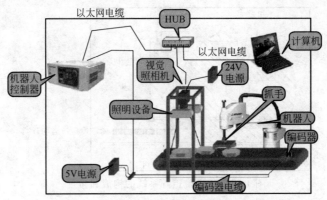

图 15-7　视觉追踪系统的实物构成和布置

15.3　技术规格

在构成追踪系统时，首先会确定追踪系统中传送带的速度和抓取位置精度，这就是追踪系统的部分技术规格。

表 15-5 是追踪功能技术规范。

表 15-5　追踪功能技术规范

项目		规范
适用机器人		RV-3SD/6SD/12SD 系列 RH-6SDH/12SDH/18SDH 系列 RH-FH-D 系列
适用控制器		CR1D/CR2D/CR3D CR750-D/CR751-D
机器人程序语言		配置有追踪功能的机器人语言
传送带	运动速度	300mm/s(机器人频繁运送工件) 500mm/s(工件间隔较大) 一个机器人可服务于 2 条传送带
	编码器	输出格式:A,A/,B,B/,Z,Z/ 输出规范:线性驱动 最高响应频率:100kHz 分辨率:最高 2000 脉冲/转 推荐型号:Omron E6B2-CWZ1X-1000、E6B2-CWZ1X-2000
	编码器电缆	24AWG(0.2mm^2) 电缆长度:最长 25m。屏蔽双绞线
光电开关		
视觉系统		
位置精度		约±2mm(传送带速度为 300mm/s 时)

15.4 追踪工作流程

本节叙述追踪工作的流程，有些工作在以下的章节中介绍。按照图 15-8 所示的工作流程不会发生紊乱。

对工作流程的说明：

① 工作开始。

② 连接设备——机器人本体连接安装及初始化。

a. 机器人本体安装及自带电缆的连接；

b. 机器人原点设置及初始化设置；

c. 机器人 I/O 信号端子排制作及安装连接；

d. 机器人操作面板的制作及连接；

e. 编码器端子头的制作及电缆制作连接；

f. 光电开关安装及信号连接；

g. 视觉系统安装以及以太网连接；

h. 编码器安装及电缆连接。

③ 设置参数

根据 15.6 节的说明进行参数设置。参数是必不可少的。

④ 进行各信号的有效性检查

a. 检查传送带运行编码器数值是否有变化。

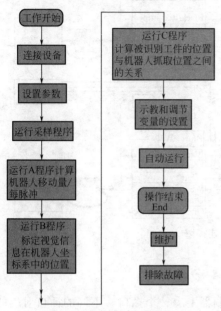

图 15-8　追踪工作流程图

b. 检查光电开关信号是否有效。

c. 检查是否能够接收到视觉系统发出的数据。

⑤ 运行 A 程序：进行单位脉冲机器人移动量标定。

⑥ 运行 B 程序：进行视觉坐标系与机器人坐标系关系的标定。

⑦ 运行 C 程序：标定"抓取点""待避点""下料摆放点"。

⑧ 试运行。运行 1# 程序及 CM1 程序，调整"抓取点"位置补偿量。

⑨ 维护。

⑩ 结束。

15.5　设备连接

15.5.1　编码器电缆的连接

一个机器人控制器最多连接 2 个编码器［编码器电缆使用 E6B-2-CWZ1X（Omron）编码器］。如图 15-9 所示，编码器共有 8 根信号线需要连接。

① 将编码器厂家提供的编码器电缆连接在中继端子排上；

② 通过中继端子排与机器人厂家提供的插头相连；

③ 将插头插入机器人控制器；

④ 特别注意必须将屏蔽线接地。

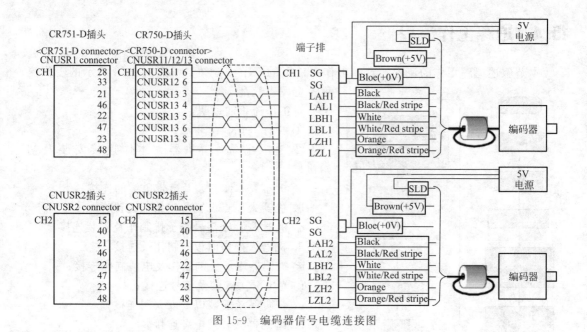

图 15-9　编码器信号电缆连接图

15.5.2　编码器电缆与控制器的连接

编码器电缆最终必须连接到机器人控制器上。控制器上有 2 个插口，不同的插口对应的"编码器编号"不同。"编码器编号"是个重要的概念，在后续的编程中会常常提到，所以在连接时必须特别注意。不同控制器其编码器插口位置不一样，请注意图 15-10 及图 15-11 所示的位置。

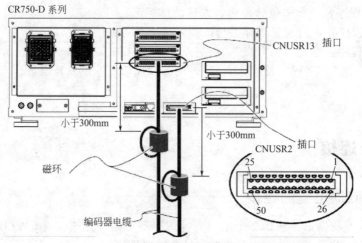

图 15-10　CR750-D 控制器与编码器电缆连接图

15.5.3　抗干扰措施

在现场使用机器人追踪系统时，电磁干扰可能会对编码器信号造成干扰，有时甚至是极大的干扰，造成机器人不能够正常地工作甚至是误动作，所以必须采取基本的抗干扰措施。如图 15-12 所示，至少必须采取以下 3 项措施：

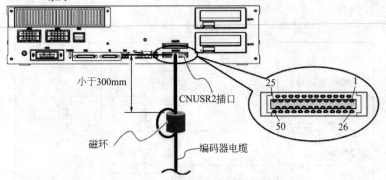

CR751-D 系列

小于300mm

CNUSR2插口

磁环

编码器电缆

25   1

50   26

图 15-11   CR751-D 控制器与编码器电缆连接图

① 在 AC 电源侧加装线性滤波器；
② 在电缆上加装磁环；
③ 必须保证良好的接地。接地线截面积应该大于 $14\mathrm{mm}^2$。

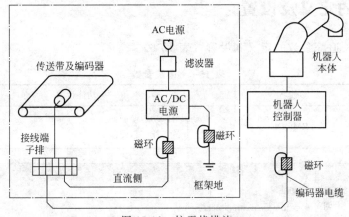

图 15-12   抗干扰措施

15.5.4   与光电开关的连接

光电开关的信号直接作为输入信号接入机器人控制器的通用 I/O 单元中。注意源型接法和漏型接法有所不同。

图 15-13 是光电开关连接示意图。光电开关一般使用 DC24V 电源。图 15-14 是源型接

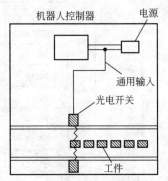

图 15-13   光电开关与控制器的连接

法的连接图。

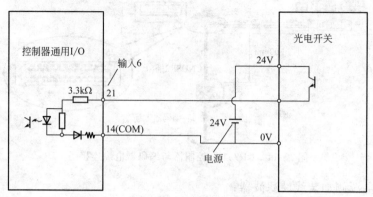

图 15-14　光电开关与控制器源型接法示意图

15.6　参数的定义及设置

本节解释有关追踪参数的定义和设置（表 15-6）。

表 15-6　追踪参数

参数	参数名		功能说明	出厂值
追踪模式	TRMODE		追踪功能使能 0：不能　1：使能	0

参数的编辑

参数名：TRMODE　　　机器号：0

说明：tracking permission[0:disable 1:enable]

1：1

| 编码器连接通道编号 | EXTENC | | 设置编码器连接通道编号。指明编码器连接在控制器的哪一个通道口上

表格见下 | |

连接通道	编码器编号	备注
标准通道 1	1	
标准通道 2	2	
Slot1	CH1	后续扩展用
Slot1	CH2	
Slot2	CH1	
Slot2	CH2	
Slot3	CH1	
Slot3	CH2	

参数	参数名	功能说明	出厂值

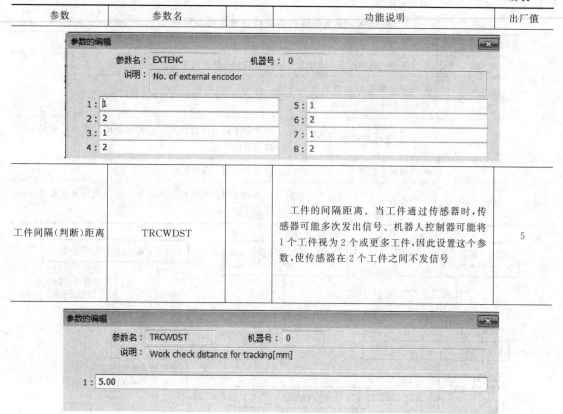

| 工件间隔(判断)距离 | TRCWDST | 工件的间隔距离。当工件通过传感器时,传感器可能多次发出信号。机器人控制器可能将1个工件视为2个或更多工件,因此设置这个参数,使传感器在2个工件之间不发信号 | 5 |

15.7　追踪程序结构

由于追踪程序不是一个单一的程序,在运行自动程序之前,必须先运行几个采样及标定程序以获得必要的数据。本节叙述不同的追踪程序中所包含的采样程序和自动程序。

15.7.1　传送带追踪程序结构

表 15-7 表示的是"传送带追踪程序"结构所包含的各采样程序和自动程序。

表 15-7　传送带追踪的各采样程序和自动程序

程序名	描述	功能
A	采样计算"每一脉冲机器人移动量"	计算"每一脉冲机器人移动量"
C	工件坐标系与机器人坐标系的配合程序	本程序用于计算工件抓取点坐标值。该坐标值基于光电开关的信号
1	自动程序	本程序用于在追踪移动中吸抓工件并搬运工件
CM1	写数据程序	本程序用于监视编码器值并写入"追踪缓存区"

15.7.2　视觉追踪程序结构

视觉追踪所包含的各采样标定程序和自动程序如表 15-8 所示,各程序之间的关系如

图 15-15、图 15-16 所示。

表 15-8　视觉追踪的各采样程序和自动程序

程序名	描述	功能
A	计算每一脉冲机器人移动量	计算每一脉冲机器人移动量
B	视觉坐标系与机器人坐标系的标定程序	标定视觉信息坐标与机器人坐标系的关系
C	标定"工件抓取点"	本程序用于计算抓取工件的坐标值。该坐标值基于视觉系统的信息
1	自动操作程序	本程序用于自动追踪抓取传送工件
CM1	写数据程序	本程序用于将视觉识别信息及编码器值写入追踪缓存区供 1# 程序使用

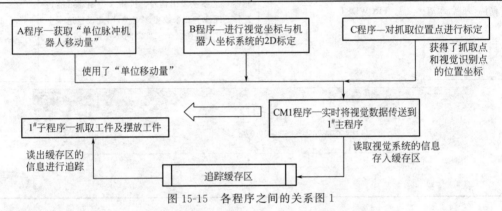

图 15-15　各程序之间的关系图 1

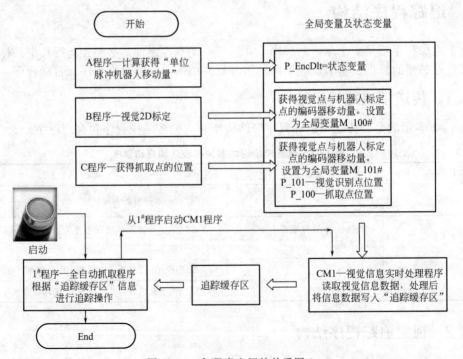

图 15-16　各程序之间的关系图 2

15.8 A程序—传送带运动量与机器人移动量关系的标定

A程序用于"传送带移动量"与"机器人移动量"关系的标定,适用于传送带追踪和视觉追踪。

传送带的标定要参考传送带在机器人坐标系中的移动方向,并且计算"编码器每一脉冲的机器人移动量"。"编码器每一脉冲的机器人移动量"被保存在机器人状态变量"P_EncDlt"中。

在工作前,要监测编码器的数值是否已经输入控制器,旋转编码器并监视状态变量"M_Enc(1)"~"M_Enc(8)",监测这些值是否改变,如果没有改变,要检查参数"TRMODE"的设置是否正确。如果没有设置参数"TRMODE=1",则"M_Enc(1)"的值不会改变。

15.8.1 示教单元运行A程序的操作流程

A程序是采样程序,所以运行时可以用示教单元操作,一步一步地运行程序;也可以使用自动模式运行程序,采集数据并计算。

手动操作程序运行:

① 在机器人上加装一个标定用的测针(针尖状检具——便于对准工件标记点)。

② 设置机器人控制模式为"手动",设置TB(示教单元)为"使能状态ENABLE"(在示教单元背面有"使能按钮",按下"使能按钮",灯亮后即为"使能状态"),如图15-17所示。

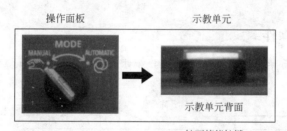

图 15-17 操作模式开关及手动使能开关

③ 在屏幕出现〈TITLE〉时,按下[EXE]键,出现〈MENU〉屏幕,如图15-18所示。

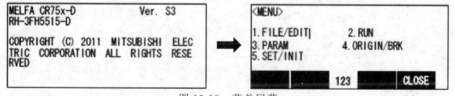

图 15-18 菜单屏幕

④ 在〈MENU〉屏上选择"1. FILE/EDIT",如图15-19所示。

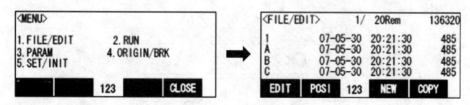

图 15-19 文件及编辑屏幕

⑤ 选择"A"程序并按 [EXE] 键，显示程序编辑〈PROGRAM〉屏幕，如图 15-20 所示。

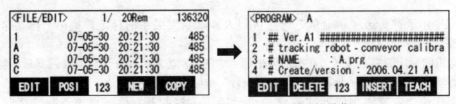

图 15-20　程序编辑〈PROGRAM〉及监视屏幕

⑥ 按下 [FUNCTION] 键，改变 F1～F4 键的功能，如图 15-21 所示。

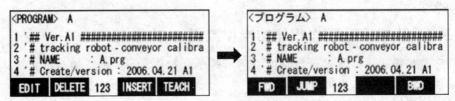

图 15-21　改变功能键

⑦ 按下 [F1] (FWD) 键，执行"步进操作"。

以上是使用 TB 单元的步进操作方法。也可以在自动模式下直接执行"启动"/"停止"操作。

15.8.2　设置及操作

A 程序对应的现场操作如图 15-22 所示，第 1 标记点和第 2 标记点如图 15-23 所示。

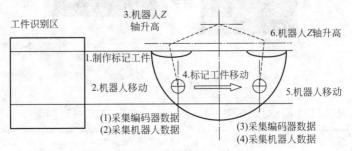

图 15-22　A 程序对应的现场操作

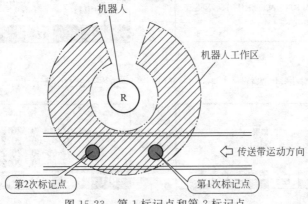

图 15-23　第 1 标记点和第 2 标记点

A 程序现场操作步骤：

① 在 RT 软件中，设置"任务区 1"内的程序为 A 程序。

② 给工件贴上识别标记；移动工件进入追踪区，并停止传送带。工件停止在"第 1 点"。可以使用的标记板如图 15-24 所示（可使用其中一个标记点作为"工件标记点"）。

③ 测量第 1 点数据——选择"手动"模式，使用 TB 单元，移动机器人对准追踪区内第 1 点。

④ 选择"自动"模式，使用 TB 示教单元启动"A 程序"，A 程序自动运行然后停止在"Hlt"步。

⑤ 选择"手动"模式，使机器人沿 Z 方向上升。

⑥ 启动传送带使其带动工件移动到"第 2 点"，停止。

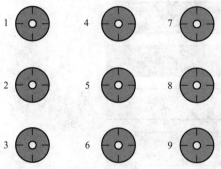

图 15-24　可以在 A 程序中使用的"标记板"

⑦ 选择"手动"模式，使用 TB 单元，移动机器人对准追踪区内第 2 点（注意：标记工件移动范围应该尽可能达到最大值，这样可以减少测量误差）。在"手动"期间，不要使"程序复位"。

⑧ 选择"自动"模式，再次启动"A 程序"，A 程序自动运行然后停止在"End"步。

⑨ 使机器人沿 Z 方向上升。

⑩ 完成 A 程序标定。

在执行 A 程序的过程中，自动读取了"第 1 点""第 2 点"的编码器数据、位置数据，并进行标定。

15.8.3　确认 A 程序执行结果

在 RT 软件中监视"P_EncDlt"变量值。这个变量显示"每一脉冲机器人各坐标移动量"。

例：如果该值仅仅显示 Y 轴为 0.5，则表示传送带移动量为 100 脉冲时，机器人在 Y 轴方向移动 50mm（$0.5 \times 100 = 50$）。

15.8.4　多传送带场合

多传送带场合同样按上述方式操作，但要注意以下要点。

例：使用 2 传送带，编码器编号＝2。

① 在对应传送带 2 的 A 程序中，将"PE"变量的 X 坐标设置为 2。

② 在动作确认操作中，使用 RT ToolBox2 软件，检查变量 P_EncDlt（2）的数值。

15.8.5 A 程序流程图

A 程序流程图如图 15-25 所示。

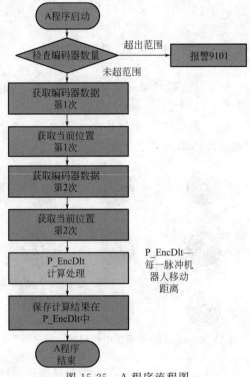

图 15-25　A 程序流程图

15.8.6 实用 A 程序

1　′——将编码器编号设置为"PE"变量的 X 坐标。

2　′——检查设置变量。

3　MECMAX＝8′——设置编码器编号最大值 MECMAX＝8。

4　If PE.X〈1 Or PE.X〉MECMAX Then Error 9101′——如果编码器编号超范围,就报警 9101。

5　MENCNO＝PE.X′——(获取编码器编号)将 PE.X 值赋予 MENCNO。

6　′——在传送带上放置带标记的工件,移动工件进入追踪区。

7　′——移动机器人到标记工件的中心点。

8　MX10EC1♯＝M_Enc(MENCNO)′——获取此位置编码器数据(第 1 点)。

9　PX10PS1＝P_Zero′——清零。

10　PX10PS1＝P_Fbc(1)′——获取机器人当前值。PX10PS1＝机器人当前值(第 1 点)。

11　HLT′——暂停。

12　′——使机器人向上运动。

13　′——移动机器人到第 2 点标记工件中心位置。

14　MX10EC2♯＝M_Enc(MENCNO)′——获取编码器值第 2 次。

15　PX10PS2＝P_Zero′——清零。

16　PX10PS2＝P_Fbc(1)′——获取当前值第 2 次;PX10PS2＝当前值(第 2 次)。

17　′——使机器人向上运动。

19　GoSub＊S10ENC′——跳转到进行 P_EncDlt 计算的子程序。

20　P_EncDlt(MENCNO)＝PY10ENC′——保存计算结果。

21　End′——主程序结束。

23　′＃＃＃＃＃计算 P_EncDlt 的程序＃＃＃＃＃

24　′——MX10EC1:第 1 次编码器数据。

25　′——MX10EC2:第 2 次编码器数据。

26　′——PX10PS1:第 1 次位置数据。

27　′——PX10PS2:第 2 次位置数据。

28　′——PY10ENC:计算结果。

29　＊S10ENC′——P_EncDlt 计算子程序。

30　M10ED＃＝MX10EC2＃－MX10EC1＃′——编码器数据相减。

31　If M10ED＃〉800000000.0 Then M10ED＃＝M10ED＃－1000000000.0

32　If M10ED＃〈－800000000.0 Then M10ED＃＝M10ED＃＋1000000000.0

′——以上是对编码器数据的处理。

33　PY10ENC.X＝(PX10PS2.X－PX10PS1.X)/M10ED＃

34　PY10ENC.Y＝(PX10PS2.Y－PX10PS1.Y)/M10ED＃

35　PY10ENC.Z＝(PX10PS2.Z－PX10PS1.Z)/M10ED＃

36　PY10ENC.A＝(PX10PS2.A－PX10PS1.A)/M10ED＃

37　PY10ENC.B＝(PX10PS2.B－PX10PS1.B)/M10ED＃

38　PY10ENC.C＝(PX10PS2.C－PX10PS1.C)/M10ED＃

39　PY10ENC.L1＝(PX10PS2.L1－PX10PS1.L1)/M10ED＃

40　PY10ENC.L2＝(PX10PS2.L2－PX10PS1.L2)/M10ED＃

′——以上是计算"一个编码器脉冲对应的机器人移动量"的过程。各坐标值相减的结果除以编码器数据。

41　Return′——子程序结束。

43′以下是 A 程序运行前必须预设置的变量。

PE＝(1.000,0.000,0.000,0.000,0.000,0.000,0.000,0.000)(0,0)

PE.X 是编码器编号,是预先设置的位置变量形式。

PX10PS1＝(0.000,0.000,0.000,0.000,0.000,0.000,0.000,0.000)(0,0)(第 1 位置数据)

PX10PS2＝(0.000,0.000,0.000,0.000,0.000,0.000,0.000,0.000)(0,0)(第 2 位置数据)

PY10ENC＝(0.000,0.000,0.000,0.000,0.000,0.000,0.000,0.000)(0,0)(一个编码器脉冲对应的机器人移动量)

　　从以上 A 程序可知,在机器人工作区域内取 2 个工作点(一般应该涵盖机器人工作区最大区域),分别获取这 2 点的编码器数值和位置点数据,然后通过计算获得"机器人移动量/每脉冲"。

15.9　B 程序—视觉坐标与机器人坐标关系的标定

　　本节介绍使用 B 程序进行的标定。B 程序用于视觉系统与机器人坐标系的标定。

15.9.1　示教单元的操作

　　① 使用 T/B 打开"B 程序"。

　　② 设置控制模式为"手动",设置 TB 为"使能状态 ENABLE",如图 15-26 所示。

　　③ 在屏幕出现〈TITLE〉时,按下 [EXE] 键,出现〈MENU〉屏幕,如图 15-27 所示。

　　④ 选择"1.FILE/EDIT",如图 15-28 所示。

　　⑤ 选择"B"程序并按 [EXE] 键,显示程序编辑〈PROGRAM〉屏幕,如图 15-29 所示。

操作面板　　　　　　　　　　　示教单元

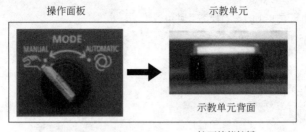

示教单元背面

按下使能按键
灯亮即为使能状态

图 15-26　操作模式开关和手动使能开关

图 15-27　菜单屏幕

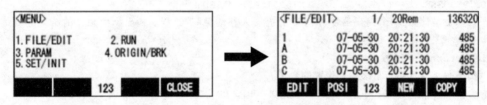

图 15-28　文件及编辑屏幕

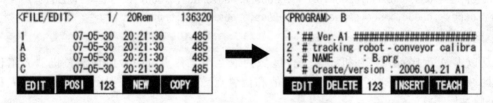

图 15-29　程序编辑〈PROGRAM〉屏幕

⑥ 按下［FUNCTION］键，改变功能显示，如图 15-30 所示。

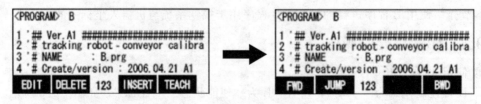

图 15-30　改变操作键功能

⑦ 按下［F1］（FWD）键，执行"步进操作"。

15.9.2 现场操作流程

根据图 15-31 及图 15-33，进行的操作如下：

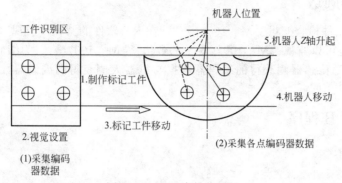

图 15-31 B 程序操作图示

① 在机器人上加装测针。

② 制作标记板如图 15-32 所示。

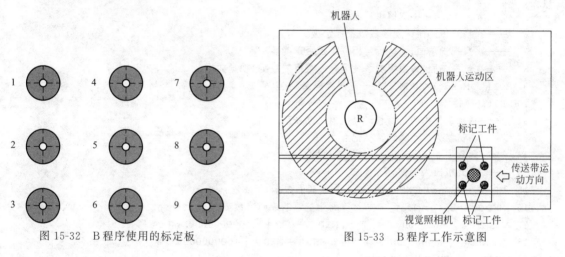

图 15-32 B 程序使用的标定板　　　　　图 15-33 B 程序工作示意图

③ 在 RT 软件中，设置"任务区 1"中为"B 程序"。

④ 检查与视觉系统的通信状态，保证通信正常，然后启动视觉系统。

⑤ 启动传送带。

⑥ 选择机器人"自动工作"模式。

⑦ 启动 B 程序（可使用 TB 单元）。

⑧ 放置"标记板"在传送带上使之通过视觉区一直运行到"机器人工作区"，在"机器人工作区"中部使传送带停止。

⑨ 由视觉系统获得标记板 4 个以上点位数据（如 1、3、5、7、9 点位）。

⑩ B 程序停止在"Hlt"步。

⑪ 选择"手动模式"。

⑫ 通过示教获得 4 个以上的点位数据（例如 1、3、5、7、9 点位），并全部记录在 RT 软件的 2D 标定界面，如图 15-34 所示。

⑬ 机器人沿 Z 轴上升。

⑭ 选择"自动模式"，启动 B 程序直到执行到"End"步。

⑮ 在 RT 软件的 2D 标定界面写入视觉系统检测获得的数据，进行标定并写入机器人。至此，B 程序执行完毕。

15.9.3 操作确认

① 使用 RT 软件检查变量"M_100（）"。在 RT 软件的"程序监视"画面，通过"变量监视"功能，也可以监视"M_100（）"的数值。"M_100（）"为编码器数据差。

② 确认在视觉传感器侧获得的编码器数据与机器人侧获得的编码器数据之差已经设置在"M_100（）"中。

15.9.4 实用 B 程序

实用 B 程序：

1 '——将"编码器编号"设置为变量"PE"的 X 坐标。

2 '——检查设定值。

3 MECMAX＝8'——设置编码器编号的最大值。

4 If PE.X〈1 Or PE.X〉MECMAX Then Error 9101'——如果编码器编号超出允许范围，则报警，否则执行下一步。

5 MENCNO＝PE.X'——取得编码器编号。

6 '——在视觉传感器识别区域放置标定板。

7 '——观察视觉画面，确认标定板位置是否正确。

8 '——视觉系统照相，由视觉系统记录 5 个点的数据（视觉数据）。

9 ME1＃＝M_Enc(MENCNO)'——取得编码器数据（第 1 次）。

10 Hlt'——暂停。

11 '——将标定板由传送带移动至机器人动作范围内。

12 '——将机器人抓手移动至标记点 1 的中心处，获取机器人坐标。

13 '——重复作业，获取 5 个点机器人位置。

14 '——上升机器人手臂。

15 ME2＃＝M_Enc(MENCNO)'——取得编码器数据（第 2 次）。

16 MED＃＝ME1＃－ME2＃'——计算两个位置的编码器数值差。

17 If MED＃〉800000000.0＃ Then MED＃＝MED＃－1000000000.0＃

18 If MED＃〈－800000000.0＃ Then MED＃＝MED＃＋1000000000.0＃

19 M_100＃(MENCNO)＝MED＃

20 '——以上是对编码器数据的处理。

21 Hlt'—— 暂停。

22 End'——主程序结束。

23 '——以下是运行前必须预置的变量 PE＝（＋1.000,＋0.000,＋0.000,＋0.000,＋0.000,＋0.000,＋0.000,＋0.000)(0,0)

B 程序执行完毕后获得两点之间的"编码器移动量 MED＃"，设置为全局变量"M_100＃"。

15.9.5 2D 标定操作

操作步骤：

① 打开 RT 软件，点击［维护］－［2D］，弹出如图 15-34 所示的界面。

② 每示教 1 点就点击"获取机器人数据键"，该示教点数据自动进入"机器人坐标框"。一共获取 5 点数据。

③ 将视觉系统获得的对应 5 点数据写入"视觉坐标框"。

④ 点击"数据计算标定键"，数据进行标定转换。

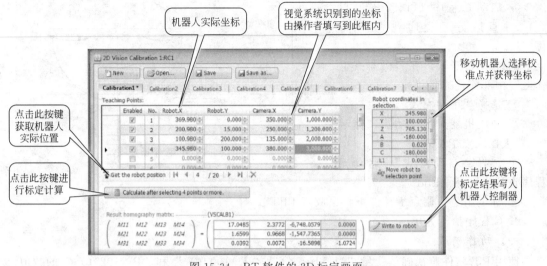

图 15-34 RT 软件的 2D 标定画面

⑤ 点击"写入机器人键"。

⑥ 操作完成。

15.10 C 程序—抓取点标定

本节介绍由"C 程序"执行的任务。"传送带追踪"和"视觉追踪"都需要执行"C 程序",只是各自的执行方法有所不同。

15.10.1 用于传送带追踪的程序

在用于传送带追踪的 C 程序中，既获取了光电开关检测点的编码器数据，也获取了机器人抓取工件点的数据，因此在光电开关检测动作时，机器人能够识别工件坐标。

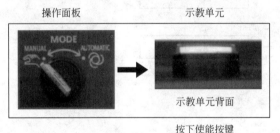

图 15-35 模式开关及使能开关操作

（1）示教单元运行 C 程序的操作流程

① 设置控制模式为"手动"，设置 TB 为"使能状态 ENABLE"，如图 15-35 所示。

② 在手动模式下进行示教操作，运动到"抓取点""待避点""下料摆放点"。

③ 当选择"自动模式"时，可使用示教单元执行"启动""停止"操作。

（2）C 程序操作流程

图 15-36 是 C 程序操作图示。

C 程序操作流程如下：

① 在机器人上加装测针（与 A 程序相同）。

② 选择一工件，在工件上做出标记。

③ 在 RT 软件中，设置"任务区 1"中为"C 程序"。

④ 启动传送带；移动工件到"光电开关"处，停止传送带。

⑤ 选择机器人"自动工作"模式。

⑥ 启动 C 程序（可使用 TB 单元），一直运行 C 程序到 "Hlt 暂停" 步。

⑦ 启动传送带，在 "机器人工作区" 中部使传送带停止。

⑧ 选择 "手动模式"。

⑨ 使用机器人示教功能，标定 "机器人抓取点 PGT"。

⑩ 选择 "自动模式"，启动 C 程序直到执行到 "End" 步。

⑪ 标定出 "待避点 P_1" "下料摆放点 PPT"。

⑫ C 程序执行完毕。

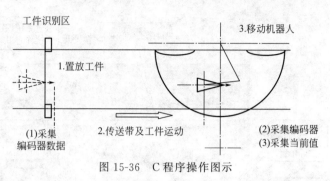

图 15-36　C 程序操作图示

（3）动作确认

使用 RT 软件监视确认变量 "M_101（）" "P_100（）" 和 "P_102（）" 的数值。

① M_101（）：在 "光电开关动作点" 与 "机器人抓取点" 编码器数据之间的差值。

② P_100（）：工件被抓取点的位置。

③ P_102（）：在 STEP1（初始设置）中设置的 "PRM1" 数值。

必须检查以上各值是否正确。

（4）实用 C 程序

① 流程图　C 程序流程图如图 15-37 所示。

② C 程序：

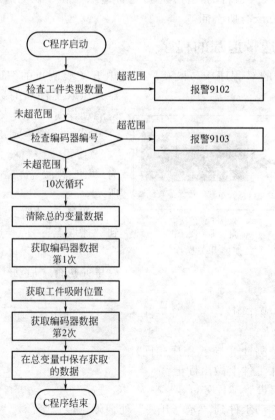

图 15-37　C 程序流程图

1　'——以变量"PRM1"的 X 坐标值表示工件类型数量。

2　'——以变量"PRM1"的 Y 坐标值表示编码器编号。

3　'——以变量"PRM1"的 Z 坐标值表示传感器数量。

4　'——检查设置在 PRM1 中的数据。

5　MWKMAX＝10'——设置工件类型数最大＝10。

6　MECMAX＝8'——设置编码器编号最大＝8。

7　MWKNO＝PRM1.X'——获取工件类型数量。

8　MENCNO＝PRM1.Y'——获取编码器编号数量。

9　If MWKNO〈1 Or MWKNO〉MWKMAX Then Error 9102'——如果工件类型数量超范围就报警 9102。

10　If MENCNO〈1 Or MENCNO〉MECMAX Then Error 9101'——如果编码器编号数超范围就报警 9101。

11　For M1＝1 TO 10'——做一循环。对相关变量清零。

12　P_100(M1)＝P_Zero'——对存储工件位置的变量置零。

13　P_102(M1)＝P_Zero'——对存储操作条件的变量置零。

14　M_101♯(M1)＝0'——对存储编码器数值差的变量置零。

15　Next M1'——下一循环。

16　'——将工件移动到光电开关位置。

17　ME1♯＝M_Enc(MENCNO)'——获取编码器数据(第 1 次)。

18　Hlt'——暂停。

19　'——移动传送带上的工件到机器人工作区,移动机器人到抓取点位置。

20　ME2♯＝M_Enc(MENCNO)'——获取编码器数值(第 2 次)。

21　P_100(MWKNO)＝P_Fbc(1)'——获取工件抓取点数据(当前位置)。

22　'——执行步进操作直到结束。

23　MED♯＝ME2♯－ME1♯'——计算 2 次编码器的差值。MED♯＝两次编码器数据的差值。

24　If MED♯ 〉800000000.0 Then MED♯＝MED♯－1000000000.0

25　If MED♯〈－800000000.0 Then MED♯＝MED♯＋1000000000.0

26　'——以上是对编码器数值的处理。

27　M_101♯(MWKNO)＝MED♯'——将编码器的数值差 MED♯ 保存在一个全局变量 M_101♯ 中。

28　P_102(MWKNO).X＝PRM1.Y'——保存编码器编号数在一个全局变量中。

29　P_102(MWKNO).Y＝PRM1.Z'——保存传感器数量在一个全局变量中。

30　End'——程序结束。

15.10.2　用于视觉追踪的 C 程序

视觉追踪 C 程序获取由视觉传感器识别的工件位置点的编码器数据以及机器人抓取工件点的数据,这样机器人能够识别由视觉系统获取的工件坐标。下面解释工作流程和相关工作内容术语。

（1）示教单元手动操作

① 设置控制模式为"手动",设置 TB 为"使能状态 ENABLE",如图 15-38 所示。

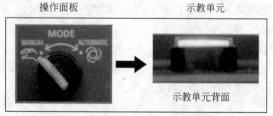

操作面板　　示教单元

示教单元背面

按下使能按键
灯亮即为使能状态

图 15-38　模式开关及使能开关操作

② 在手动模式下进行示教操作，运动到"抓取点""待避点""下料摆放点"。

③ 当选择"自动模式"时，可使用示教单元执行"启动""停止"操作。

（2）执行 C 程序操作的流程

① 操作流程（如图 15-39、图 15-40 所示）

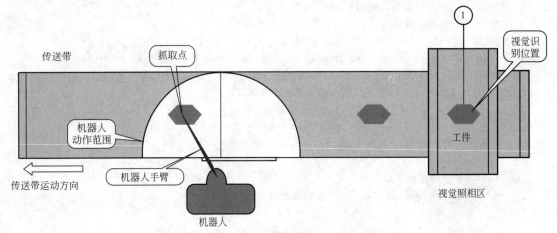

图 15-39　C 程序执行示意图

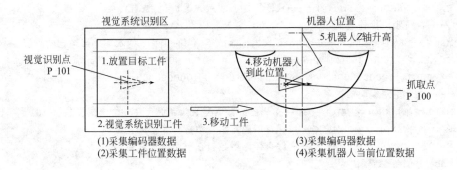

编码器移动量：M_101#

图 15-40　C 程序执行参考图

a. 在机器人上加装测针（与 A 程序相同）。

b. 制作标记工件。选择一工件，在工件上做出标记。

c. 在 RT 软件中，设置"任务区 1"中为"C 程序"。

d. 检查与视觉系统的通信状态，保证通信正常，然后启动视觉系统。

e. 启动传送带（如果是"面成像照相视觉系统"，可以在静态下拍照，则不需要启动传送带。如果是"线扫描成像系统"，则需要启动传送带）。

f. 选择机器人"自动工作"模式。

g. 启动 C 程序（可使用 TB 单元）。

h. 如果是"面成像照相视觉系统"，可以在静态下拍照，则放置"标记工件"在照相区。视觉系统拍照完毕，发出信号给机器人，机器人获取相关信息。在 RT 软件上可监视编码器变量值。

启动传送带，将工件移动进入追踪区。

i. 如果是"线扫描成像视觉系统"，则必须在动态下拍照，所以必须把标记工件放置在传送带上，使"标记工件"通过视觉区一直运行到"追踪区"。

j. 在"追踪区"中部使传送带停止。

k. C 程序停止在"Hlt"步。

l. 选择"手动模式"。

m. 使用机器人示教功能，标定"机器人抓取点 PGT"。

n. 选择"自动模式"，启动 C 程序直到执行到"End"步。

o. 标定出"待避点 P1""下料摆放点 PPT"。

p. C 程序执行完毕。

② C 程序执行完成后获得的全局变量

a. 编码器移动量：M_101#。

b. 视觉识别点：P_101。

c. 工件抓取点：P_100。

这些变量可以在 RT 软件中监视。

（3）操作后的检查确认

使用 RT 软件检查下列变量（根据工件类型数分别标注）：

① M_101（）——编码器数据差。

② P_102（）——变量"PRM1"中的数据（工件类型数/编码器编号）。

③ P_103（）——变量"PRM2"中的数据（图像识别区大小/工件尺寸）。

④ C_100$（）——通信口序号。

⑤ C_101$（）——视觉程序名称。

⑥ C_102$（）——识别工件数量。

⑦ C_103$（）——识别信息启动单元格。

⑧ C_104$（）——识别信息结束单元格。

（4）实用 C 程序

C 程序：

```
1    '——将"工件类型数量"设置为变量"PRM1"的 X 坐标。
2    '——将"编码器编号"设置为变量"PRM1"的 Y 坐标。
3    '——观察视觉传感器的实时画面,将移动方向的视界长度设置为变量"PRM2"的 X 坐标。
4    '——将工件的长度设置为变量"PRM2"的 Y 坐标值。
5    '——打开端口,将 COM 的端口号输入至下行中"CCOM$="处。
6    CCOM$="COM3:"'——设定通信端口号。
7    '——将视觉程序名称输入至下行中"CPRG$="处。
8    CPRG$="TRK.JOB"'——设定视觉程序名。
9    '——将工件放在视觉传感器可以识别的位置。
10   '——将视觉传感器设置为"在线"。
11   '——自动运行 C 程序,程序停止的话,使用 TB 单元再启动 C1 程序。
12   MWKNO=PRM1.X'——获取工件类型数量。
13   MENCNO=PRM1.Y'——获取编码器编号。
14   '——与视觉传感器端口连接。
15   NVClose'——关闭端口。
16   NVOpen CCOM$ As #1'——开启端口指令。
17   Wait M_NvOpen(1)=1'——等待端口打开。
18   NVLoad #1,CPRG$'——加载视觉程序。
19   NVTrg #1,5,MTR1#,MTR2#'——摄像要求+获取编码器值。
```

20 EBRead ♯1,"",MNUM,PVS1,PVS2,PVS3,PVS4'——分别获取各个识别工件的数据。

21 Open "COM2:"AS ♯1'——打开通信端口 2。

22 Wait M_Open(1)＝1'——等待通信端口打开。

23 Print ♯1,"SEO"'——输出字符串"SEO"。

24 Input ♯1,mt1,mx1,my1,mc1'——读取数据。

25 PVS0.x＝mx1'——赋值。

26 PVS0.y＝my1'——赋值。

27 PVS0.c＝mc1'——赋值。

28 PVS0＝PVS1'——赋值。

29 PVS1＝PVSCal(1,PVS0.X,PVS0.Y,PVS0.C)'——标定指令。

30 P_101(MWKNO)＝PVS1'——获取"识别位置"工件的数据(将视觉系统识别的数据设置为一个全局变量)。

31 ME1♯＝M_Enc(MENCNO)'——获取编码器数据 1。

32 NVClose ♯1'——以上程序 1～32 行读出了视觉系统的信息并进行了标定,也读出了编码器的数值。

33 Hlt'——暂停。

34 '——移动传送带将工件移动至机器人动作范围内(将工件所在位置定为抓取点)。

35 '——将机器人移动至"抓取点"。

36 ME2♯＝M_Enc(MENCNO)'——获取编码器数据 2。

37 P_100(MWKNO)＝P_Fbc(1)'——获取机器人抓取点位置。

38 '——执行程序直至 End。

39 MED♯＝ME2♯－ME1♯'——计算编码器的移动量。

40 If MED♯〉800000000.0♯ Then MED♯＝MED♯－1000000000.0♯

41 If MED♯〈－800000000.0♯ Then MED♯＝MED♯＋1000000000.0♯

42 M_101♯(MWKNO)＝MED♯'——编码器移动量(设置为全局变量)。

43 P_102(MWKNO)＝PRM1'——编码器编号(设置为全局变量)。

44 P_103(MWKNO)＝PRM2'——视觉界面尺寸与工件尺寸(设置为全局变量)。

45 C_100$(MWKNO)＝CCOM$'——COM 编号。

46 C_101$(MWKNO)＝CPRG$'——视觉传感器程序名。

47 Hlt'——暂停。

48 End'——主程序结束。

49 '——同时设置"待避点-原点 P₁"和"下料摆放点 PPT"。)

50 '——本程序为获得视觉传感器识别的工件位置与机器人抓取位置的关系。

51 '——运行前必须设置的变量。

PRM1＝(＋1.000,＋1.000,＋0.000,＋0.000,＋0.000,＋0.000,＋0.000,＋0.000)(0,0)

15.11 1♯ 程序—自动运行程序

本节介绍运行 1♯ 程序的操作流程。

1♯ 程序在传送带追踪和视觉追踪中都是必要的。1♯ 程序指令机器人追踪并抓取工件。工件的位置或是由光电开关识别或是由视觉系统识别。

15.11.1 示教

对"原点"和"下料摆放点"的示教。以下是操作流程：

① 用示教单元 TB 打开 1 号程序。

② 打开［Position data Edit 位置数据编辑］屏幕。

③ 当系统启动后，设置 P_1 为原点。

④ 移动机器人到原点位置并获取该位置，将其设置为 P_1。

⑤ 设置"PPT"为下料摆放点位置（该位置是工件最终被放置的位置）。

⑥ 移动机器人到搬运终点位置并获取该位置数据设置为 PPT。

15.11.2 设置调节变量

（1）变量的定义及设置

本节解释在 $1^\#$ 程序中的变量以及如何设置调节变量。有关的变量如表 15-9 所示。

表 15-9 变量及设置

变量名称	解释	设置样例
PWK—工件类型数量	设置"工件类型数量"，即在一个追踪项目中，有几种类型的工件 X＝"工件类型数量"（1～10）	如果设置"工件类型数量"＝1，则 $(X,Y,Z,A,B,C)=(+1,+0,+0,+0,+0,+0)$
PRI	$1^\#$ 程序和 CM1 程序可以被同时执行，$1^\#$ 程序控制机器人运动，CM1 程序获取传感器或视觉识别数据。PRI 用于指定程序的执行优先顺序。并不是在同一时间执行同一数量的程序，而是交替执行 X＝$1^\#$ 程序执行的行数（1～31） Y＝CM1 程序执行的行数（1～31）	如果设置 $1^\#$ 程序运行 1 行而 CM1 程序运行 10 行，则 $(X,Y,Z,A,B,C)=(+1,+10,+0,+0,+0,+0)$
PUP1—工作高度（抓取工件过程）	在抓取工件的操作中，设置机器人工作高度（mm） X＝机器人"等待点"高度 Y＝抓取点的"近点"高度（在抓取之前） Z＝抓取点的"近点"高度（在抓取之后） 由于 Y 和 Z 表示的是在 TOOL 坐标系中 Z 轴的位置，所以这些信号变量取决于机器人模式	如果等待点高度＝50mm 抓取高度（抓取前）＝−50mm 抓取高度（抓取后）＝−50mm 则： $(X,Y,Z,A,B,C)=(+50,-50,-50,+0,+0,+0)$
PUP2—工作高度（释放工件过程）	在放置工件的操作中，设置机器人工作高度。高度是指释放工件的高度（mm）。 Y＝工件释放位置的高度（在释放之前） Z＝工件释放位置的高度（在释放之后） 由于 Y 和 Z 表示的是在 TOOL 坐标系中 Z 轴的位置，所以这些信号变量取决于机器人模式	如果释放高度（释放前）＝−50mm 释放位置（释放后）＝−50mm 则： $(X,Y,Z,A,B,C)=(+0,-50,-50,+0,+0,+0)$
PAC1	设置抓取工件的加减速时间比率 X＝加速到工件位置的倍率（1%～100%） Y＝减速到工件位置的倍率（1%～100%）	如果设置加减速比率＝100%，则 $(X,Y,Z,A,B,C)=(+100,+100,+0,+0,+0,+0)$
PAC2	设置抓取工件的加减速时间比率 X＝加速到工件位置的倍率（1%～100%） Y＝减速到工件位置的倍率（1%～100%）	如果设置加速比率＝10% 减速比率＝20% 则 $(X,Y,Z,A,B,C)=(+10,+20,+0,+0,+0,+0)$
PAC3	设置朝着工件前进时抓取工件的加减速时间比率 X＝加速到工件位置的倍率（1%～100%） Y＝减速到工件位置的倍率（1%～100%）	如果设置加速比率＝50% 减速速比率＝80% 则 $(X,Y,Z,A,B,C)=(+50,+80,+0,+0,+0,+0)$

变量名称	解释	设置样例
PAC11	设置运动到释放工件位置时的加减速时间比率 X＝加速到释放工件位置的倍率（1%～100%） Y＝减速到释放工件位置的倍率（1%～100%）	如果设置加速比率＝80% 减速速比率＝70% 则$(X,Y,Z,A,B,C)=(+80,+70,+0,$ $+0,+0,+0)$
PAC12	设置运动到释放工件位置时的加减速时间比率 X＝加速到释放工件位置的倍率（1%～100%） Y＝减速到释放工件位置的倍率（1%～100%）	如果设置加速比率＝5% 减速速比率＝10% 则$(X,Y,Z,A,B,C)=(+5,+10,+0,$ $+0,+0,+0)$
PAC13	当执行释放工件动作时，设置朝工件位置运动时的加减速时间比率 X＝加速到工件位置的倍率（1%～100%） Y＝减速到工件位置的倍率（1%～100%）	如果设置加速比率＝100% 减速速比率＝100% 则$(X,Y,Z,A,B,C)=(+100,+100,$ $+0,+0,+0,+0)$
PDLY1	设置抓取吸附时间 X：抓取吸附时间	如果设置吸附时间为 0.5s，则$(X,Y,Z,$ $A,B,C)=(+0.5,+0,+0,+0,+0,+0)$
PDLY2	设置释放时间 X：释放时间	如果设置释放时间为 0.3s，则$(X,Y,Z,$ $A,B,C)=(+0.3,+0,+0,+0,+0,+0)$
POFSET	当抓取位置改变后，其差值可以被设置。用本参数设置校正值。本参数是调整"抓取点"的重要参数	
PTN—设置机器人和传送带以及工件移动方向的关系，简称机带关系	X 值（1～6）<table><tr><td>设置值</td><td>传送带位置</td><td>传送带方向</td></tr><tr><td>1</td><td>前</td><td>从右到左</td></tr><tr><td>2</td><td>前</td><td>从右到左</td></tr><tr><td>3</td><td>左</td><td>从左到右</td></tr><tr><td>4</td><td>左</td><td>从前到后</td></tr><tr><td>5</td><td>右</td><td>从右到左</td></tr><tr><td>6</td><td>右</td><td>从右到左</td></tr></table>	如果传送带在机器人前方，工件移动方向从右到左，则设置 $(X,Y,Z,A,B,C)=(+1,+0,+0,+0,$ $+0,+0)$
PRNG	设置追踪区范围（在该范围内机器人能够追踪工件） X＝开始位置 Y＝结束位置 Z＝临界位置	"PRNG"与"PTN"的关系参见图 15-41～图 15-44

（2）追踪区范围及"机带关系"设置

① 传送带在机器人前方，工件移动方向为从右向左，则设置 PTN 的 X 坐标＝1，如图 15-41 所示。

追踪区范围 PRNG：$(X,Y,Z)=(+500,+300,+400)$

② 传送带在机器人前方，工件移动方向为从左向右，则设置 PTN 的 X 坐标＝2，如图 15-42 所示。

追踪区范围 PRNG：$(X,Y,Z)=(+300,+100,+200)$

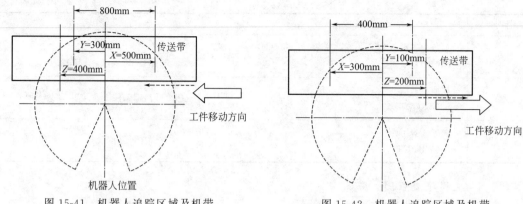

图 15-41　机器人追踪区域及机带　　　　图 15-42　机器人追踪区域及机带
关系布置图（PTN 的 X 坐标＝1）　　　　关系布置图（PTN 的 X 坐标＝2）

③ 传送带在机器人左侧，工件移动方向为从前向后，则设置 PTN 的 X 坐标＝4，如图 15-43 所示。

追踪区范围 PRNG：$(X，Y，Z)＝(+400，+200，+300)$

④ 传送带在机器人右侧，工件移动方向为从后向前，则设置 PTN 的 X 坐标＝5，如图 15-44 所示。

追踪区范围 PRNG：$(X，Y，Z)＝(+500，+300，+400)$

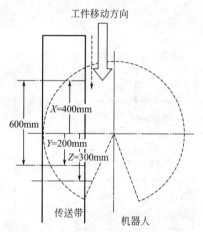

图 15-43　机器人追踪区域及机
带关系布置图（PTN 的 X 坐标＝4）

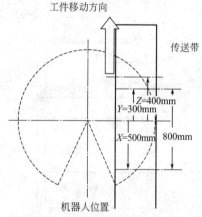

图 15-44　机器人追踪区域及机带
关系布置图（PTN 的 X 坐标＝5）

15.11.3　1# 程序流程图

1# 程序是自动运行程序。以主程序为框架，包含有若干子程序。主程序结构流程如图 15-45 所示，其子程序如表 15-10 所示。

表 15-10　子程序汇总表

序号	子程序名称	功能
1	回原点子程序 * S90HOME	回原点

序号	子程序名称	功能
2	初始化子程序 S10INIT	进行初始化
3	抓取被追踪工件 S20TRGET	抓取被追踪工件
4	搬运放置工件 S30WKPUT	将工件放置在最终位置

（1）1#主程序流程图

1#主程序流程图如图 15-45 所示。

（2）回原点子程序流程图

回原点子程序流程图如图 15-46 所示。

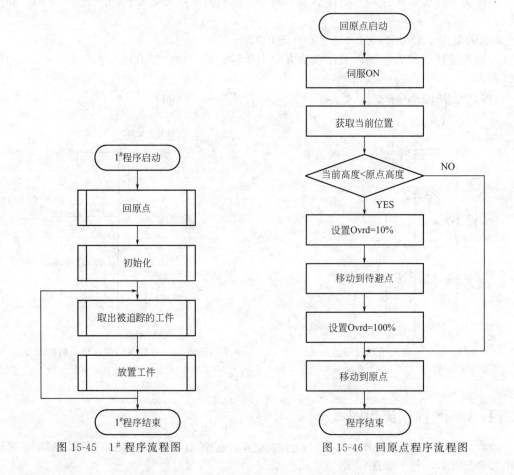

图 15-45　1# 程序流程图　　　　　　图 15-46　回原点程序流程图

对回原点程序流程图的说明［回原点程序以 P_1 点为原点（P_1 点又作为"待避点"）］：

① 判断机器人当前位置的"Z 轴坐标高度"是否小于 P_1 点的"Z 轴坐标高度"。

② 如果小于，就直接升高当前点到 P_1 点的"Z 轴坐标高度"。

③ 如果不小于，就直接指令回到 P_1 点。

（3）初始化子程序流程图

初始化子程序流程图如图 15-47 所示。

在"初始化程序"中，有一步很重要，就是"清除追踪缓存区内的数据"。因为每一次的工件视觉识别数据都被写入"追踪缓存区"，而 1# 程序是反复循环执行的，所以每执行完一次 1# 程序后，再执行新的程序前，要将追踪区内数据清除，保证"追踪缓存区"内的数据为最新数据。

（4）搬运放置工件子程序流程图

搬运放置工件子程序流程图如图 15-48 所示。

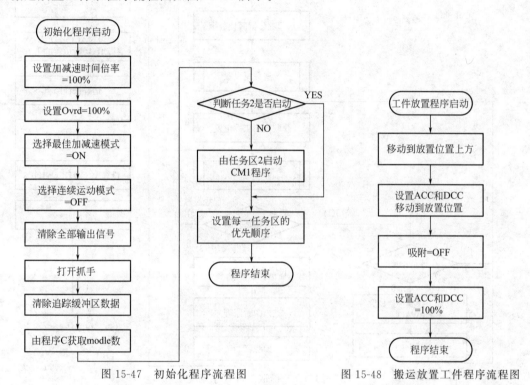

图 15-47　初始化程序流程图　　　　图 15-48　搬运放置工件程序流程图

（5）抓取被追踪的工件子程序流程图

抓取工件程序流程图如图 15-49 所示。

① 追踪动作各点位（如图 15-50 所示）：

P500—待避点/原点（由操作者设定）。

P510—等待点（由 1# 程序中计算确定）。

P520—追踪启动点（由 1# 程序中计算确定）。

P530—抓取点（在 C 程序中设置）。

P540—下料摆放点（由操作者示教设定）。

② 对各位置点的详细说明

a. P500—待避点（由操作者设定）。也称为"机器人原点"。程序启动后及追踪全部动作完成后回到的"位置点"。

b. P510—等待点（由 1# 程序计算确定）。当工件在"等待区"时的机器人位置点。"等待点"的意义就是指令机器人到达一个最佳位置，等待工件进入追踪区。在 1# 程序中，以"待避点 P_1"为基准，在 X、Z、C 三个方向进行调整。

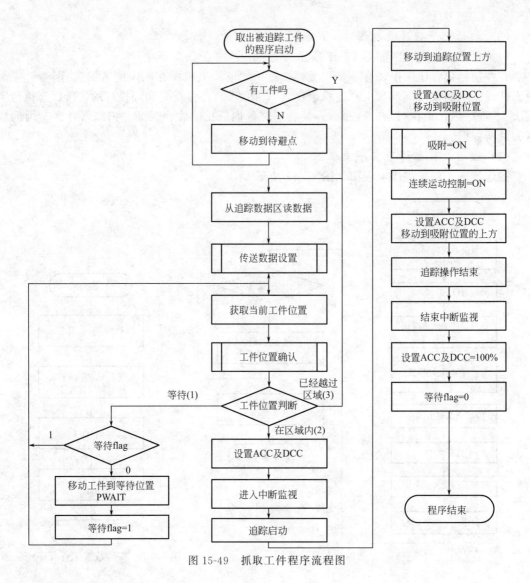

图 15-49　抓取工件程序流程图

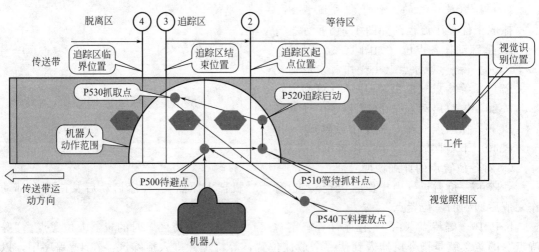

图 15-50　追踪动作各点位示意图

"等待点"一般设置在 X 方向，与"当前工件坐标"相同，这是为了减少追踪时的行程。在 1# 程序中为 PWAIT 点。

c. P520—追踪启动点。追踪启动点是进入追踪模式后的追踪起点（在 1# 程序中由 TR-Base 指令设置）。

d. P530—抓料点。这是最重要的一点。在 C 程序中具体示教确定（设定为全局变量P _ 100）。P530 抓料点的设置应该在靠近追踪区结束位置，这样设置是为了满足工件相隔距离较小的场合。在 1# 程序中为 PGT 点。

e. P540—下料摆放点（由操作者示教设定）。下料摆放点根据实际工况要求确定。在 1# 程序中为 PPT 点。

（6）传送数据子程序流程图

传送数据子程序流程图如图 15-51 所示。

（7）1# 程序的运动流程及各点位的关系

1# 程序的运动流程及各点位的关系如图 15-52 所示，运动流程如下：

① 程序启动，机器人运动到待避点 P_1。

② 判断：在追踪缓存区是否有视觉数据（视觉数据由 CM1 程序写入）？如果没有，则继续判断循环。

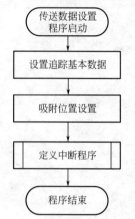

图 15-51　传送数据程序流程图

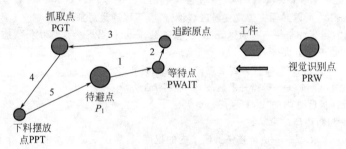

图 15-52　1# 程序各点位示意图

③ 如果有，机器人运动到"等待点 PWAIT"。

④ 做"当前工件位置"判断。

a. 如果在"等待区"，机器人就一直停在"等待点 PWAIT"。

b. 如果进入"追踪区"，机器人就启动"追踪模式"。

⑤ 进入追踪模式后，移动到追踪原点"PTBASE"。在 1# 程序中，PTBASE＝P _ 100，即追踪原点＝抓取点。

⑥ 移动到"抓取点上方"——Mov PGT，PUP1. Y Type 0，0。

⑦ 移动到"抓取点"——Mov PGT Type 0，0。

⑧ 移动到"抓取点上方"——Mov PGT，PUP1. Z Type 0，0。

⑨ 移动到"下料摆放点 PPT"。

15.11.4　实用 1# 程序

```
1  '＃＃＃主程序＃＃＃
2  * S00MAIN'——程序分支标记。
3  GoSub * S90HOME'——调回原点子程序。
```

4　GoSub＊S10INIT′——调初始化子程序。

5　＊LOOP′——循环标志。

6　GoSub＊S20TRGET′——调用抓取工件子程序。

7　GoSub＊S30WKPUT′——调放置工件子程序。

8　GoTo＊LOOP′——跳转到＊LOOP行(反复执行以上2个程序)。

9　End′——主程序结束。

10　′＃＃＃初始化子程序＃＃＃

11　＊S10INIT

12　′///Speed related///　设置速度倍率相关程序。

13　Accel 100,100′——设置加减速时间。

14　Ovrd 100′——设置速度倍率。

15　LOADSET 1,1′——设置抓手工作条件。

16　Oadl On′——启动最佳工作模式。

17　Cnt 0′——连续轨迹运行无效。

18　Clr 1′——输出点复位。

19　HOpen 1′——抓手张开。

20　′///初始值设置///

21　TrClr 1′——对追踪缓存区1清零(重要)。

22　MWAIT1＝0′——对"工件到达标志"执行清零。

23　′///多任务启动(启动任务区2内的程序"CM1")///

24　M_09＃＝PWK.X′——设置工件类型数量。"PWK.X"是专门规定用于设置工件类型数的变量。"PWK.X"为位置变量形式,所以必须在位置变量区域设置,参见程序最后部分。

25　If M_Run(2)＝0 Then′——"M_Run"为状态变量,表示任务区内程序执行状态。M_Run(2)＝0表示任务区2内的程序处于停止状态。

26　XRun 2,"CM1",1′——指令任务区2内的"CM1"程序做单次运行。

27　Wait M_RUN(2)＝1′——等待任务区2内的程序启动。

以上是启动执行任务区2内的"CM1"程序。

28　EndIf′——判断语句结束。

29　Priority PRI.X,1′——执行在任务区1内的程序,行数由变量PRI的X坐标值确定(变量PRI需要预先设置)。

30　Priority PRI.Y,2′——执行在任务区2内的程序,行数由变量PRI的Y坐标值确定(变量PRI需要预先设置)。

Priority——多任务工作时,指定各任务区程序的执行行数。

31　Return′——子程序结束。

32　′＃＃＃抓取被追踪工件子程序。

33　＊S20TRGET′——程序分支标志。

34　′///追踪缓存区数据检查///

35　＊LBFCHK′——程序分支标志(检查追踪缓存区数据)。

36　If M_Trbfct(1)〉＝1 Then GoTo＊LREAD′——判断"追踪缓存区"内是否写入视觉识别数据,如果没有,就回原点等待;如果有,就跳转到＊LREAD。

M_Trbfct——状态变量,表示在"追踪缓存区内"的数据内容。

37　Mov P1 Type 0,0′——(如果追踪缓存区没有写入的数据)移动到P_1点。P_1点是退避点位置。

38　MWAIT1＝0′——发出MWAIT1＝0信号,MWAIT1是自定义变量,表示机器人处于等待状态。

39　GoTo＊LBFCHK′——返回＊LBFCHK继续进行缓存区数据检查。

40　′///工件数据采集///

41　＊LREAD′——如果追踪缓存区内有写入的数据,就从36行跳转到本行。

42　TrRd PBPOS,MBENC＃,MBWK％,1,MBENCNO％′——从"追踪缓存区"读数据。读出的数据分别存储。"位置数据"存储在PBPOS中,"编码器数值"存储在MBENC＃中,"工件类型数量"存储在MBWK％中,缓存区序号＝1，"编码器编号存储"在变量 MBENCNO％中。

43　GoSub＊S40DTSET'——调子程序＊S40DTSET。＊S40DTSET 子程序用于生成追踪起点和抓取点位置。

44　'///工件位置判断///。

45　＊LNEXT'——程序分支标志。

46　PX50CUR＝TrWcur(MBENCNO％,PBPOS,MBENC＃)'——获取当前工件位置数据。TrWcur 是函数，用于获得当前点的编码器数值和当前工件位置。由于工件在传送带上运行，所以 PX50CUR 是一个动态值。

MBENCNO％—编码器编号；

PBPOS—视觉点位置；

MBENC＃—编码器数值；

PX50CUR—是当前工件点的位置。

47　MX50ST＝PRNG.X'——设置追踪区启动位置线。

48　MX50ED＝PRNG.Y'——设置追踪区结束位置线。

49　MX50PAT＝PTN.X'——设置机带位置编号。PTN 用于表示传送带与机器人的位置关系。

50　GoSub＊S50WKPOS'——调用确认工件位置程序。

'——以下是根据当前工件位置进行"等待""追踪""放弃"工作模式的选择。

51　If MY50STS＝3 Then GoTo＊LBFCHK'——MY50STS 是一个变量，是工件当前位置的判断结果，如果已经超出追踪区范围，就跳转到＊LBFCHK(在 35 行)，读取下一工件信息。MY50STS＝3 表示工件已经超出机器人工作范围。

52　If MY50STS＝2 Then GoTo＊LTRST'——如果 MY50STS＝2，就跳转到＊LTRST，启动追踪程序(工件进入追踪区)。

53　If MWAIT＝1 Then GoTo＊LNEXT'——如果 MWAIT＝1，就跳转到＊LNEXT，再进行工件位置判断。

54　'///到等待点 PWAIT///

55　PWAIT＝P1'——(P₁:"待避点")把 PWAIT 点设置成为"待避点"。

56　Select PTN.X'——根据 PTN(机器人与传送带位置关系)选择程序流程。

57　Case 1 TO 2'——如果 PTN.X＝1～2，则：

58　PWAIT.X＝PX50CUR.X'——赋值。将当前工件点位置的 X 值赋予 PWAIT.X。

59　Case 3 TO 6'——如果 PTN.X＝3～6，则：

60　PWAIT.Y＝PX50CUR.Y'——赋值。将工件被检测点位置的 Y 值赋予 PWAIT.Y。

61　End Select'——选择语句结束。

62　PWAIT.Z＝PX50CUR.Z＋PUP1.X'——PUP1.X:待机高度(待机点的高度＝当前工件点高度＋调整值)。

63　PWAIT.C＝PX50CUR.C'——赋值。待机位置的 C 角度＝当前工件位置 C 角度。

以上对待避点设置完毕。

64　Mov PWAIT Type 0,0'——移动到待机点 PWAIT。

65　MWAIT1＝1'——发出机器人到达"等待点"标志(表示机器人已经到达待机位置，等待工件进入追踪区。以上程序是设置一个"等待点"，等待点 PWAIT 的 X、Y 值与检测工件点相同，Z 值比检测点高一个"调整量"，C 值与检测点相同。)

66　GoTo＊LNEXT'——跳转回"工件位置判断"程序行。

67　'///启动追踪操作///包含了追踪启动指令，到达吸附点的动作。

68　＊LTRST'——程序分支标志(追踪程序标志)。

69　Accel PAC1.X,PAC1.Y'——加减速时间设置。

70　Cnt 1,0,0'——连续轨迹。

71　Act 1＝1'——中断程序 1 有效区间起点。

72　Trk On,PBPOS,MBENC＃,PTBASE,MBENCNO％'——追踪启动(包括了移动到追踪起点及追踪工件的动作)。

73　Mov PGT,PUP1.Y Type 0,0'——移动到抓取位置"PGT"上方近点(PGT 由"抓取点＋调节量"构成)。PUP1.Y 为抓取前位置(高度)。

74　Accel PAC2.X,PAC2.Y'——加减速时间设置。

75 Mvs PGT'——移动到抓取位置。

76 HClose 1'——抓手动作。

77 Dly PDLY1. X'——暂停,确认抓取。

    PDLY1. X——预先设置的吸附时间。

78 Cnt 1'——连续路径。

79 Accel PAC3. X,PAC3. Y'——加减速时间设置。

80 Mvs PGT,PUP1. Z'——移动到抓取(完成)位置点。PUP1. Z 为预设的抓取(完成)位置点。

81 Trk Off'——追踪结束。

82 Act 1=0'——中断程序 1 的有效工作区间结束点。

83 Accel 100,100'——设置加减速时间。

84 MWAIT=0'——设置等待标志=0。

85 Return'——子程序返回。

86 '＃＃＃工件摆放程序＃＃＃

87 ＊S30WKPUT'——程序分支标志。

88 Accel PAC11. X,PAC11. Y'——设置加减速时间。

89 Mov PPT,PUP2. Y'——移动到摆放位置上部。PPT 为摆放位置。

90 Accel PAC12. X,PAC12. Y'——设置加减速时间。

91 Cnt 1,0,0'——连续轨迹运行。

92 Mvs PPT'——移动到放置位置。

93 HOpen 1'——抓手=OFF。

94 Dly PDLY2. X'——释放确认。

95 Cnt 1'——连续轨迹运行。

96 Accel PAC13. X,PAC13. Y'——设置加减速时间。

97 Mvs PPT,PUP2. Z'——移动到放置位置上部。

98 Accel 100,100'——设置加减速时间。

99 Return'——子程序返回。

100 '——追踪数据设置(设置追踪起点、抓取点位置及调节量)。

101 ＊S40DTSET(生成追踪起点、抓取工作点)

102 PTBASE=P_100(PWK. X)'——生成追踪起点(P_100—C 程序确定的抓取点)。

103 TrBase PTBASE,MBENCNO%'——设置追踪起点(注意,这时的追踪起点为示教抓取点 P_100)。

104 PGT=PTBASE＊POFSET'——设置抓取位置(对抓取点进行精度调节,注意是乘法运算)。

PTBASE——追踪起点;

POFSET——抓取点调节量(主要用于调整角度);

PGT——抓取位置。

105 GoSub＊S46ACSET'——调用子程序。

106 Return'——子程序结束。

107 '——＃＃＃中断程序1＃＃＃

以下程序判断机器人的动作范围是否超过"追踪区临界距离"。如果超出范围,就结束追踪动作。

108 ＊S46ACSET'——程序分支标志。

109 Select PTN. X'——根据机带位置关系选择动作。

110 Case 1'——如果 PTN. X=1。

111 MSTP1=PRNG. Z'——设置"追踪临界值"。PRNG. Z—追踪临界值,超过该值就停止追踪。

112 Def Act 1,P_Fbc(1). Y〉MSTP1 GoTo＊S91STOP,S'——定义中断程序:如果机器人的当前位置(Y 坐标)大于"追踪临界值"就 GoTo＊S91STOP。

113 Break'——结束选择语句"Select PTN. X"。

114 Case 2'——如果 PTN. X=2。

115 MSTP1=－PRNG. Z'——设置"追踪临界值"为－PRNG. Z。

116 Def Act 1,P_Fbc(1). Y〈MSTP1 GoTo＊S91STOP,S'——如果机器人的当前位置(Y 坐标)小于"追

踪临界距离"就 GoTo * S91STOP。

117　Break'——结束选择语句"Select PTN. X"。

118　Case 3'——如果 PTN. X＝3。

119　Case 5'——如果 PTN. X＝5。

120　MSTP1＝PRNG. Z'——设置"追踪临界值"为 PRNG. Z。

121　Def Act 1,P_Fbc(1). X)MSTP1 GoTo * S91STOP,S'——如果机器人的当前位置(X 坐标)大于"追踪临界值"就 GoTo * S91STOP,S。

122　Break'——结束选择语句"Select PTN. X"。

123　Case 4'——如果 PTN. X＝4。

124　Case 6'——如果 PTN. X＝6。

125　MSTP1＝－PRNG. Z'——设置"追踪临界值"为－PRNG. Z。

126　Def Act 1,P_Fbc(1). X⟨MSTP1 GoTo * S91STOP,S'——判断:如果机器人的当前位置(X 坐标)小于"追踪临界值"就 GoTo * S91STOP,S。

127　Break'——结束选择语句"Select PTN. X"。

128　End Select'——结束选择语句"Select PTN. X"。

129　Return'——子程序结束。

130'以上程序用于判断机器人的动作范围是否超过"临界追踪值"。

131'＃＃＃确认工件位置程序＃＃＃。

以下程序用于判断工件是否在工作区域。判断以后给出标志。

132　PX50CUR'——当前工件位置(注意是工件位置而不是机器人位置)。

133　MX50ST'——追踪区启动线。

134　MX50ED'——追踪区结束线(MX50ED＝PRNG. Y)。

135　MX50PAT＝PTN. X. '——表示机器人与传送带的位置关系。

136　MY50STS'——当前工件位置的判断结果。

(MY50STS＝1:工件在等待区;MY50STS＝2:工件进入追踪区;MY50STS＝3 工件已经超出追踪区)。

137　* S50WKPOS'——程序分支标志。

138　MY50STS＝0'——清除 MY50STS 原结果数据。

139　Select MX50PAT'——根据机带位置关系设置追踪区范围及判断工件当前位置。

140　Case 1'——如果 PTN. X＝1。

141　M50STT＝－MX50ST'——(MX50ST＝PRNG. X)MX50ST＝追踪区起点线。

142　M50END＝MX50ED'——(MX50ED＝PRNG. Y)MX50ED＝追踪区结束线。

143　If Poscq(PX50CUR)＝1 And PX50CUR. Y)＝M50STT And PX50CUR. Y⟨＝M50END Then'——Poscq 是检测"工件当前位置"是否在机器人工作范围的运算函数。如果"工件当前位置"在机器人工作范围,而且 PX50CUR. Y 大于追踪区起点,PX50CUR. Y 小于等于追踪区终点,则:

144　MY50STS＝2'——设置 MY50STS＝2 可进入追踪模式。

145　Else'——否则执行下一行。

146　If PX50CUR. Y⟨0 Then MY50STS＝1'——再判断。工件当前位置 Y⟨0,则设置 MY50STS＝1,进入等待模式。

147　If PX50CUR. Y)M50END Then MY50STS＝3'——再判断。工件当前位置 Y)M50END,则设置 MY50STS＝3(工件已经超出追踪范围)。

148　If Poscq(PX50CUR)＝0 And PX50CUR. Y)＝M50STT And

PX50CUR. Y⟨＝M50END Then

MY50STS＝3'——判断:如果工件当前位置超出机器人工作范围,也设置 MY50STS＝3,表示工件已经越出了动作区域。

149　EndIf'——结束判断语句。

150　Break'——结束选择语句"Select MX50PAT"。

151　Case 2'——如果 PTN. X＝2。

152　M50STT＝MX50ST'——设置追踪区起点。

153 M50END＝－MX50ED'——设置追踪区终点。

154 If Poscq(PX50CUR)＝1 And PX50CUR.Y〈＝M50STT And PX50CUR.Y〉＝M50END Then

155 MY50STS＝2'——可执行追踪。

156 Else'——否则不能执行追踪。

157 If PX50CUR.Y〉0 Then MY50STS＝1'——等待。

158 If PX50CUR.Y〈0 Then MY50STS＝3'——移动到下一工件。

159 If Poscq(PX50CUR)＝0 And PX50CUR.Y〈＝M50STT And PX50CUR.Y〉＝M50END Then
MY50STS＝3'——超出追踪区范围。

160 EndIf'——结束判断语句。

161 Break'——结束选择语句"Select MX50PAT"。

162 Case 3'——如果 PTN.X＝3。

163 Case 5'——如果 PTN.X＝5。

164 M50STT＝－MX50ST'——设置追踪区起点。

165 M50END＝MX50ED'——设置追踪区终点。

166 If Poscq(PX50CUR)＝1 And PX50CUR.X〉＝M50STT And PX50CUR.X〈＝M50END Then

167 MY50STS＝2'——可执行追踪。

168 Else'——如果不能够执行追踪。

169 If PX50CUR.X〈0 Then MY50STS＝1'——等待。

170 If PX50CUR.X〉0 Then MY50STS＝3'——移动到下一工件。

171 If Poscq(PX50CUR)＝0 And PX50CUR.X〉＝M50STT And PX50CUR.X〈＝M50END Then
MY50STS＝3'——超出追踪区范围。

172 EndIf'——结束判断语句。

173 Break'——结束选择语句"Select MX50PAT"。

174 Case 4'——如果 PTN.X＝4。

175 Case 6'——如果 PTN.X＝6。

176 M50STT＝MX50ST'——设置追踪区起点。

177 M50END＝－MX50ED'——设置追踪区终点。

178 If Poscq(PX50CUR)＝1 And PX50CUR.X〈＝M50STT And PX50CUR.X〉＝M50END Then

179 MY50STS＝2'——可执行追踪。

180 Else'——如果不能执行追踪。

181 If PX50CUR.X〉0 Then MY50STS＝1'——等待。

182 If PX50CUR.X〈0 Then MY50STS＝3'——移动到下一工件。

183 If Poscq(PX50CUR)＝0 And PX50CUR.X〈＝M50STT And PX50CUR.X〉＝M50END Then
MY50STS＝3'——超出追踪区范围。

184 EndIf'——结束判断语句。

185 Break'——结束选择语句"Select MX50PAT"。

186 End Select'——结束选择语句"Select MX50PAT"。

187 If MY50STS＝0 Then Error 9199'——报警而且应该修正程序。

188 Return'——子程序结束。

189 '——以上程序根据机器人与传送带的位置关系,判断当前工件是否在机器人的追踪范围之内,从而发出判断信号(等待、可追踪、工件越出追踪区)。

190 '——＃＃＃回原点＃＃＃(比较当前位置点是否低于"待机点高度(Z)",如果低于"待机点高度(Z)",则直接提升到"待机点高度(Z)",如果大于"待机点高度(Z)",则回到 P₁ 点。P₁ 点既是避避点,也是原点)。

191 ＊S90HOME'——程序分支标志。

192 Servo On'——伺服 ON。

193 P90CURR＝P_Fbc(1)'——获取机器人当前位置。

194 If P90CURR.Z〈P1.Z Then'——如果当前位置高度低于原点,则:

195 Ovrd 10'——设置速度倍率。

196　P90ESC＝P90CURR'——建立一个待机位置。

197　P90ESC.Z＝P1.Z'——P₁是原点(一般也是待避点)。

198　Mvs P90ESC'——移动到待避点。

199　Ovrd 100'——设置速度倍率。

200　EndIf'——判断语句结束。

201　Mov P1'——移动到原点。

202　Return'——子程序结束。

203　'＃＃＃追踪中断＃＃＃

'中断程序的内容是:结束追踪模式、打开抓手、回到待避点。

204　*S91STOP'——程序分支标志。

205　Act 1＝0'——中断程序1有效区间终点。

206　Trk Off'——结束追踪模式。

207　HOpen 1'——抓手 OFF。

208　P91P＝P_Fbc(1)'——设置 P91P 为当前点。

209　P91P.Z＝P1.Z'——设置 P91P 的 Z 坐标为 P1.Z(原点高度)。

210　Mvs P91P Type 0,0'——升高机器人。

211　Mov P1'——回到原点。

212　GoTo *LBFCHK'——跳转回追踪缓存区信息判断。

227'各位置变量和调节变量的初始值。

P1:运行前需要设置

PAC1＝(100.000,100.000,0.000,0.000,0.000,0.000,0.000,0.000)(0,0)

PAC11＝(100.000,100.000,0.000,0.000,0.000,0.000,0.000,0.000)(0,0)

PAC12＝(100.000,100.000,0.000,0.000,0.000,0.000,0.000,0.000)(0,0)

PAC13＝(100.000,100.000,0.000,0.000,0.000,0.000,0.000,0.000)(0,0)

PAC2＝(100.000,100.000,0.000,0.000,0.000,0.000,0.000,0.000)(0,0)

PAC3＝(100.000,100.000,0.000,0.000,0.000,0.000,0.000,0.000)(0,0)

PDLY1＝(1.000,0.000,0.000,0.000,0.000,0.000,0.000,0.000)(0,0)

PDLY2＝(1.000,0.000,0.000,0.000,0.000,0.000,0.000,0.000)(0,0)

POFSET＝(0.000,0.000,0.000,0.000,0.000,0.000,0.000,0.000)(0,0)

PPT＝(0.000,0.000,0.000,0.000,0.000,0.000,0.000,0.000)(0,0)

PRI＝(1.000,1.000,0.000,0.000,0.000,0.000,0.000,0.000)(0,0)

PRNG＝(300.000,200.000,0.000,0.000,0.000,0.000,0.000,0.000)(0,0)

PTN＝(1.000,0.000,0.000,0.000,0.000,0.000,0.000,0.000)(0,0)

PUP1＝(50.000,−50.000,−70.000,0.000,0.000,0.000,0.000,0.000)(0,0)

PUP2＝(0.000,−50.000,−50.000,0.000,0.000,0.000,0.000,0.000)(0,0)

PWK＝(1.000,0.000,0.000,0.000,0.000,0.000,0.000,0.000)(0,0)

15.12　CM1程序—追踪数据写入程序

　　本节介绍"CM1"程序。"CM1"程序是一个与1#程序同时运行的程序。"传送带追踪模式"与"视觉追踪模式"的"CM1"程序是不同的,在不同的模式下选用不同的"CM1"程序。

15.12.1　用于传送带追踪的程序

　　"CM1"程序计算光电开关检测到的工件坐标,该坐标为机器人坐标。这一坐标数据由"A程序"和"C程序"获得。"CM1"程序将计算完成的数据写入在"追踪缓存区"中,

"追踪缓存区"是临时存放数据的区域。

（1）获取的数据

① 编码器每一脉冲机器人的移动量（P_EncDlt）。

②"光电开关检测点"与"机器人抓取工件的位置点"的编码器数据之差。

③ 机器人抓取工件的位置。

（2）流程图

CM1 程序是自动程序，放置在任务区 2。"CM1 程序"流程图如图 15-53 所示。

（3）CM1 程序

1 '＃＃＃＃＃主程序＃＃＃＃＃

2 * S00MAIN'——程序分支标志。

3 GoSub * S10DTGET'——获取数据子程序。

4 * LOOP'——程序分支标志。

5 GoSub * S20WRITE'——工件位置写入程序。

6 GoTo * LOOP'——跳转到"* LOOP"行。

7 End'——主程序结束。

8 '＃＃＃＃＃获取数据程序＃＃＃＃＃

9 * S10DTGET'——程序分支标志。

10 '——有关抓取工件位置数据、编码器数值、编码器编号已经由 C 程序获得。

11 MWKNO=M_09#'——获取工件类型数。

12 M10ED#＝M_101#(MWKNO)'——编码器数值差。

13 MENCNO=P_102(MWKNO).X'——编码器编号。

14 MSNS=P_102(MWKNO).Y'——传感器序号。

15 '——计算光电开关检测到的工件位置（X/Y）。

16 PWPOS＝P_100(MWKNO)－P_EncDlt(MENCNO) * M10ED#'——

P_100(MWKNO)—机器人抓取工件位置。

P_EncDlt(MENCNO) * M10ED#—从抓取位置到光电检测点的移动量。

PWPOS——光电检测点位置。

以上是计算光电检测点位置的计算。

17 Return'——子程序结束。

18 '＃＃＃＃＃位置数据写入程序＃＃＃＃＃

19 * S20WRITE'——程序分支标志。

20 If M_In(MSNS)＝0 Then GoTo * S20WRITE'——如果光电开关未有动作，则继续等待（M_In(MSNS)是光电检测点输入信号），否则（即 M_In(MSNS)＝1,光电开关动作，就执行下一行动作）：

21 MENC#＝M_Enc(MENCNO)'——获取此时的编码器数值。

22 TrWrt PWPOS,MENC#,MWKNO,1,MENCNO'——关键就是这一句：将光电开关检测点的数据写入缓存区。写入的数据有：工件在检测点的位置、检测点的编码器值、工件种类数、缓存区序号、编码器编号。

23 * L20WAIT'——程序分支标志。

24 If M_In(MSNS)＝1 Then GoTo * L20WAIT'——如果光电开关＝ON,就一直在等待,否则结束子程序。

25 Return'——子程序结束。

图 15-53 "CM1 程序"流程图

15.12.2 用于视觉追踪的 CM1 程序

（1）CM1 程序中使用的数据

"CM1"程序将视觉系统识别的工件位置写入机器人追踪区缓存区，"追踪缓存区"是临时存放追踪数据的区域。

在 CM1 程序中使用的数据如下：

① 编码器每一脉冲机器人的移动量（P_EncDlt）。

②"视觉系统检测点"与"机器人位置点"的编码器数据之差。

③ 由视觉系统识别的工件位置。

④ 由视觉系统识别到的工件位置点与机器人抓取点的编码器数据之差。

⑤ 工件间距。

⑥ 在传送带移动方向上的视觉区域。

⑦ 由视觉系统识别的工件长度。

（2）"1#程序"与"CM1 程序"的关系

1#程序追踪传送带上的工件取决于由"CM1 程序"写入在追踪缓存区中的工件信息。"CM1 程序"将被识别的工件位置写入在追踪缓存区中。被存储在追踪缓存区中的信息由 1#程序读出，机器人根据这些信息追踪工件。

"1#程序"与"CM1 程序"的关系可以简述为：

①"CM1 程序"将视觉系统识别的工件位置信息写入"追踪缓存区"。

② 1#程序读出"追踪缓存区"的信息并据此进行追踪工件。

（3）实用 CM1 程序

① CM1 程序流程图 CM1 程序流程图如图 15-54 所示。

在以上程序中，最重要的读数据和写数据的子程序，程序名为 S40CHKS，其程序流程图如图 15-55 所示。

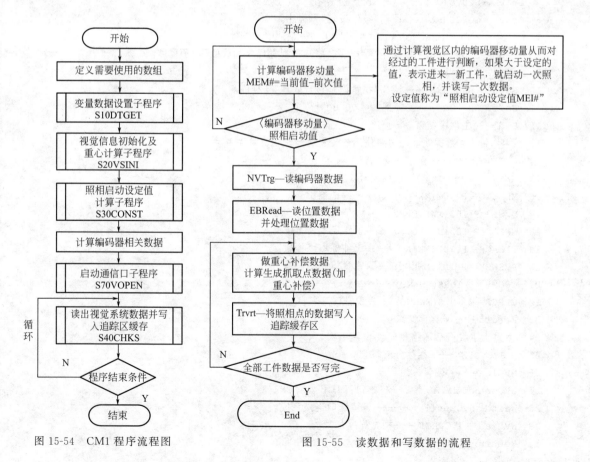

图 15-54 CM1 程序流程图

图 15-55 读数据和写数据的流程

工件位置与编码器关系如图 15-56 所示。

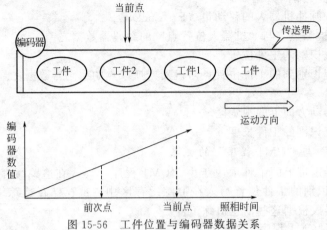

图 15-56　工件位置与编码器数据关系

② 实用 CM1 程序：

1　Dim MX(4),MY(4),MT(4),PVS(4)'——定义需要使用的数组。

2　'#####主程序处理#####

3　* S00MAIN'——程序分支标记。

4　GoSub * S10DTGET'——调用"数据获取处理"子程序。

5　GoSub * S20VSINI'——调用"视觉初始化处理"子程序。

6　GoSub * S30CONST'——调用"条件设定"子程序。

7　MEP# = M_Enc(MENCNO)+MEI#+100'——编码器数据处理。

8　GoSub * S70VOPEN'——调用"视觉端口打开＋视觉程序加载处理"子程序。

9　* L00_00'——程序分支标记。

10　GoSub * S40CHKS'——调用"视觉识别检查处理"子程序。

11　GoTo * L00_00'——跳转到"* L00_00"行。

12　End'——主程序结束。

13　'#####数据处理—对要使用的变量进行赋值#####

14　* S10DTGET'——程序分支标记。

15　MWKNO=1'——M_09#机种编号。

16　MENCNO= P_102(MWKNO).Y'——编码器编号。

17　MVSL= P_103(MWKNO).X'——VS 画面尺寸长边距离。

18　MWKL= P_103(MWKNO).Y'——工件尺寸长边距离。

19　PTEACH= P_100(MWKNO)'——工件抓取点位置。

20　PVSWRK= P_101(MWKNO)'——视觉识别的位置。

21　CCOM$= C_100$(MWKNO)'——COM 口编号。

22　CPRG$= C_101$(MWKNO)'——视觉程序名。

23　Return'——子程序结束。

24　'#####开启通信端口#####

25　* S70VOPEN'——程序分支标记。

26　NVClose'——端口关闭。

27　NVOpen CCOM$ As #1'——端口打开＋登录 ON。

28　Wait M_NvOpen(1)=1'——等待端口连接完成。

29　NVLoad #1,CPRG$'——视觉程序加载。

30　Return'——子程序结束。

31　'＃＃＃＃视觉系统初始化处理/计算视觉重心与抓取中心偏差,如果超出设定值就报警＃＃＃＃

32　＊S20VSINI'——程序分支标记。

33　MED1＃＝M_100＃(MENCNO)'——M_100＃＝B程序标定时传送带移动量。

34　PRBORG＝P_EncDlt(MENCNO)＊MED1＃'——PRBORG＝视觉识别点位置。

35　MED2＃＝M_101＃(MWKNO)'——M_101＃＝C程序标定时编码器移动量。

36　PBACK＝P_EncDlt(MENCNO)＊MED2＃'——C程序理论抓取点。

37　PWKPOS＝PRBORG＋PVSWRK＋PBACK'——将视觉识别工件变换至机器人区域的位置。

38　PVTR＝(P_Zero/PWKPOS)＊PTEACH'——视觉重心位置和夹持位置的向量。

39　If PVTR.X〈-PCHK.X Or PVTR.X〉PCHK.X Then Error 9110'——追踪位置的计算结果与理论值有较大差异时报错。

40　If PVTR.Y〈-PCHK.Y Or PVTR.Y〉PCHK.Y Then Error 9110

41　Return'——子程序结束。

42　'＃＃＃＃条件设定/摄像启动条件计算＃＃＃＃

43　＊S30CONST'——程序分支标记。

44　MDX＝P_EncDlt(MENCNO).X'——1个脉冲的移动量(X);

45　MDY＝P_EncDlt(MENCNO).Y'——1个脉冲的移动量(Y);

46　MDZ＝P_EncDlt(MENCNO).Z'——1个脉冲的移动量(Z);

47　MD＝Sqr(MDX^2＋MDY^2＋MDZ^2)'——1个脉冲的向量移动量计算。

48　MEI＃＝Abs((MVSL-MWKL)/MD)'——摄像启动设定值计算。

49　Return'——子程序结束。

50　'＃＃＃＃视觉系统识别检查处理＃＃＃＃

51　＊S40CHKS'——程序分支标记。

52　＊LVSCMD'——程序分支标记。

53　＊LWAIT'——程序分支标记。

54　MEC＃＝M_Enc(MENCNO)'——获取当前编码器值。

55　MEM＃＝MEC＃-MEP＃'——"当前编码器当前值"减去"前次编码器值"。

56　If MEM＃〉800000000.0＃ Then MEM＃＝MEM＃-1000000000.0＃

57　If MEM＃〈-800000000.0＃ Then MEM＃＝MEM＃＋1000000000.0＃'——以上是对编码器数值处理。

58　If Abs(MEM＃)〉MEI＃ GoTo ＊LVSTRG'——编码器移动量和相机启动设定值的比较。

59　Dly 0.01'——暂停0.01s。

60　GoTo ＊LWAIT'——跳转到"＊LWAIT"行。

61　＊LVSTRG'——程序分支标记。

62　MEP＃＝MEC＃'——"编码器当前值"写入"前次值"。

63　NVTrg ＃1,5,MTR1＃,MTR2＃,MTR3＃,MTR4＃,MTR5＃,MTR6＃,MTR7＃,MTR8＃'——摄像要求＋获取编码器值。

64　'——获取编码器值。

65　If M_NvOpen(1)〈〉1 Then Error 9100'——通信异常。

66　EBRead ＃1,"",MNUM,PVS1,PVS2,PVS3',PVS4'——读取视觉系统数据。

67　PVS11＝PVS1'——赋值计算。

68　PVS(1)＝PVSCal(1,PVS11.X,PVS11.Y,PVS11.C)'——视觉标定。

69　PVS(1).C＝PVS1.C'——赋值计算。

70　PVS22＝PVS2'——赋值计算。

71　PVS(2)＝PVSCal(1,PVS22.X,PVS22.Y,PVS22.C)'——视觉标定。

72　PVS(2).C＝PVS2.C'——赋值计算。

73　PVS33＝PVS3'——赋值计算。

74　PVS(3)＝PVSCal(1,PVS33.X,PVS33.Y,PVS33.C)'——视觉标定。

75　PVS(3).C＝PVS3.C'——赋值计算。

76 PVS44＝PVS4′——赋值计算。

77 PVS(4)＝PVScal(1,PVS44.x,PVS44.y,PVS44.c)′——视觉标定。

78 If MNUM＝0 Then GoTo * LVSCMD′——没有检测到工件时跳回子程序首行。

79 If MNUM〉4 Then MNUM＝4′——设为工件数为最大 4 个。

80 For M1＝1 To MNUM′——循环次数为识别个数。

81 MX(M1)＝PVS(M1).X′——数据获取。

82 MY(M1)＝PVS(M1).Y′——数据获取。

83 MT(M1)＝PVS(M1).C′——数据获取。

84 Next M1′——下一循环。

85 GoSub * S60WRDAT′——调用"识别数据存储处理"子程序。

86 Return′——子程序结束。

87 ′＃＃＃＃＃追踪数据存储处理＃＃＃＃＃

88 * S60WRDAT′——程序分支标记

89 For M1＝1 To MNUM′——处理次数为识别个数。

90 PSW＝P_Zero′——初始化置零。

91 PSW＝PRBORG′——PRBORG 为"B 程序确定的理论视觉点"。

92 PSW.X＝PSW.X＋MX(M1)′——生成视觉识别位置。

93 PSW.Y＝PSW.Y＋MY(M1)′——生成视觉识别位置。

94 PSW.C＝PSW.C－MT(M1)′——生成视觉识别位置。

95 PRW＝P_Zero′——初始化置零。

96 PVTR.X＝－40′——赋值。

97 PVTR.Y＝－72′——赋值。

98 PFIX＝P_Zero′——初始化置零。

99 PFIX.X＝8′——赋值。

100 PFIX.Y＝－13′——赋值。

101 PVVV＝PVTR * PFIX′——计算(两点乘法运算)。

102 PRW＝PSW＋PVVV′——最终获得的视觉点 PRW 计算公式。

PRW＝B 程序理论点＋视觉补偿＋重心补偿

103 PRW.FL1＝P_100(MWKNO).FL1′——赋值。

104 PRW.FL2＝P_100(MWKNO).FL2′——赋值。

105 Select MENCNO′——根据编码器编号选择执行不同的写入指令。

106 Case 1′——MENCNO＝1。

107 TrWrt PRW,MTR1♯,MWKNO,1,MENCNO′——写入"识别点"及"编码器数值"。变量依次为：位置，编码器值，工件种类编号，缓存编号，编码器编号。

108 Break′——结束选择语句"Select MENCNO"。

109 Case 2′——MENCNO＝2。

110 TrWrt PRW,MTR2♯,MWKNO,1,MENCNO′——位置，编码器值，机种编号，缓存编号，编码器编号。

111 Break′——结束选择语句"Select MENCNO"。

112 Case 3′——MENCNO＝3。

113 TrWrt PRW,MTR3♯,MWKNO,1,MENCNO′——位置，编码器值，机种编号，缓存编号，编码器编号。

114 Break′——结束选择语句"Select MENCNO"。

115 Case 4′——MENCNO＝4。

116 TrWrt PRW,MTR4♯,MWKNO,1,MENCNO′——位置，编码器值，机种编号，缓存编号，编码器编号。

117 Break′——结束选择语句"Select MENCNO"。

118 Case 5′——MENCNO＝5。

119 TrWrt PRW,MTR5♯,MWKNO,1,MENCNO′——位置，编码器值，机种编号，缓存编号，编码器编号。

120 Break′——结束选择语句"Select MENCNO"。

121 Case 6′——MENCNO＝6。

122 TrWrt PRW,MTR6#,MWKNO,1,MENCNO'——位置,编码器值,机种编号,缓存编号,编码器编号。

123 Break'——结束选择语句"Select MENCNO"。

124 Case 7'——MENCNO＝7。

125 TrWrt PRW,MTR7#,MWKNO,1,MENCNO'——位置,编码器值,机种编号,缓存编号,编码器编号。

126 Break'——结束选择语句"Select MENCNO"。

127 Case 8'——MENCNO＝8。

128 TrWrt PRW,MTR8#,MWKNO,1,MENCNO'——位置,编码器值,机种编号,缓存编号,编码器编号。

129 Break'——结束选择语句"Select MENCNO"。

130 End Select'——结束选择语句"Select MENCNO"。

131 Next M1'——进入下一循环。

132 Return'——子程序结束。

133 PVS(1)＝(＋0.000,＋0.000,＋0.000,＋0.000,＋0.000,＋0.000,＋0.000,＋0.000)(0,0)

134 PVS(2)＝(＋0.000,＋0.000,＋0.000,＋0.000,＋0.000,＋0.000,＋0.000,＋0.000)(0,0)

135 PVS(3)＝(＋0.000,＋0.000,＋0.000,＋0.000,＋0.000,＋0.000,＋0.000,＋0.000)(0,0)

136 PVS(4)＝(＋0.000,＋0.000,＋0.000,＋0.000,＋0.000,＋0.000,＋0.000,＋0.000)(0,0)

137 PTEACH＝(＋0.000,＋0.000,＋0.000,＋0.000,＋0.000,＋0.000,＋0.000,＋0.000)(0,0)

138 PCSWRK＝(＋0.000,＋0.000,＋0.000,＋0.000,＋0.000,＋0.000,＋0.000,＋0.000)(0,0)

139 PRBORG＝(＋0.000,＋0.000,＋0.000,＋0.000,＋0.000,＋0.000,＋0.000,＋0.000)(0,0)

140 PBACK＝(＋0.000,＋0.000,＋0.000,＋0.000,＋0.000,＋0.000,＋0.000,＋0.000)(0,0)

141 PWKPOS＝(＋0.000,＋0.000,＋0.000,＋0.000,＋0.000,＋0.000,＋0.000,＋0.000)(0,0)

142 PVTR＝(＋0.000,＋0.000,＋0.000,＋0.000,＋0.000,＋0.000,＋0.000,＋0.000)(0,0)

143 PCHK＝(＋100.000,＋100.000,＋0.000,＋0.000,＋0.000,＋0.000,＋0.000,＋0.000)(0,0)

144 PSW＝(＋0.000,＋0.000,＋0.000,＋0.000,＋0.000,＋0.000,＋0.000,＋0.000)(0,0)

145 PRW＝(＋0.000,＋0.000,＋0.000,＋0.000,＋0.000,＋0.000,＋0.000,＋0.000)(0,0)

PVS(1)＝(＋1012.661,＋648.378,＋0.000,＋0.000,＋0.000,＋179.511,＋0.000,＋0.000)(0,0)

PVS(2)＝(＋1012.661,＋648.378,＋0.000,＋0.000,＋0.000,＋179.511,＋0.000,＋0.000)(0,0)

PVS(3)＝(＋1012.661,＋648.378,＋0.000,＋0.000,＋0.000,＋179.511,＋0.000,＋0.000)(0,0)

PVS(4)＝(＋0.000,＋0.000,＋0.000,＋0.000,＋0.000,＋0.000,＋0.000,＋0.000)(,)

PTEACH＝(＋670.618,－41.811,＋217.342,＋0.000,＋0.000,－74.196,＋0.000,＋0.000)(0,0)

PVSWRK＝(＋550.148,＋20.165,＋0.000,＋0.000,＋0.000,＋179.511,＋0.000,＋0.000)(0,0)

PRBORG＝(＋1224.914,＋0.000,＋0.000,＋0.000,＋0.000,＋0.000,＋0.000,＋0.000)(4,0)

PBACK＝(－1070.989,＋0.000,＋0.000,＋0.000,＋0.000,＋0.000,＋0.000,＋0.000)(4,0)

PWKPOS＝(＋704.073,＋20.165,＋0.000,＋0.000,＋0.000,＋179.511,＋0.000,＋0.000)(4,0)

PVTR＝(＋32.925,＋62.260,＋217.342,＋0.000,＋0.000,＋106.293,＋0.000,＋0.000)(0,0)

PCHK＝(＋900.000,＋800.000,＋0.000,＋0.000,＋0.000,＋0.000,＋0.000,＋0.000)(0,0)

PVS1＝(＋0.000,＋0.000,＋0.000,＋0.000,＋0.000,＋0.000,＋0.000,＋0.000)(0,0)

PVS2＝(＋0.000,＋0.000,＋0.000,＋0.000,＋0.000,＋0.000,＋0.000,＋0.000)(0,0)

PVS3＝(＋0.000,＋0.000,＋0.000,＋0.000,＋0.000,＋0.000,＋0.000,＋0.000)(0,0)

PVS11＝(＋0.000,＋0.000,＋0.000,＋0.000,＋0.000,＋0.000,＋0.000,＋0.000)(0,0)

PVS22＝(＋0.000,＋0.000,＋0.000,＋0.000,＋0.000,＋0.000,＋0.000,＋0.000)(0,0)

PVS33＝(＋0.000,＋0.000,＋0.000,＋0.000,＋0.000,＋0.000,＋0.000,＋0.000)(0,0)

PSW＝(＋1695.076,－170.838,＋0.000,＋0.000,＋0.000,－10332.774,＋0.000,＋0.000)(4,0)

PRW＝(＋1654.076,－243.838,＋217.342,＋0.000,＋0.000,－10226.480,＋0.000,＋0.000)(0,0)

PFIX＝(0.000,0.000,0.000,0.000,0.000,0.000,0.000,0.000)(,)

PVVV＝(0.000,0.000,0.000,0.000,0.000,0.000,0.000,0.000)(,)

PCSWRK＝(＋0.000,＋0.000,＋0.000,＋0.000,＋0.000,＋0.000,＋0.000,＋0.000)(,)

PVS0＝(＋0.000,＋0.000,＋0.000,＋0.000,＋0.000,＋0.000,＋0.000,＋0.000)(0,0)

PVS4＝(＋0.000,＋0.000,＋0.000,＋0.000,＋0.000,＋0.000,＋0.000,＋0.000)(,)

15. 13　自动运行操作流程

本节介绍在启动系统前如何操作机器人。

（1）预备

① 检查在机器人运动范围内是否有障碍物。

② 准备运行要执行的程序。

注意：如果没有机器人操作面板，必须使用外部信号按以下步骤操作机器人。

（2）预操作流程

① 设置示教单元的使能开关＝"DISABLE"（无效），如图 15-57 所示。

② 设置控制器模式开关＝"AUTOMATIC"（自动），如图 15-58 所示。

③ 按下伺服 ON 按键，SVO ON＝ON，如图 15-59 所示。

图 15-57　示教单元的使能
开关＝"DISABLE"（无效）

图 15-58　控制器模式
开关＝"AUTOMATIC"（自动）

图 15-59　伺服 ON

④ 选择程序号，如图 15-60 所示。

（3）执行

① 确认"急停"按键的功能有效而且不会引起机器人动作混乱。

② 使用控制器的操作面板运行程序（如果没有操作面板，就使用外部信号操作）。

③ 按下"启动"按键，如图 15-61 所示。

图 15-60　选择程序号

图 15-61　启动信号＝ON

（4）排除故障

如果机器人移动过程中出现报警，必须参考"报警手册"予以排除。

（5）结束

除非光电开关检测到工件或视觉系统识别到工件，否则机器人不会移动。

15.14 追踪功能指令及状态变量

15.14.1 追踪功能指令及状态变量一览

（1）指令一览表

表 15-11 为指令一览表。

表 15-11 指令一览表

指令名称	功能
TrBase	设置追踪模式的"追踪起点"和"编码器编号"
TrClr	对"追踪缓存区"清零
Trk	启动或结束"追踪模式"
TrOut	输出信号并读编码器数据
TrRd	从"追踪缓存区"读工件数据
TrWrt	向"追踪数据缓存区"写工件数据

（2）状态变量一览表

表 15-12 为状态变量一览表。

表 15-12 状态变量一览表

变量名称	功能	属性	数据类型
M_Enc	编码器数值	R/W	双精度实数
M_EncL	已经储存的编码器数值	R/W	双精度实数
P_EncDlt	编码器每一脉冲机器人移动量。这一数据由程序 A 生成	R/W	位置数据
M_Trbfct	存储在"追踪数据缓存区"的数据数量	R	整数
P_Cvspd	传送带速度（mm，rad/s）	R	位置数据
M_EncMax	编码器数据最大值	R	双精度实数
M_EncMin	编码器数据最小值	R	双精度实数
M_EncSpd	编码器速度（脉冲/秒）	R	单精度实数
M_TrkCQ	追踪操作状态 1:追踪模式 0:非追踪模式	R	实数

（3）相关函数功能一览表

表 15-13 为相关函数功能一览表。

表 15-13　相关函数功能一览表

Poscq	检查指定的点位是否在设置范围内	整数
TrWcur	获得当前工件位置	位置
TrPos	获取在追踪起点的工件位置	位置

15.14.2　追踪功能指令说明

（1）TrBase—追踪基本指令

① 功能本指令用于设定"追踪原点"和使用的"编码器编号"。

② 格式：

TrBaseo〈原点位置〉[,〈编码器编号〉]

③ 术语说明

a. 〈原点位置〉—追踪运行中的"追踪的起点"位置。

b. 〈编码器编号〉—使用的编码器连接到控制器的通道号。

④ 样例：

1　TrBase P0′——以 P_0 为"追踪原点"。

2　TrRd P1,M1,MKIND′——从追踪缓存区读出"被检测到的数据"。

3　Trk On,P1,M1′——以 P_1 和 M1 为对象进行追踪。

4　Mvs P2′——设置 P_1 的当前位置为 P1c,使得机器人跟踪工件操作中的目标位置为"P1c＊P_Zero/ P0＊P2"。这说明追踪过程中目标位置一直在改变(事实上也一直在变化)。系统能够识别的目标位置＝ "P1c＊P_Zero/P0＊P2"。P_2 是实际程序中的抓取点。

5　HClose 1′——抓手闭合。

6　Trk Off′——停止追踪。

⑤ 解释：

本指令用于设置"追踪原点"以及"编码器编号"。如果没有标写编码器编号则为预置值"1"。在控制器中设置有"追踪原点"及"编码器编号"的初始值,使用 TrBase 或 Trk 指令可以改变初始值。

"追踪原点"初始值＝P_Zero,"编码器编号"初始值＝1。

（2）TrClr—追踪缓存区数据清零指令

① 功能：清除追踪缓存区中的数据。

② 格式：

TrClr[〈缓存区编号〉]

③ 术语　[〈缓存区序号〉]：追踪数据缓存区的序号。设置范围：1～4。

④ 样例：

1　TrClr 1′——清除 1# 追踪缓存区内的数据。

2　＊LOOP′——程序分支标志。

3　If M_In(8)＝0 Then GoTo ＊LOOP′——判断语句。

4　M1#＝M_Enc(1)′——将当前编码器数值代入 M1#。

5　TrWrt P1,M1#,MK′——写入数据。

⑤ 说明

a. 清除存储在追踪缓存区内的数据。

b. 在追踪程序初始化时使用本指令。

（3）Trk—追踪功能指令

① 功能

a. Trk On—机器人进入追踪模式工作。

b. Trk Off—停止追踪。

② 格式：

Trk On[,〈测量位置数据〉[,[〈编码器数据〉]][,[〈追踪原点〉][,[〈编码器编号〉]]]]]]

③ 术语

a. 〈测量位置数据〉（可省略）：设置由传感器检测到的工件位置。

b. 〈编码器数据〉（可省略）：设置当检测到工件时编码器的数值。

c. 〈追踪原点〉（可省略）：设置追踪模式中使用的原点。如果省略，则使用 TrBase 指令设置的原点，其初始值＝PZero。

④ 样例：

1 TrBase P0$'$——设置 P_0 为追踪原点。

2 TrRd P1,M1,MKIND$'$——读出"追踪缓存区"数据。

3 Trk On,P1,M1$'$——追踪启动。以位置数据 P_1、编码器数据 M1 为基准进行追踪。

4 Mvs P2$'$——移动到 P_2 点。

5 HClose 1$'$——抓手 1＝ON。

6 Trk Off$'$——追踪模式结束。

⑤ 说明：追踪工作以检测点的"工件位置"和检测点动作时的"编码器数值"为基础进行追踪。

（4）TrOut—输出信号和读取编码器数值指令

① 功能：指定一个输出信号＝ON 和读取编码器数值。

② 格式：

TrOut〈输出信号编号(地址)〉,〈存储编码器 1 数值的变量〉[,[〈存储编码器 2 数值的变量〉]]
[,[〈存储编码器 3 数值的变量〉]][,[〈存储编码器 4 数值的变量〉]]
[,[〈存储编码器 5 数值的变量〉]][,[〈存储编码器 6 数值的变量]]
[,[〈存储编码器 7 数值的变量〉]][,[〈存储编码器 8 数值的变量〉]]]]]]]]

③ 样例：

1 *LOOP1$'$——程序分支标志。

2 If M_In(10)〈〉1 GoTo *LOOP1$'$——检查外部信号(光电开关)是否动作。没有动作就继续等待(如果光电开关＝ON,就执行下一步)。

3 TrOut 20,M1♯,M2♯$'$——指定输出信号 20＝ON,同时指定编码器 1 的数据存储在 M1♯变量中,编码器 2 的数据存储在 M2♯变量中。存储过程与输出信号＝ON 同步。

4 *LOOP2$'$——程序分支标志。

5 If M_In(21)〈〉1 GoTo *LOOP2$'$——如果 M_In(21)＝1,则:

6 M_Out(20)＝0$'$——设置 M_Out(20)＝0。

④ 说明

a. 本指令指定一个输出信号＝ON 和读取编码器数值。

b. 本指令可以在输出计算指令的同时获取由编码器测量的工件位置信息。

c. 通用输出信号是可以保持的，因此，在确认已经获取视觉系统信息后，必须使用

M_Out 变量使通用输出信号＝OFF。

（5）TrRd—读追踪数据指令

① 功能：从"追踪数据缓存区"中读位置追踪数据以及编码器数据等。

② 格式：

TrRd⟨位置数据⟩[,⟨编码器数据⟩][,[⟨工件类型数⟩][,[⟨缓存区序号⟩][,[⟨编码器编号⟩]]]]

③ 术语

a. ⟨位置数据⟩（不能够省略）：设置一个变量用于存储从缓存区中读出的工件位置。

b. ⟨编码器数值⟩（可省略）：设置一个变量用于存储从缓存区中读出的编码器数值。

c. ⟨工件类型数量⟩（可省略）：设置一个变量用于存储从缓存区中读出的工件类型数。

d. ⟨缓存区序号⟩（可省略）：设置被读出数据的缓存区序号（与参数 TRBUF 相关）。如果设置为 1 则可省略。设置范围：1～4。

e. ⟨编码器编号⟩（可省略）：设置一个变量用于存储从缓存区中读出的编码器编号。

④ 样例

a. 追踪操作程序：

1 TrBase P0'——设置 P0 为追踪原点。

2 TrRd P1,M1,MK'——读数据指令。读出的位置数据存储在 P1,编码器数据存储在 M1,工件类型数量存储在 MK。

3 Trk On,P1,M1'——追踪启动。工件检测点＝P1,同时的编码器数据为 M1。

4 Mvs P2'——前进到 P2 点。

5 HClose 1'——抓手闭合。

6 Trk Off'——追踪操作结束。

b. 传感器数据接收程序：

1 *LOOP'——程序分支标志。

2 If M_In(8)＝0 Then GoTo *LOOP'——M_In(8)是光电开关检测信号。

3 M1#＝M_Enc(1)'——将当前编码器数值代入 M1#。

4 TrRd P1,M1,MK'——读数据指令。读出的位置数据存储在 P1,编码器数据存储在 M1,工件类型数量存储在 MK。

⑤ 说明

a. 本指令读出由 TrWrt 指令写入指定缓存区的各数据：工件位置、编码器数值、工件类型数等等。

b. 如果执行本指令时，在指定的缓存区内没有数据，则发出报警，报警号为 2540。

（6）TrWrt—写追踪数据指令

① 功能：在追踪操作中，将位置数据，编码器数值写入"追踪数据缓存区"中。

② 格式：

TrWrt⟨位置数据⟩[,⟨编码器数值⟩][,[⟨工件类型数⟩][,[⟨缓存区序号⟩][,[⟨编码器编号⟩]]]]

③ 术语

a. ⟨位置数据⟩（不能省略）：指定由传感器检测的位置数据。

b. ⟨编码器数值⟩（可省略）：指在工件被检测到的位置点的编码器数值。获取的编码器数值存储在 M_Enc（）状态变量中并通常由 TrOut 指令指定。

c. ⟨工件类型数量⟩（可省略）：指定工件类型数量。设置范围：1～65535。

d.〈缓存区序号〉（可省略）：指定数据缓存区序号。设置＝1时，可以省略。设置范围：1～4。

e.〈编码器编号〉（可省略）：设置外部编码器编号。

④ 样例

a. 追踪操作程序：

1　TrBase P0'——设置 P_0 为追踪原点。

2　TrRd P1,M1,MKIND'——读数据指令。

3　Trk On,P1,M1'——追踪启动。

4　Mvs P2'——前进到 P_2 点。

5　HClose 1'——抓手闭合。

6　Trk Off'——追踪结束。

b. 光电传感器程序：

1　*LOOP'——程序分支标志。

2　If M_In(8)＝0 Then GoTo *LOOP'——如果光电开关的输入信号＝OFF,就反复循环等待,否则：

3　M1♯＝M_Enc(1)'——如果光电开关输入信号 8＝ON,就将此时的编码器数据赋予 M1♯。

4　TrWrt P1,M1♯,MK'——同时将此点位的工件数据 P1,编码器数据 M1♯ 和工件类型数写入缓存区。

⑤ 说明

a. 本指令用于将测量点（检测开关＝ON）的工件位置数据、编码器数值、工件类型数和编码器编号写入"追踪数据缓存区"。

b. 除工件位置外的其他参数可省略。

c. 用参数"TRCWDST"设置工件间隔距离,如果工件在间隔之内,就被视为同一工件。即使数据被写入 2 次或 2 次以上,也只有一个数据被存储在缓存区,因此使用 TrRd 指令只会读出 1 个数据。

15.15　故障排除

15.15.1　报警号在 9000～9900 之间的故障

表 15-14 为报警号在 9000～9900 之间的故障一览表。

表 15-14　报警号在 9000～9900 之间的故障一览表

报警编号	故障现象	故障原因及排除方法
9100	通信故障	原因:在 C 程序中视觉系统与机器人未正确连接或机器人未能登录在视觉系统中 处理:检查连接机器人和视觉系统的以太网电缆
9101	编码器编号超范围	原因:编码器编号设置超出范围 处理:检查程序中"PE"变量的 X 坐标值
9102	工件类型数超范围	原因:设置的"工件类型数"超出范围 处理:检查"C 程序"中变量"PRM1"的 X 坐标值。如果该值大于 11,则要修改 C 程序中的程序行"MWKMAX＝10"

报警编号	故障现象	故障原因及排除方法
9110	位置精度超范围	原因:由 A 程序和 C 程序计算的位置精度与理论值相差很大 处理: ①检查"CM1 程序"中的位置变量"PVTR"的 X 和 Y 坐标值。这些数值表示与理论值的差别 ②如果这些数值相差过大,则再次运行"A 程序""B 程序""C 程序" ③检查"CM1 程序"中的位置变量"PCHK"的 X 和 Y 坐标值是否不为"0"。如果=0,则需要修改这些差值到允许的精度
9199	程序错误	原因:在 1# 程序中的 ∗S50WKPOS 程序不能生成一个返回值 处理:检查 ∗S50WKPOS 程序中的"MY50STS"值不能够从 0 改变为其他值的原因

15.15.2 其他报警

表 15-15 为其他故障报警一览表。

表 15-15 其他故障报警一览表

报警号	故障现象	故障原因及排除方法
L2500	编码器数据错误	原因:编码器数值不正常 处理: ①以固定速度检查传送带的旋转状态 ②检查编码器连接状态 ③检查地线及接地
L2510	追踪参数错误	原因:追踪参数 ENCRGMN 和 ENCRGMX 设置值相反 处理:检查并重新设置参数 ENCRGMX 和 EN-CRGMN
L2520	追踪参数超范围	原因:参数 TRBUF 的设置值超范围 处理:检查并重新设置参数 TRBUF
L2530		原因:缓存区数据写入错误 处理: ①检查 TrWrt 指令的执行次数是否正确 ②检查参数 TRBUF 的设置是否正确 ③检查"CM1 程序"中的位置变量"PCHK"的 X 和 Y 坐标值是否不为"0"。如果=0,则需要修改这些差值到允许的精度
L2540	没有数据被写进缓存区,所以读不出数据	原因:没有数据被写进缓存区,所以读不出数据 处理: ①使用状态变量 M_Trbfct,确认缓存区内有数据之后再执行 TrRd 指令 ②确认读指令与写指令的缓存区序号相同

报警号	故障现象	故障原因及排除方法
L2560	追踪参数不当	原因:参数 EXTENC 设置超出范围。设置范围应为 1～8
L3982	点位不当不能使用	原因:奇异点
L6632	不能写入 TREN 信号	原因:在实时信号输入模式中,外部输出信号 810～817 不能被写入 处理:使用实时输入信号 TREN

15.16　参数汇总

与追踪功能相关的参数如下所示。

参数名称	参数简写	功能	出厂值
追踪缓存区	TRBUF	追踪缓存区的编号及大小(KB) 追踪缓存区用于存储追踪工作的数据。主要存储每一传送带的数据。当增加传送带时就要改变设置值。 设置范围:1～8。缓存区大小(设置范围):1～200(KB)	2,64

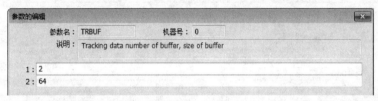

参数名称	参数简写	功能	出厂值
编码器数据最小值	ENCRGMN	编码器数据最小值。 编码器数值由状态变量"M_Enc"获得	0,0,0,0,0,0,0,0

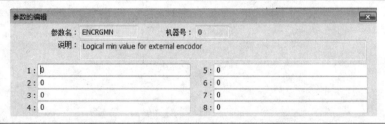

参数名称	参数简写	功能	出厂值
编码器数据最大值	ENCRGMX	编码器数据最大值。 编码器数值由状态变量"M_Enc"获得	100000000,

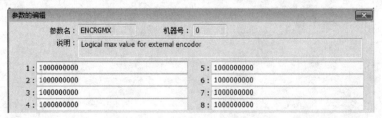

参数名称	参数简写	功能	出厂值
追踪调节系数 1	TRADJ1	以传送带速度 100mm/s 为基准设置一个延迟量 例 1：当传送带速度 = 50mm/s，需要延迟 2mm 时，设置 TRADJ1=4($2 \div 50 \times 100$) 例 2：当传送带速度 = 50mm/s，需要延迟 −1mm 时，设置 TRADJ1=−2($-2 \div 50 \times 100$)	

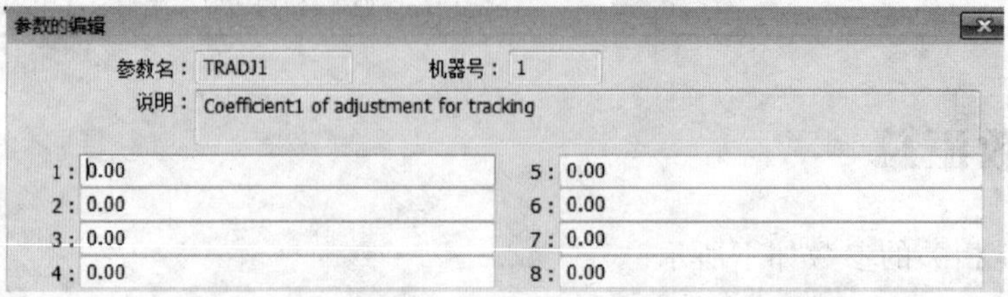

参数的编辑

参数名：TRADJ1　　　机器号：1

说明：Coefficient1 of adjustment for tracking

1：0.00　　　5：0.00
2：0.00　　　6：0.00
3：0.00　　　7：0.00
4：0.00　　　8：0.00

参数名称	参数简写	功能	出厂值
追踪调节系数 2	TRADJ2	修正传送带速度为： $U_c + \text{TRADJ2} \times (U_c - U_p)$ U_c—当前采样的传送带速度 U_p—前一次采样的传送带速度	

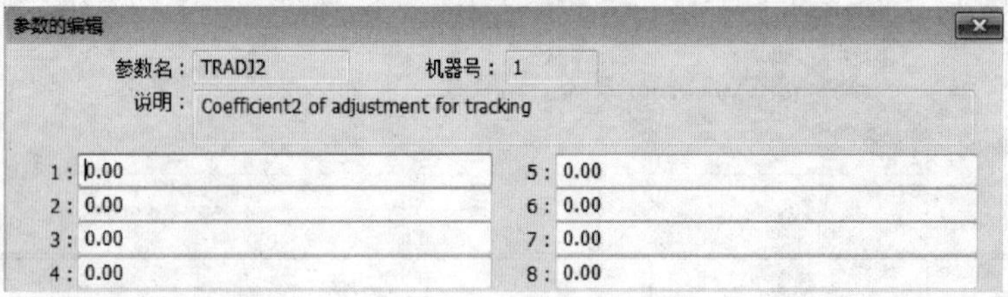

参数的编辑

参数名：TRADJ2　　　机器号：1

说明：Coefficient2 of adjustment for tracking

1：0.00　　　5：0.00
2：0.00　　　6：0.00
3：0.00　　　7：0.00
4：0.00　　　8：0.00

第 16 章

多个机器人视觉追踪分拣系统
的技术开发及应用

16.1 客户项目要求

本项目为使用机器人在传送带上进行工件分拣，如图 16-1 所示。客户的要求为：
① 工件类型有 50 种；
② 在一条传送带两侧上布置 8 个机器人；
③ 工件在传送带上是随机放置的，所以配置视觉系统进行工件位置检测；
④ 能够对分拣工件进行计数；
⑤ 能够随时调节传送带速度。

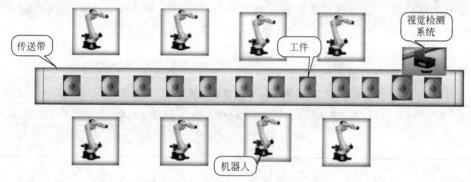

图 16-1　多机器人视觉追踪分拣系统

16.2 解决方案

（1）对机器人的工作调度
由视觉系统识别工件种类，将不同的工件分配给规定的机器人。视觉系统与机器人之间通过以太网通信。理论上是要求一个机器人对应一种工件。
（2）对工件进行分类
虽然工件品种多达 50 种，理论上每种工件对应一种抓手（吸嘴）和一种加工程序，但是经过观察和分析，可以将全部工件分为 2 大类：
① 对称型工件（简称 A 类工件）。
② 特异形状工作（简称 B 类工件）。
经过统计分析：A 类工件占 70%，B 类工件占 30%。
这样的分类对抓手及工装的制作、生产计划的安排、机器人工作任务的分配有极大的简化意义。

(3) 工装及抓手的简化

① 对应 A 类工件。由于几何中心也就是重心，所以在机器手中心装一个吸嘴，就可以对应所有的对称型工件（对于工件面积较大，重量较大的也可以布置 2 个吸嘴）。

② 对应 B 类工件。这种类型工件的"几何中心不是重心"，而视觉系统识别的是"几何中心"，所以对这类工件的抓取需要制作相对应的抓手。或 2 个吸嘴，或 4 个吸嘴，布置位置可能不同。抓手数量最多与工件数量相同，也可以根据工件形状进行合并或简化。

16.3 机器人的任务分配

机器人的任务分配是指"在一个生产周期内，分配 X 个机器人对应 A 类工件，分配 Y 个机器人对应 B 类工件"。

根据工作特点：如果在生产线上同时出现 2 种 B 类工件，就需要配置 2 个机器人应对。如果在生产线上同时出现 N 种 B 类工件，就需要配置 N 个机器人应对。但实际上只有 8 个机器人，因此必须合理地安排生产计划：

(1) 流量配置法

必须根据同时段出现 A 类工件与 B 类工件比例确认机器人配置比例，以工件流量为依据。

(2) 根据 B 类工件数配置

根据 B 类工件数，进行机器人配置。有几种 B 类工件，就需要几个机器人对应。

(3) 配置机器人计算方法

根据表 16-1 进行配置计算。

表 16-1 配置计算表

工件流量/(件/h)	B 类工件流量比	B 类工件品种数	机器人总数	应该占用机器人数
7000	2500 件 35%	4	8	2.85 圆整＝3

① 计算每小时工件流量。按传送带速度 300mm/s，2 工件/300mm 计算。结合上游机械生产速度，取每小时工件流量＝7000 件。

分类测算：其中 B 类工件＝2500 件，品种＝4，则 B 类工件流量比＝2500/7000＝35%

② 计算应该配置的机器人数：

应该配置的机器人数＝0.35×8

＝2.85

圆整＝3

调整后，B 类工件数＝3，对应 B 类工件的机器人＝3。

生产计划应该在一定时间内不变，因为对应不同的 B 类工件：a. 要更换和调整抓手（吸嘴）；b. 要更换机器人程序（抓取位置和摆放下料位置发生变化）。这需要专业工程师和大量辅助工作时间。

(4) 机器人工作程序的制订原则

在机器人抓取工件时，抓取中心（吸嘴）对准工件中心是最佳的工作状态，所以：

① 对应于 A 类工件。（对称型工件—几何中心就是重心）只需要一种抓手。

② 对应 B 类工件。应该以几何中心（视觉识别点）为基准，计算重心位置，设计抓手。

而在编制程序时，仍然将工件几何中心视作抓取点位置。

③ 对应超出机器人臂长工作范围的工件可以加装长抓手进行抓取工件。

16.4 控制系统硬件配置

控制系统硬件配置一览表如表 16-2 所示。

表 16-2　控制系统硬件配置一览表

序号	名称	型号	数量	备注
1	机器人	1	8	
2	输入输出卡	TZ-368	8	
3	编码器		8	
4	视觉系统		1	
5	变频器+电机		1	传送带用
6	PLC		1	主控制
7	操作盒		8	
8	触摸屏		1	

16.5 主要程序

（1）视觉追踪程序的种类和关系

在执行视觉追踪操作时，相关的追踪程序不是 1 个，而是 5 个。

① A 程序—标定单位脉冲机器人移动量；

② B 程序—标定视觉系统数据与机器人坐标值之间的关系；

③ C 程序—标定视觉点与抓取点之间的关系；

④ 1# 程序—自动追踪程序；

⑤ 数据通信程序 CM1—将识别视觉数据与自动程序通信。

各程序的相互关系如图 16-2 所示。

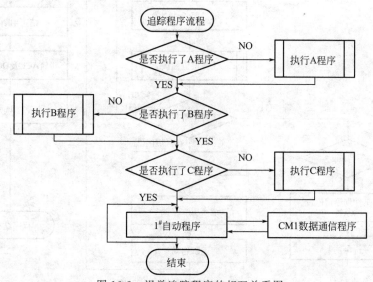

图 16-2　视觉追踪程序的相互关系图

（2）各程序执行顺序

① 首先顺序执行 A、B、C 程序，获得必要的数据。

② 在 1# 任务区输入 1# 程序，在 2# 任务区输入 CM1 程序。

③ 由 1# 程序启动 CM1 程序。

④ 1# 主程序流程图　1# 程序是"自动追踪程序"，其流程图如图 16-3 所示。

在 1# 程序中，抓取工件的子程序是主要程序，其流程图如图 16-4 所示。

（3）1# 程序的运动流程及各点位的关系

追踪动作各点位如图 16-5 所示。

① P_1—待避点（由操作者设定）。也称为"机器人原点"。程序启动后及追踪全部动作完成后回到的"位置点"。

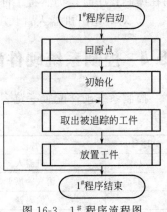

图 16-3　1# 程序流程图

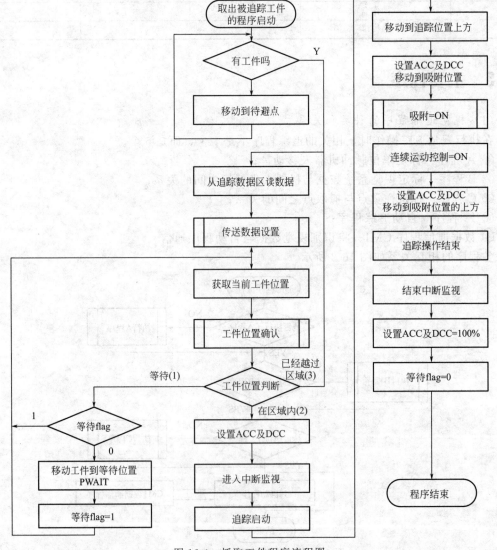

图 16-4　抓取工件程序流程图

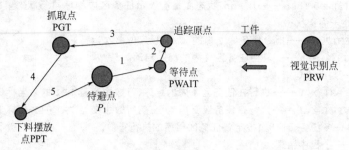

图 16-5　1#程序各点位示意图

② PWAIT—等待点。当工件在"等待区"时机器人的位置点。"等待点"的意义就是指令机器人到达一个最佳位置,等待工件进入追踪区。

③ PTBASE—追踪原点。追踪原点是进入追踪模式后的追踪起点。

④ PGT—抓料点。这是最重要的一点。在 C 程序中具体示教确定(设定为全局变量 P_100)。抓料点的设置应该在靠近追踪区结束位置,这样设置是为了满足工件相隔距离较小的场合。

⑤ PPT—下料摆放点。下料摆放点根据实际工况要求确定。

(4)对运动流程的说明

① 程序启动—机器人运动到待避点 P_1。

② 判断—在追踪缓存区是否有视觉数据(视觉数据由 CM1 程序写入)。

a. 如果 NO—继续判断循环。

b. 如果 YES—机器人运动到"等待点 PWAIT"。

③ 做"当前工件位置"判断

a. 如果在"等待区"——直停在"等待点 PWAIT"。

b. 如果进入"追踪区"—启动"追踪模式"。

④ 进入追踪模式后,移动到追踪原点"PTBASE"。在 1#程序中,PTBASE＝P_100。

⑤ 移动到"抓取点上方"—Mov PGT,PUP1.Y Type 0,0。

⑥ 移动到"抓取点"—Mov PGT Type 0,0。

⑦ 移动到"抓取点上方"(回程)—Mov PGT,PUP1.Z Type 0,0。

⑧ 移动到"下料摆放点 PPT"。

(5)实用 1#程序

```
9'＃＃＃主程序＃＃＃
10   * S00MAIN'——程序分支标记。
11   GoSub * S90HOME'——调回原点子程序。
12   GoSub * S10INIT'——调初始化子程序。
13   * LOOP'——循环指令。
14   GoSub * S20TRGET'——调用抓取工件子程序。
15   GoSub * S30WKPUT'——调放置工件子程序。
16   GoTo * LOOP'——反复执行以上 2 个程序。
17   End'——主程序结束。
19   '＃＃＃初始化子程序＃＃＃
30   TrClr 1'——对追踪缓存区 1 清零(重要)。
31   MWAIT1＝0'——对"工件到达标志"执行清零。
32   '///多任务启动(启动任务区 2 内的程序"CM1")///
```

34 If M_Run(2)＝0 Then'——M_Run:状态变量。表示任务区内程序执行状态。M_Run(2)＝0 表示任务区 2 内的程序处于停止状态。

35 XRun 2,"CM1",1'——指令任务区 2 内的"CM1"程序做单次运行。

36 Wait M_RUN(2)＝1'——等待任务区 2 内的程序启动。

37 EndIf'——判断语句结束。

38 Priority PRI.X,1'——执行在任务区 1 内的程序,行数由变量 PRI 的 X 坐标值确定。

39 Priority PRI.Y,2'——执行在任务区 2 内的程序,行数由变量 PRI 的 Y 坐标值确定。

Priority 指令—多任务工作时,指定各任务区程序的执行行数。

40 Return'——子程序结束。

42 '抓取工件子程序

43 * S20TRGET'——程序分支标志。

44 '///追踪缓存区数据检查///

45 * LBFCHK'——检查追踪缓存区数据。

46 If M_Trbfct(1)〉＝1 Then GoTo * LREAD'判断"追踪缓存区"内是否写入视觉识别数据,如果没有,就回原点等待;如果有,就跳转到 * LREAD。

M_Trbfct—状态变量。表示在追踪缓存区内的数据内容。

47 Mov P1 Type 0,0'—(如果追踪缓存区内没有写入)移动到 P1 点。P1 点是退避点位置。

48 MWAIT1＝0'——发出 MWAIT1＝0 信号。

49 GoTo * LBFCHK'——返回 * LBFCHK 继续进行缓存区数据检查。

50 '///工件数据采集///

51 * LREAD'——程序分支标志(如果追踪缓存区内有写入的数据,就跳转到本行)。

52 TrRd PBPOS,MBENC♯,MBWK％,1,MBENCNO％'——从追踪缓存区读数据。"位置数据"存储在 PBPOS 中,"编码器数值"存储在 MBENC♯ 中。

53 GoSub * S40DTSET'——调子程序 * S40DTSET。 * S40DTSET 子程序用于生成追踪起点和抓取点位置。

54'///工件位置判断///

55 * LNEXT'——程序分支标志。

56 PX50CUR＝ TrWcur(MBENCNO％,PBPOS,MBENC♯)'——获取当前数据位置。TrWcur 是函数,用于获得当前点的编码器数值和当前工件位置。由于工件在传送带上运行,所以 PX50CUR 是一个动态值。

MBENCNO％—编码器编号;PBPOS—当前位置;MBENC♯—编码器数值;PX50CUR—当前点的位置。

57 MX50ST＝PRNG.X'——设置追踪区启动位置线。

58 MX50ED＝PRNG.Y'——设置追踪区结束位置线。

59 MX50PAT＝PTN.X'——设置机带位置编号。PTN 用于表示传送带与机器人的位置关系。

60 GoSub * S50WKPOS'——调用确认工件位置程序。

以下是根据当前工件位置进行"等待""追踪""放弃"工作模式的选择。

61 If MY50STS＝3 Then GoTo * LBFCHK'——MY50STS 是当前位置的判断结果,如果已经超出追踪区范围,就跳转到 * LBFCHK 行,读取下一工件信息。MY50STS＝3 表示工件已经超出机器人工作范围。

62 If MY50STS＝2 Then GoTo * LTRST'——如果 MY50STS＝2,就跳转到 * LTRST,启动追踪程序(工件在追踪区之内)。

63 If MWAIT＝1 Then GoTo * LNEXT'——如果 MWAIT＝1,就跳转到 * LNEXT,再进行工件位置判断。

64'///到等待点 PWAIT///

65 PWAIT＝P1'——(P1 为待避点)把 PWAIT 点设置成为"待避点"。

66 Select PTN.X'——根据 PTN(机器人与传送带位置关系)选择程序流程。

67 Case 1 TO 2'——如果 PTN.X＝1～2,则:

68 PWAIT.X＝PX50CUR.X'——赋值。将工件被检测点位置的 X 值赋予 PWAIT.X。

69 Case 3 TO 6'——如果 PTN.X＝3～6,则:

70 PWAIT.Y＝PX50CUR.Y'——赋值。将工件被检测点位置的 Y 值赋予 PWAIT.Y。

71 End Select'——结束选择语句 Select PTN.X。

72　PWAIT.Z＝PX50CUR.Z＋PUP1.X'——PUP1.X＝待机高度(待机点的高度＝工件当前点高度＋调整值)。

73　PWAIT.C＝PX50CUR.C'——赋值。待机位置的C角度＝当前位置C角度。

以上对等待点设置完毕。

74　Mov PWAIT Type 0,0'——移动到待机点PWAIT。

75　MWAIT1＝1'——发出机器人到达"等待点"标志(表示机器人已经到达待机位置。等待工件进入追踪区。以上程序是设置一个"等待点"。等待点PWAIT的X、Y值与检测工件点相同。Z值比检测点高一个"调整量",C值与检测点相同。

76　GoTo * LNEXT'——跳转回"工件位置判断"程序行。

77'///启动追踪操作///包含了追踪启动指令,到达吸附点的动作。

78　* LTRST'——追踪程序标记。

79　Accel PAC1.X,PAC1.Y'——加减速时间设置。

80　Cnt 1,0,0'——连续轨迹有效。

81　Act 1＝1'——中断程序1有效区间起点。

82　Trk On,PBPOS,MBENC♯,PTBASE,MBENCNO％'——追踪启动(包括了移动到追踪起点及追踪工件的动作)。

83　Mov PGT,PUP1.Y Type 0,0'——PGT:移动到抓取位置上方近点。PUP1.Y:抓取前位置(高度)。

84　Accel PAC2.X,PAC2.Y'——设置加减速时间。

85　Mvs PGT'——移动到抓取位置。

86　HClose 1'——抓手闭合。

87　Dly PDLY1.X'——暂停,确认抓取。PDLY1.X—预先设置的吸附时间。

88　Cnt 1'——连续轨迹运行。

89　Accel PAC3.X,PAC3.Y'——设置加减速时间。

90　Mvs PGT,PUP1.Z'——移动到抓取(完成)位置点。PUP1.Z—预设的抓取(完成)位置点

91　Trk Off'——追踪结束。

……

95　Return'——子程序返回。

……

112　'——追踪数据设置(设置追踪起点、抓取点位置及调节量)。

113　* S40DTSET'——程序分支标志(生成追踪起点、抓取工作点)。

114　PTBASE＝P_100(PWK.X)'——生成追踪起点(P_100—C程序确定的抓取点)。

115　TrBase PTBASE,MBENCNO％'——设置追踪起点(注意,这时的追踪起点为P_100)。

116　PGT＝PTBASE * POFSET'——设置抓取位置(对抓取点进行精度调节,注意是乘法运算)。PTBASE—追踪起点;POFSET—抓取点调节量;PGT—抓取位置。

117　GoSub * S46ACSET'——调用子程序。

118　Return'—子程序结束。

16.6　调试及故障排除

16.6.1　动态标定故障及排除

(1) 故障现象

照相机为线扫描型:通过扫描成像,因此要求工件一直在运动,这与静态照相取得的数据是不同的。

初始方法是:在动态成像后,由视觉系统发出信号,机器人一侧使用IN指令收取视觉传送过来的标志信号,若收到信号,就执行编码器取值指令,否则就等待一直到收到标志信号。

B 程序和 C 程序都如此处理。标定完成后，进行抓取试运行，出现下列现象：

① 8 次试运行中，有 5 次无抓取动作，也没有回"等待点"动作。

② 有 2 次跟踪抓取动作，但是都在工件过了机器人原点后才跟踪动作，结果抓取失败。

③ 有一次跟踪抓取成功。

（2）初步判定

① 从多次工件被判定为超出工作区来看，是工件位置信息出了错误。

② 由于是动态视觉标定，视觉侧发出标定信号的时间点是否有问题？

③ 在 B 程序中发出标定信号的时间点和 C 程序中发出信号的时间点的延迟是否相同？

由于 B 程序和 C 程序的数据整定时间可能不同，这样是否会造成数据紊乱？如图 16-6 所示：数据整定的时间不是确定的，所以发出信号的位置点每次也是不同的。

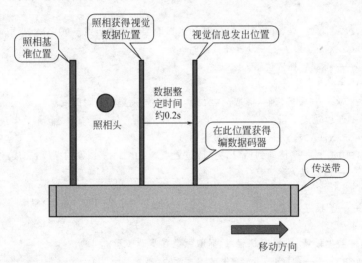

图 16-6 不同的数据整定时间造成的位置误差

（3）解决方案

① 方案 1 视觉厂家方面提出一解决方案：去掉整定时间，在"数据获取位"直接发出"获取编码器位置"指令。由 B 程序和 C 程序直接收取编码器数据，则"编码器数据"就与"视觉位置数据"完全对应。

在这之后发出"图像有无"信号，如果判断"无图像"就跳转到"报警位"，使程序复位后重新标定，如图 16-7 所示。

② 方案 2（用于 B 程序、C 程序标定） 在视觉拍摄获得图像后：

a. 停止传送带。

b. 移动传送带，使工件到达某标定位置。

c. 获取"编码器位置"。

这样"视觉获得的位置"与"编码器位置处的实际工件位置"之间有一个固定的"向量值"。这一差值可在机器人程序中予以补偿。

（4）处理

使用方案 1 后，即可进行正常追踪。

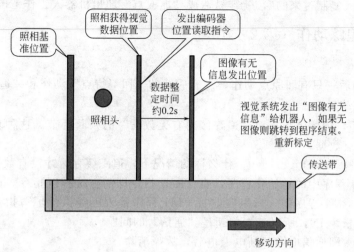

图 16-7　去掉数据整定时间

16.6.2　无追踪动作（第 1 类）

（1）故障现象

1#程序启动后，机器人动作如下：

① 有回"等待点"动作；

② 没有追踪动作，从"等待点"直接回"原点"，就是判断工件已经超出追踪区，判别信号＝3。

（2）判断及处理 1—观察工件在追踪区的位置

① 点动运行传送带，在机器人监视软件的"变量监视画面"观察当前工件位置 P50CUR.Y，并逐步观察其在 Y 方向的数值变化。观察到工件一进入"追踪区"，就立即发出超越"追踪区"的判断信号。该判断信号是做 2 个判断：1 工件是否超出机器人动作范围？2 工件是否超出追踪区动作范围？只要符合其中之一，就发出判断信号＝3。

② 判断：追踪区范围设置不当。

③ 再一次设置追踪区范围参数 PRNG；重新写入后断电上电。

④ 检查"抓取点"是否在追踪区范围。

启动后可以进入"追踪模式"。

⑤ 结论：追踪区参数未生效，重新写入后断电上电使其生效。

（3）处理 2—检查视觉偏差变量 PVTR

PVTR 是 CM1 程序中的一个表示视觉重心与抓取重心误差的一个变量，取决于 B 程序和 C 程序标定的结果。

如果 PVTR 值过大，则造成"识别点 PRW"误差过大，可能实际工件还在追踪工作区，但识别信息却误报工件在机器人工作范围之外，所以机器人会发出"工件超范围报警"。

处理办法：重新做 A 程序、B 程序、C 程序标定。标定的要点是：B 程序和 C 程序的编码器差值尽量接近，即使 B 程序标定的点位与 C 程序抓取点的点位尽量接近。

（4）处理 3

① 删除对视觉识别点 PRW 值的人为补偿。PRW 值尽量不做人为设置。

② 删除 POFSET 的补偿值。POFSET 在调试抓取点时再逐步调整。

POFSET 这个变量是对抓取点进行调整的变量，如果一开始就设置过大（设置数据可能是从其他机器人复制过来的），就容易造成"抓取点"超出机器人工作范围。

16.6.3 无追踪动作（第2类）

（1）现象

1#程序启动后，只有回原点动作，没有后续的"回等待点"动作和"追踪"动作。

（2）分析及处理

监视1#程序，程序停止在对"追踪区内有无数据"的判断环节。这种现象表明在"追踪缓存区"内没有数据。

现场观察 M_Trbfct(1)=0。什么样的情况下，追踪缓存区才没有数据呢？根据对程序的分析：在1#程序中的初始化程序，有 TRclr 指令即清空缓存区指令，而向追踪缓存区写指令的指令在 CM1 程序中，所以要监视 CM1 程序是否已经执行了写指令程序。写指令程序取决于通信指令 IN，所以基本判断是"通信"的问题。

重新插拔以太网通信电缆，断电上电后，故障消除。

第 17 章

机器人编程软件RT ToolBox2
的使用（4end T76）

RT ToolBox2 软件（以下简称 RT）是一款专门用于三菱机器人编程、参数设置、程序调试、工作状态监视的软件，其功能强大，编程方便。本章主要对 RT 软件的使用做一简明的介绍。

17.1 RT 软件的基本功能

17.1.1 RT 软件的功能概述

（1）RT 软件具备的五大功能
① 编程及程序调试功能。
② 参数设置功能。
③ 备份还原功能。
④ 工作状态监视功能。
⑤ 维护功能。
（2）RT 软件具备的三种工作模式
① 离线模式。
② 在线模式。
③ 模拟模式。

17.1.2 RT 软件的功能一览

RT 软件的功能如表 17-1 所示。

表 17-1　RT 软件的基本功能

功能	说明
离线—以电脑中的工程作为对象(不连接机器人控制器)	
机器人机型名称	显示要使用的机器人机型名称
程序	编制程序
样条	编制样条曲线
参数	设置参数。在与机器人连接后传入机器人控制器
在线—以机器人控制器中的工程作为对象(连接机器人控制器)	
程序	编制程序
样条	编制样条曲线

功能	说明
参数	设置参数
在线—监视(监视机器人工作状态)	
动作监视	可以监视任务区状态、运行的程序、动作状态、当前是否发生报警
信号监视	监视机器人的输入输出信号状态
运行监视	监视机器人运行时间、各个机器人程序的生产信息
在线—维护	
原点数据	设定机器人的原点数据
初始化	进行时间设定、程序全部删除、电池剩余时间的初始化、机器人的序列号的设定
位置恢复支持	进行原点位置偏差的恢复
TOOL 长自动计算	自动计算 TOOL 长度,设定 TOOL 参数
伺服监视	进行伺服电机工作状态的监视
密码设定	密码的登录/变更/删除
文件管理	能够对机器人遥控器内的文件进行复制、删除、名称变更
2D Vision Calibration	2D 视觉标定
在线—选项卡	
在线—TOOL	
力觉控制	
用户定义画面编辑	
示波器	
模拟	
模拟	完全模拟在线状态
节拍时间测定	
备份-还原	
备份	从机器人控制器传送工程文件到电脑
还原	从电脑传送工程文件到机器人控制器
MELFA-3D Vision	能够进行 MELFA-3D Vision 的设定和调整

17.2　程序的编制调试管理

17.2.1　编制程序

使用本软件有"离线"和"在线"模式,大多数编程是在离线模式下完成的,在需要调试和验证程序时则使用"在线模式"。在"离线模式"下编制完成的程序要首先保存在电脑里,在调试阶段,连接到机器人控制器后再选择"在线模式",将编制完成的程序写入"机器人控制器"。所以以下叙述的程序编制等全部为"离线模式"。

(1) 工作区的建立

工作区:就是一个总项目。

工程:就是总项目中每一个机器人的工作内容(程序、参数)。一个"工作区"内可以设置 32 个工程，也就是管理 32 个机器人。新建一个工作区的方法如下：

① 打开 RT 软件。

② 点击［工作区］→［新建］，弹出如图 17-1 所示的"工作区的新建"框，如图 17-1 所示，设置"工作区名称""标题"，点击"OK"。至此，一个新工作区设置完成。同时，弹出如图 17-2 所示的工程＊＊设置框。

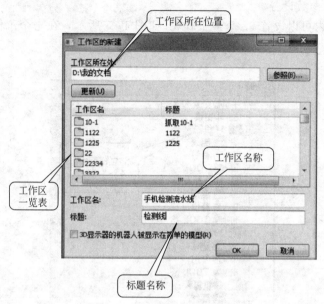

图 17-1 "工作区的新建"框

（2）工程的新建

工程就是总项目中每一个机器人的工作内容（程序、参数），所以需要设置的内容如图 17-2 所示。

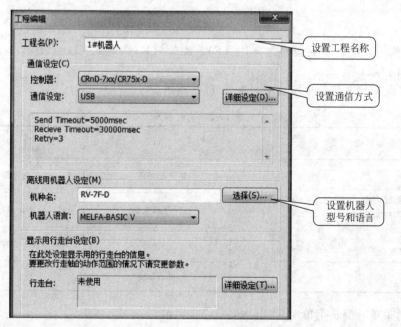

图 17-2 工程＊＊设置框

① 工程名称。

② 机器人控制器型号。

③ 与计算机的通信方式（如 USB、以太网）。

④ 机器人型号。

⑤ 机器人语言。

⑥ 行走台工作参数设置。

在一个工作区内可以设置 32 个"工程"。如图 17-3 所示，在一个工作区内设置了 4 个"工程"。

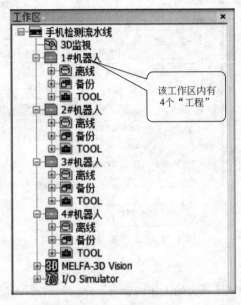

图 17-3　一个工作区内设置了 4 个"工程"

（3）程序的编辑

程序编辑时，菜单栏中会追加文件（F）、编辑（E）、调试（D）、工具（T）项目。各项目所含的内容如下：

① 文件菜单　文件菜单所含项目如表 17-2 所示。

表 17-2　文件菜单

菜单项目（文件）	项目	说明
覆盖保存(S)　　　Ctrl+S 保存在电脑上(A)... 保存到机器人上(T)... 页面设定(U)...	覆盖保存	以现程序覆盖原程序
	保存到电脑	将编辑中的程序保存在电脑
	保存到机器人	将编辑中程序保存到机器人控制器
	页面设定	设置打印参数

② 编辑菜单　编辑菜单所含项目如表 17-3 所示。

表 17-3　编辑菜单

菜单项目(编辑)		项目	说明

编辑(E)　调试(D)　工具(T)　窗口(W)　帮助

↶ 还原(U)　　　　　　Ctrl+Z	
↷ Redo(R)　　　　　　Ctrl+Y	
还原 - 位置数据(B)	
Redo - 位置数据(-)	
✂ 剪切(T)　　　　　　Ctrl+X	
🗐 复制(C)　　　　　　Ctrl+C	
🗎 粘贴(P)　　　　　　Ctrl+V	
复制 - 位置数据(Y)	
粘贴 - 位置数据(A)	
检索(F)...　　　　　　Ctrl+F	
从文件检索(N)...	
替换(E)...　　　　　　Ctrl+H	
跳转到指定行(J)...	
全写入(H)	
部分写入(S)	
🗎 选择行的注释(M)	
🗎 选择行的注释解除(I)	
注释内容的统一删除(V)	
命令行编辑 - 在线(D)	
命令行插入 - 在线(O)	
命令行删除 - 在线(L)	

还原	撤销本操作
Redo	恢复原操作(前进一步)
还原-位置数据	撤销本位置数据
Redo-位置数据	恢复-位置数据(前进一步)
剪切	剪切选中的内容
复制	复制选中的内容
粘贴	把复制、剪切的内容粘贴到指定位置
复制-位置数据	对位置数据进行复制
粘贴-位置数据	对复制的位置数据进行状态
检索	查找指定的字符串
从文件中检索	在指定的文件中进行查找
替换	执行替换操作
跳转到指定行	跳转到指定的程序行
全写入	将编辑的程序全部写入机器人控制器
部分写入	将编辑程序的选定部分写入机器人控制器
选择行的注释	将选择的程序行变为"注释行"
选择行注释的解除	将"注释行"转为程序指令行
注释内容的统一删除	删除全部注释
命令行编辑-在线	调试状态下编辑指令
命令行插入-在线	调试状态下插入指令
命令行删除-在线	调试状态下删除指令

③ 调试菜单　调试菜单所含项目如表 17-4 所示。

表 17-4　调试菜单

项目	说明
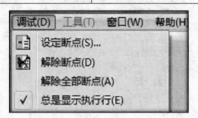	
设定断点	设定单步执行时的"停止行"
解除断点	解除对"断点"的设置
解除全部断点	解除对全部"断点"的设置
总是显示执行行	在执行行显示光标

④ 工具菜单　工具菜单所含项目如表 17-5 所示。

表 17-5　工具菜单

项目	说明
语法检查	对编辑的程序进行"语法检查"
指令模板	提供标准指令格式供编程使用
直角位置数据统一编辑	对"直角位置数据"进行统一编辑
关节位置数据统一编辑	对"关节位置数据"进行统一编辑
节拍时间测量	在模拟状态下对选择的程序进行运行时间测量
选项	设置编辑的其他功能

（4）新建和打开程序

① 新建程序　在"工程树"点击［程序］→［新建］，弹出程序名设置框。设置程序名后，弹出编程框，如图 17-4 所示。

② 打开　在"工程树"点击［程序］，弹出原有排列程序框。选择程序名后，点击［打开］，弹出编程框，如图 17-4 所示。

（5）编程注意事项

① 无需输入程序行号，软件自动生成"程序行号"。

② 输入指令不区分大小写字母，软件自动转换。

③ 直交位置变量、关节位置变量在各自编辑框内编辑；位置变量的名称，不区分大小写字母。编辑位置变量时，有［追加］、［变更］、［删除］等按键。

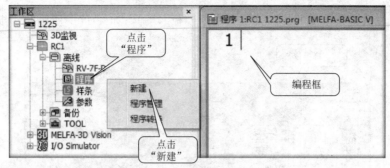

图 17-4　新建及打开编程框

④ 编辑中的辅助功能如剪切、复制、粘贴、检索（查找）、替换与一般软件的使用方法相同。

⑤ 位置变量的统一编辑—本功能用于对于大量的位置变量需要统一修改某些轴的变量

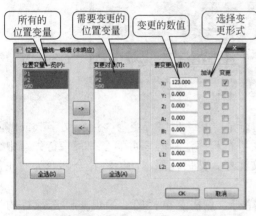

图 17-5　位置变量的统一编辑

（可以加减或直接修改）的场合，可用于机械位置发生相对移动的场合。点击［工具］→［位置变量统一变更］就弹出如图 17-5 所示的画面。

⑥ 全写入　本功能是将"当前程序"写入机器人控制器中。点击菜单的［编辑］→［全写入］。在确认信息显示后，点击［OK］。这是本软件特有的功能。

⑦ 语法检查　用于检查所编辑的程序在语法上是否正确，在向控制器写入程序前执行。点击菜单栏的［工具］→［语法检查］。语法上有错误的情况下，会显示发生错误的程序行和错误内容，如图 17-6 所示。语法检查功能是经常使用的。

⑧ 指令模板　指令模板就是"标准的指令格式"。如果编程者记不清楚程序指令，可以使用本功能。本功能可以显示全部的指令格式，只要选中该指令双击后就可以插入到程序指

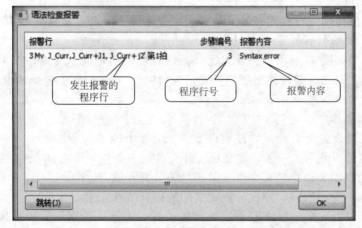

图 17-6　语法检查报警框

令编辑位置处。

使用方法：点击菜单栏的［工具］→［指令模板］，弹出如图 17-7 所示的"指令模板框"。

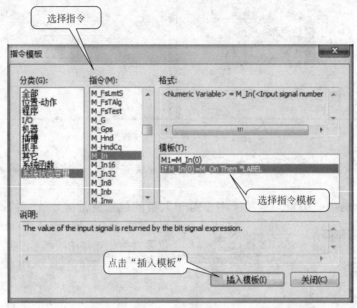

图 17-7　指令模板框

⑨ 选择行的注释/选择行的注释解除　本功能是将某一程序行变为"注释文字"或解除这一操作。在实际编程中，特别是对于使用中文进行程序注释时，可能会一行一行先写中文注释，最后再写程序指令。因此，可以先写中文注释，然后使用本功能将其全部变为"注释信息"。这是简便的方法之一。

在指令编辑区域中，选中要转为注释的程序行，点击菜单栏的［编辑］→［选择行的注释］。选中的行的开头会加上注释文字标志"/"。另外，选中需要解除注释的行后，再点击菜单栏的［编辑］→［选择行的注释解除］，就可以解除选择行的注释。

(6) 位置变量的分类

位置变量的编辑是最重要的工作之一。位置变量分为：

① 直交型变量。

② 关节型变量。

在进行位置变量编辑时首先要分清是"直交型变量"还是"关节型变量"。

(7) 位置变量的编辑

编辑位置变量如图 17-8 所示。首先区分是位置变量还是关节变量，如果要增加一个新的位置点，点击"追加"键，弹出"位置变量编辑框"。在"位置变量编辑框"，需要设置以下项目：

① 设置变量名称

a. 直交型变量设置为 P＊＊＊，注意以 P 开头，如 P1，P2，P10。

b. 关节型变量设置为 J＊＊＊，注意以 J 开头，如 J1，J2，J10。

② 选择变量类型　选择是直交型变量还是关节型变量。

③ 设置位置变量的数据　设置位置变量的数据有两种方法：

a. 读取当前位置数据—当使用示教单元移动到"工作目标点"后，直接点击"当前位置读取"键，在左侧的数据框立即自动显示"工作目标点"的数据，点击"OK"，即设置了当前的位置点。这是常用的方法之一。

b. 直接设置数据—根据计算，直接将数据设置到对应的数据框中，点击"OK"，即设置了位置点数据。如果能够用计算方法计算运行轨迹，则用这种方法。

④ 数据修改　如果需要修改"位置数据"，操作方法如下（如图 17-8 所示）：

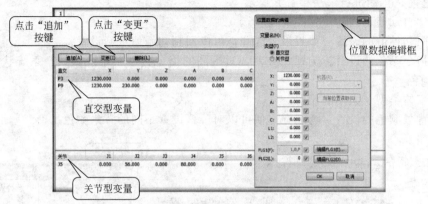

图 17-8　位置变量编辑

a. 选定需要修改的数据。

b. 点击"变更"按键，弹出如图 17-9 所示的"位置数据编辑框"。

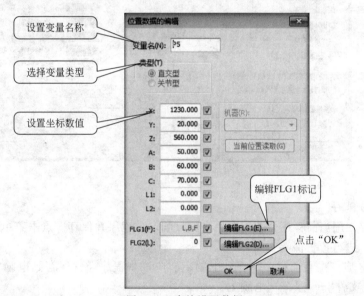

图 17-9　直接设置数据

c. 修改位置数据。

d. 点击"OK"，数据修改完成。

⑤ 数据删除　如果需要删除"位置数据"，操作方法如下（如图 17-8 所示）。

a. 选定需要删除的数据。

b. 点击"删除"按键，点击"YES"。

c. 数据删除完成。

（8）编辑辅助功能

点击［工具］→［选项］，弹出编辑窗口的"选项窗口"，如图 17-10 所示。该选项窗口有以下功能：

① 调节"编辑窗口"各分区的大小，即调节程序编辑框、直交位置数据编辑框、关节位置数据编辑框的大小。

② 对编辑指令语法检查的设置。对编辑指令的正确与否进行自动检查，可在写入机器人控制器之前，自动进行语法检查并提示。

③ 对"自动获得当前位置"的设置。

④ 返回初始值的设置。如果设置混乱，可以回到初始值重新设置。

⑤ 对指令颜色的设置。为视觉方便，对不同的指令类型、系统函数、系统状态变量标以不同的颜色。

⑥ 对字体类型及大小的设置。

⑦ 对背景颜色的设置。为视觉方便可以对屏幕设置不同的背景颜色。

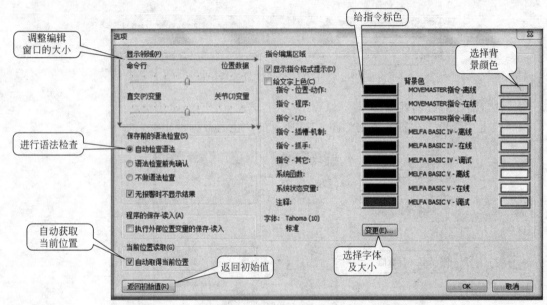

图 17-10　选项窗口

（9）程序的保存

① 覆盖保存　用当前程序"覆盖"原来的（同名）程序并保存。点击菜单栏的［文件］→［覆盖保存］后，进行覆盖保存。

② 保存到电脑　将当前程序保存到电脑上。应该将程序经常保存到电脑上，以免丢失。点击菜单栏的［文件］→［保存在电脑上］。

③ 保存到机器人　在电脑与机器人连线后，将当前编辑的程序保存到机器人控制器。调试完毕一个要执行的程序后应将其保存到机器人控制器上。点击菜单栏的［文件］→［保存在机器人上］。

17.2.2　程序的管理

（1）程序管理

程序管理是指以"程序"为对象，对"程序"进行复制、移动、删除、重新命名、比较等操作。操作方法如下：

点击［程序］→［程序管理］，弹出如图 17-11 所示的"程序管理"框。

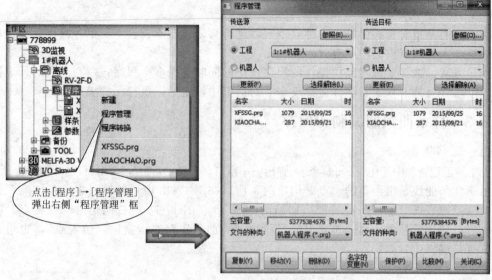

图 17-11　程序管理框

程序管理框分为左右两部分，如图 17-12 所示。左边为"传送源区域"，右边为"传送目标区域"。每一区域内又可以分为：

a. "工程区域"—该区域的程序在电脑上。

b. 机器人控制器区域。

c. 存储在电脑其他文件夹的程序。

选择某个区域，某个区域内的"程序"就以"一览表"的形式显示出来。对程序的复制、移动、删除、重新命名、比较等操作可以在以上 3 个区域内互相进行。

如果左右区域相同则可以进行复制、删除、更名、比较操作，但无法进行"移动"操作。

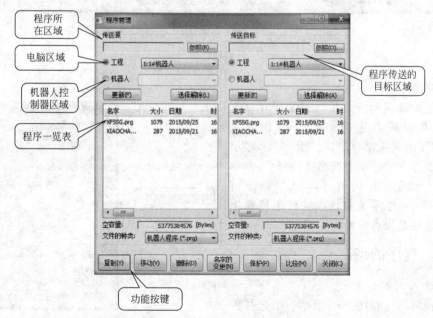

图 17-12　程序管理的区域及功能

程序的复制、移动、删除、重新命名、比较等操作与一般软件相同，根据提示框就可以操作。

（2）保护的设定

保护功能是指对于被保护的文件，不允许进行移动、删除、名字变更等操作。保护功能仅仅对机器人控制器内的程序有效。

操作方法：选择要进行保护操作的程序；能够同时选择多个程序；左右两边的列表都能选择。点击［保护］按钮，在［保护设定］对话框中设定后，执行保护操作。

17.2.3　样条曲线的编制和保存

（1）编制样条曲线

点击"工程树"中［在线］→［样条］，弹出一小窗口，选择"新建"，弹出窗口如图 17-13 所示。

由于样条曲线是由密集的"点"构成的，所以在图 17-13 所示的窗口中，各"点"按表格排列，通过点击"追加"键可以追加新的"点"。在图 17-13 的右侧是对"位置点"的编辑框，可以使用示教单元移动机器人通过读取"当前位置"获得新的"位置点"，也可以通过计算直接编辑位置点。

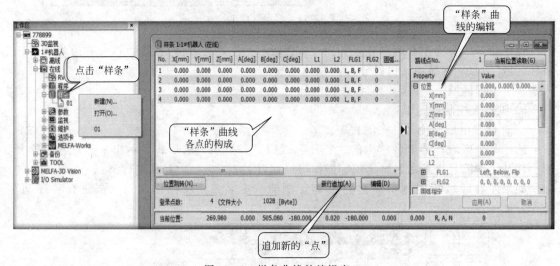

图 17-13　样条曲线的编辑窗口

（2）保存

当样条曲线编制完成后，需要保存该文件，操作方法是点击［文件］→［保存］。图 17-14 是样条曲线保存窗口。图 17-15 显示了已经制作保存的样条曲线名称数量。

在加工程序中使用"MVSPL"指令可以直接调用 ** 号样条曲线，这对于特殊运行轨迹的处理是很有帮助的。

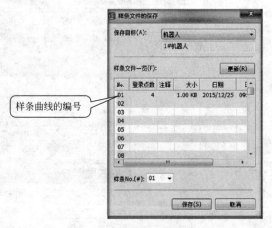

图 17-14　样条曲线保存窗口

17.2.4　程序的调试

（1）进入调试状态

从工程树的［在线］→［程序］中选择程序，点击鼠标右键，从弹出窗口中点击［调试状态下打开]，弹出如图 17-16 所示窗口。

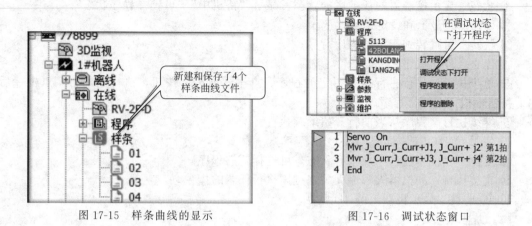

图 17-15　样条曲线的显示　　　　　图 17-16　调试状态窗口

（2）调试状态下的程序编辑

调试状态下，通过菜单栏的［编辑］→［命令行编辑-在线］、［命令行插入-在线］、［命令行删除-在线］选项来编辑、插入和删除相关指令，如图 17-17 所示。位置变量可以和通常状态一样进行编辑。

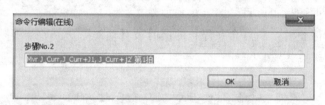

图 17-17　调试状态下的程序编辑

（3）单步执行

如图 17-18 所示，点击"操作面板"上的"前进""后退"按键，可以一行一行地执行程序。"继续执行"是使程序从"当前行"开始执行。

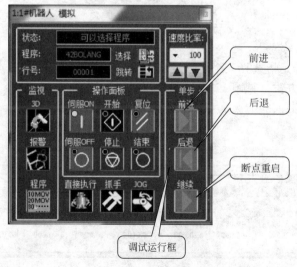

图 17-18　软操作面板的各调试按键功能

（4）操作面板上各按键和显示器上的功能

① 状态　显示控制器的任务区的状态。显示"待机中""可选择程序状态"。

② OVRD　显示和设定速度比率。

③ 跳转　可跳转到指定的程序行号。

④ 停止　停止程序。

⑤ 单步执行　一行一行执行指定的程序。点击［前进］按钮，执行当前行。点击［后退］按钮，执行上一行程序。

⑥ 继续执行　程序从当前行开始继续执行。

⑦ 伺服 ON/OFF　伺服 ON/OFF。

⑧ 复位　复位当前程序及报警状态。可选择新的程序。

⑨ 直接执行　和机器人程序无关，可以执行任意的指令。

⑩ 3D 监视　显示机器人的 3D 监视。

（5）断点设置

在调试状态下可以对程序设定"断点"。所谓"断点功能"是指设置一个"停止位置"，程序运行到此位置就停止。

在调试状态下单步执行以及连续执行时，会在设定的"断点程序行"停止执行程序。停止后，再启动又可以继续单步执行。

断点最多可设定 128 个，程序关闭后全部解除。断点有以下两种：

① 持续断点：即便停止以后，断点仍被保存。

② 临时断点：停止后，断点会在停止的同时被自动解除。

断点的设置如图 17-19 所示。

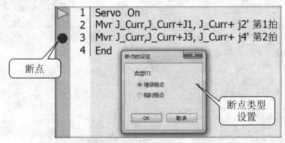

图 17-19　断点的设置

（6）直接位置跳转

"位置跳转"功能是指选择某个"位置点"后直接运动到该"位置点"。

位置跳转的操作方法（见图 17-20）如下：

① （在有多个机器人的情况下）选择需要使其动作的机器人。

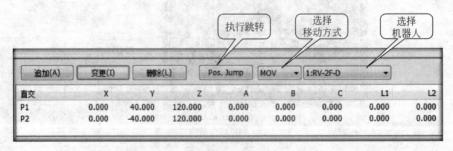

图 17-20　位置跳转的操作方法

② 选择移动方法（Mov：关节插补移动。Mvs：直线插补移动）。

③ 选择要移动的位置点。

④ 点击位置跳转［Pos.Jump］按钮。

在实际使机器人动作的情况下，会显示提醒注意的警告。

（7）退出调试状态

要结束"调试状态"，点击程序框中的"关闭"图标即可，如图 17-21 所示。

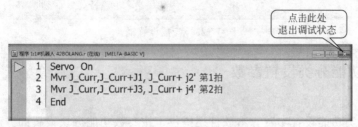

图 17-21 关闭"调试状态"

17.3 参数设置

参数设置是本软件的重要功能，可以在软件上或示教单元上对机器人设置参数。各参数的功能已经在第 5 章做了详细说明，在对参数有了正确理解后用本软件可以快速方便地设置参数。

17.3.1 使用参数一览表

点击工程树［离线］→［参数］→［参数一览］，弹出如图 17-22 所示的"参数一览表"。"参数一览表"按参数的英文字母顺序排列，双击需要设置的参数后，弹出该参数的设置框，如图 17-23 所示，然后根据需要进行设置。

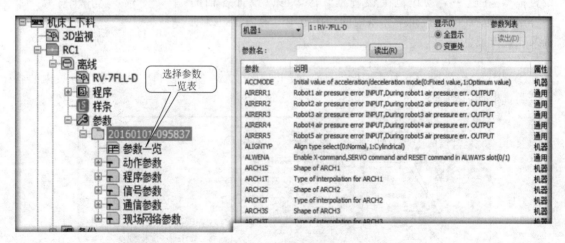

图 17-22 参数一览表

使用参数一览表的好处是可以快速地查找和设置参数，特别是知道参数的英文名称时可以快速设置。

图 17-23　参数设置框

17.3.2　按功能分类设置参数

（1）参数分类

为了按同一类功能设置参数，本软件还提供了按参数功能分块设置的方法。这种方法很实用，在实际调试设备时通常使用这一方法。本软件将参数分为以下大类：

① 动作参数。

② 程序参数。

③ 信号参数。

④ 通信参数。

⑤ 现场网络参数。

每一大类又分为若干小类。

（2）动作参数

① 动作参数分类　点击［动作参数］，展开如图 17-24 所示窗口。这是动作参数内的各小分类，根据需要选择。

② 设置具体参数　操作方法：点击［离线］→［参数］→［动作参数］→［动作范围］，弹出如图 17-25 所示的"动作范围设置框"，在这一"动作范围设置框"内，可以设置各轴的"关节动作范围""在直角坐标系内的动作范围"等内容，既明确又快捷方便。

图 17-24　动作参数分类

（3）程序参数

① 程序参数分类　点击［程序参数］，展开如图 17-26 所示窗口。这是程序参数内的各小分类，根据需要选择。

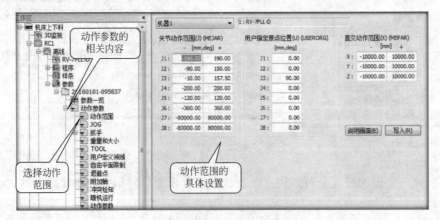

图 17-25　设置具体参数

图 17-26 程序参数分类

② 设置具体参数 操作方法：点击［离线］→［参数］→［程序参数］→［插槽表］，弹出如图 17-27 所示的"插槽表"，在"插槽表设置框"内，可以设置需要预运行的程序。

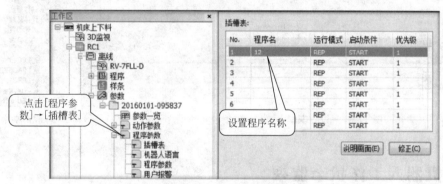

图 17-27 设置具体参数

（4）信号参数

① 信号参数分类 点击［信号参数］，展开如图 17-28 窗口。这是信号参数内的各小分类，根据需要选择。

② 设置具体参数 操作方法：点击［离线］→［参数］→［信号参数］→［专用输入输出信号分配］→［通用 1］，弹出如图 17-29 所示的"专用输入输出信号设置框"，在"专用输入输出信号设置框"内，可以设置相关的输入输出信号。

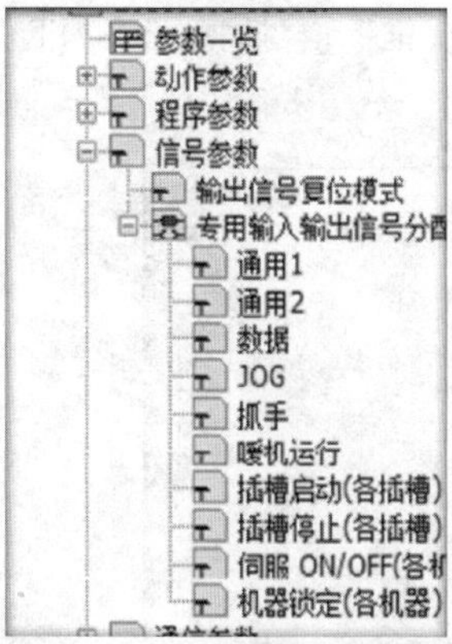

（5）通信参数

① 通信参数分类 点击［通信参数］，展开如图 17-30 所示窗口。这是通信参数内的各小分类，根据需要选择。

② 设置具体通信参数 操作方法：点击［离线］→［参数］→［通信参数］→［Ethernet 设定］，弹出如图 17-31 所示的"以太网通信参数设置框"，在"以太网通信参数设置框"内，可以设置相关的通信参数。

（6）现场网络参数

点击［现场网络参数］，展开如图 17-32 所示窗口。这是现

图 17-28 信号参数分类

场网络参数内的各小分类，根据需要选择设置。

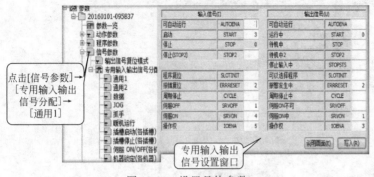

图 17-29　设置具体参数

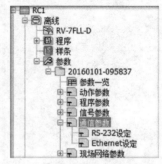

图 17-30　通信参数分类

图 17-31　设置具体通信参数

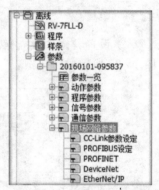

图 17-32　现场网络参数分类

17.4　机器人工作状态监视

17.4.1　动作监视

（1）任务区状态监视

监视对象：任务区的工作状态。即显示任务区（SLOT）是否可以写入新的程序。如果该任务区内的程序正在运行，就不可写入新的程序。

点击［监视］→［动作监视］→［插槽状态］，弹出"插槽状态监视框"［"插槽（SLOT）"就是"任务区"］，如图 17-33 所示。

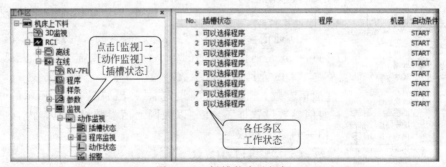

图 17-33　插槽状态监视框

（2）程序监视

监视对象：任务区内正在运行程序的工作状态，即正在运行的"程序行"。

点击［监视］→［动作监视］→［程序监视］，弹出"程序监视框"，如图 17-34 所示。

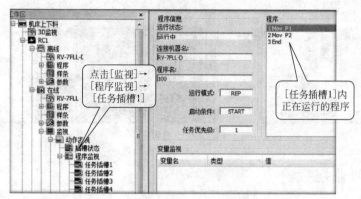

图 17-34　程序监视框

（3）动作状态监视

监视对象：

① 直角坐标系中的当前位置；

② 关节坐标系中的当前位置；

③ 抓手 ON/OFF 状态；

④ 当前速度；

⑤ 伺服 ON/OFF 状态。

点击［监视］→［动作监视］→［动作状态］，弹出"动作状态框"，如图 17-35 所示。

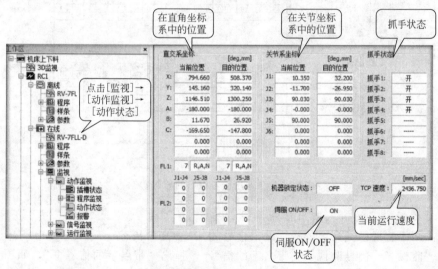

图 17-35　动作状态框

（4）报警内容监视

点击［监视］→［动作监视］→［报警］，弹出"报警框"，如图 17-36 所示。在"报警框"内显示有报警号、报警信息、报警时间等内容。

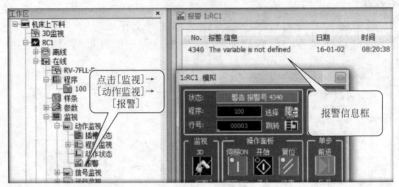

图 17-36 报警框

17.4.2 信号监视

（1）通用信号的监视和强制输入输出

功能：用于监视输入输出信号的 ON/OFF 状态。

点击［监视］→［信号监视］→［通用信号］，弹出"通用信号框"，如图 17-37 所示。在"通用信号框"内除了监视当前输入输出信号的 ON/OFF 状态以外，还可以：

① 模拟输入信号；

② 设置监视信号的范围；

③ 强制输出信号 ON/OFF。

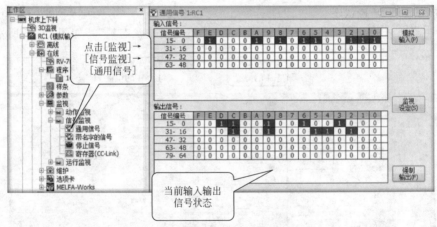

图 17-37 "通用信号框"的监视状态

（2）对已经命名的输入输出信号监视

功能：用于监视已经命名的输入输出信号的 ON/OFF 状态。

点击［监视］→［信号监视］→［带名字的信号］，弹出"带名字的信号框"，如图 17-38 所示。在"带名字的信号框"内可以监视已经命名的输入输出信号的 ON/OFF 状态。

（3）对停止信号以及急停信号监视

功能：用于监视停止信号以及急停信号的 ON/OFF 状态。

点击［监视］→［信号监视］→［停止信号］，弹出"停止信号框"，如图 17-39 所示。在"停止信号框"内可以监视停止信号以及急停信号的 ON/OFF 状态。

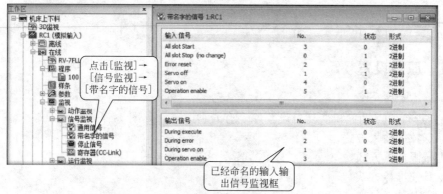

图 17-38 "带名字的信号框"内监视已经命名的输入输出信号的 ON/OFF 状态

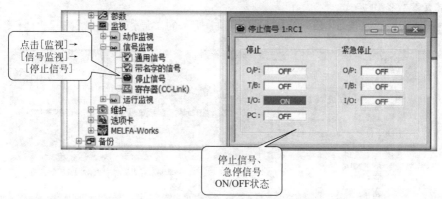

图 17-39 "停止信号框"内监视停止信号以及急停信号的 ON/OFF 状态

17.4.3 运行监视

监视运行时间：

① 功能：用于监视机器人系统的运行时间。

② 点击［监视］→［运行监视］→［运行时间］，弹出"运行时间框"，如图 17-40 所示。在"运行时间框"内可以监视"电源 ON 时间""运行时间""伺服 ON 时间"等内容。

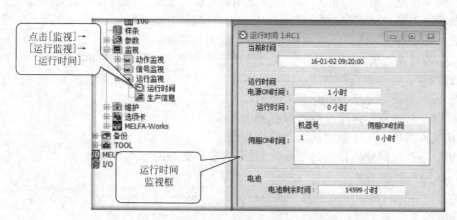

图 17-40 运行时间框

17.5 维护

17.5.1 原点设置

（1）设置方式

功能：进行原点设置和恢复。设置原点有 6 种方式，如图 17-41 所示。

① 原点数据输入方式。

② 机械限位器方式。

③ 工具校准棒方式。

④ ABS 原点方式。

⑤ 用户原点方式。

⑥ 原点参数备份方式。

点击［维护］→［原点数据］，弹出如图 17-41 所示的"原点数据设置框"。

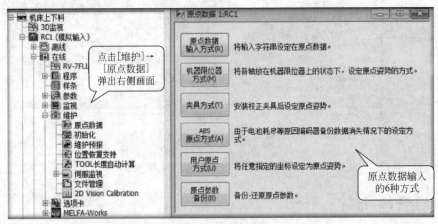

图 17-41　原点数据设置框

（2）原点数据输入方式

原点数据输入方式—直接输入"字符串"。

功能：将出厂时厂家标定的原点写入控制器。出厂时，厂家已经标定了各轴的原点，并且作为随机文件提供给了使用者。一方面使用者在使用前应该输入"原点文件"—原点文件中每一轴的原点是一"字符串"。使用者应该妥善保存"原点文件"。另一方面，如果原点数据丢失后，可以直接输入原点文件的字符串，以恢复原点。

本操作需要在连机状态下操作。点击［原点数据输入方式］，弹出如图 17-42 所示"原点数据设定框"，各按键作用如下。

① 写入—将设置完毕的数据写入控制器。

② 保存文件—将当前原点数据保存到电脑中。

③ 从文件读出—从电脑中读出"原点数据文件"。

④ 更新—从控制器内读出的"原点数据"，显示最新的原点数据。

（3）机械限位器方式

功能：以各轴机械限位器位置为原点位置。

操作方法（见图 17-43）：

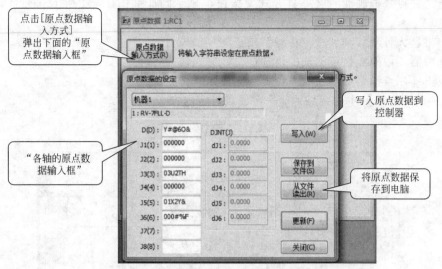

点击[原点数据输入方式]
弹出下面的"原点数据输入框"

写入原点数据到控制器

"各轴的原点数据输入框"

将原点数据保存到电脑

图 17-42　原点数据输入方式—直接输入"字符串"

① 点击原点数据画面的［机器限位器方式］按钮，显示画面；
② 将机器人移动到机器限位器位置；
③ 选中需要做原点设定的轴的复选框；
④ 点击［原点设定］按钮（原点设置完成）。

图中［前回方法］中，会显示前一次原点设定的方式。

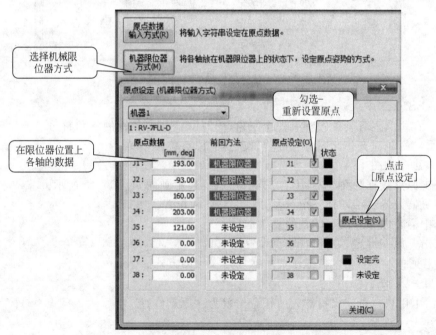

选择机械限位器方式

勾选–重新设置原点

在限位器位置上各轴的数据

点击［原点设定］

图 17-43　［机器限位器方式］设置原点数据画面

（4）工具校准棒方式

功能：以"校正棒"校正各轴的位置，并将该位置设置为原点。

操作方法（见图 17-44）：

① 点击原点数据画面的［夹具方式］按钮，显示画面如图 17-44 所示（夹具方式就是校正棒方式）。

② 将机器人各轴移动到"校正棒"校正的各轴位置。

③ 选中需要做原点设定的轴的复选框。

④ 点击［原点设定］按钮（原点设置完成）。

图中［前回方法］中，会显示前一次原点设定的方式。

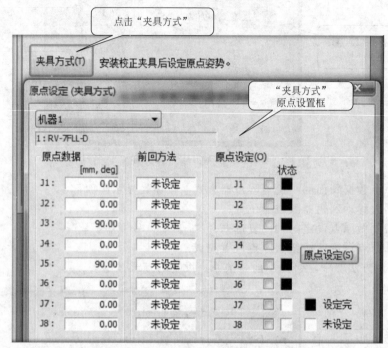

图 17-44　［夹具方式］设置原点数据画面

（5）ABS 原点方式

功能：在机器人各轴位置都有一个三角符号"△"，将各轴的三角符号"△"与相邻轴的三角符号"△"对齐，此时各轴的位置就是"原点位置"。

操作方法（见图 17-45）：

① 点击原点数据画面的［ABS 方式］按钮，显示画面如图 17-45 所示。

② 将机器人各轴移动到三角符号"△"对齐的位置。

③ 选中需要做原点设定的轴的复选框。

④ 点击［原点设定］按钮（原点设置完成）。

图中［前回方法］中，会显示前一次原点设定的方式。

（6）用户原点方式

功能：由用户自行定义机器人的任意位置为"原点位置"。

操作方法（见图 17-46）：

① 点击原点数据画面的［用户原点］按钮，显示画面类似图 17-46。

② 将机器人各轴移动到用户任意定义的原点位置。

③ 选中需要做原点设定的轴的复选框。

④ 点击［原点设定］按钮（原点设置完成）。

图中［前回方法］中，会显示前一次原点设定的方式。

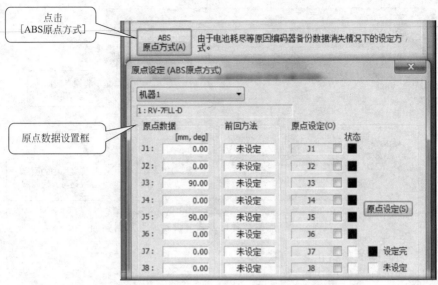

图 17-45 ［ABS 方式］设置原点数据画面

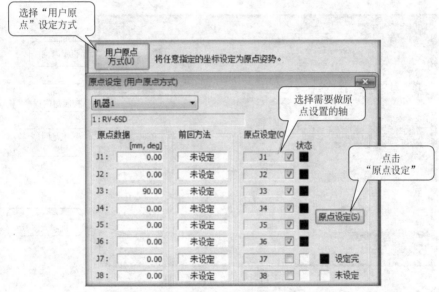

图 17-46 ［用户原点方式］设置原点数据画面

（7）原点参数备份方式

功能：将原点参数备份到电脑，也可以将电脑中的"原点数据"写入到"控制器"，如图 17-47 所示。

17.5.2 初始化

（1）功能

将机器人控制器中的数据进行初始化。可对下列信息进行初始化：

① 时间设定。

② 所有程序的初始化。

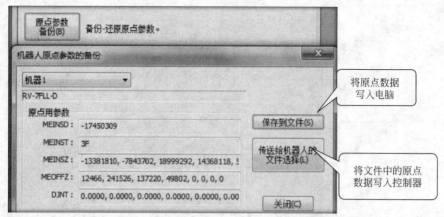

图 17-47 ［原点参数备份方式］设置原点数据画面

③ 电池剩余时间的初始化。

④ 控制器的序列号的确认设定。

（2）操作方法

如图 17-48 所示。

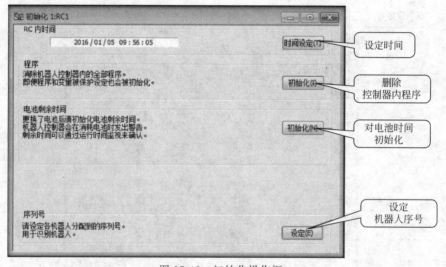

图 17-48 初始化操作框

17.5.3 维修信息预报

功能：将机器人控制器中的维保信息数据进行提示预告。

可对下列维保信息进行提示预告：

① 电池使用剩余时间提示预告。

② 润滑油使用剩余时间提示预告。

③ 皮带使用剩余时间的提示预告。

④ 控制器的序列号的确认设定。

维保信息框如图 17-49 所示。

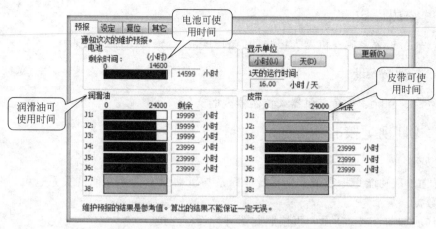

图 17-49 维保信息框

17.5.4 位置恢复支持功能

如果由于碰撞导致抓手变形或由于更换电机导致原点位置发生偏差，使用"位置恢复功能"，只对机器人程序中的一部分位置数据进行"再示教"作业，就可生成补偿位置偏差的参数，对控制器内全部位置数据进行补偿。

17.5.5 TOOL 长度自动计算

功能：自动测定"抓手长度"的功能。在实际安装了"抓手"后，对一个标准点进行3～8 次的测定，从而获得实际抓手长度，设置为 TOOL 参数（MEXTL）。

17.5.6 伺服监视

功能：对伺服系统的工作状态如电机电流等进行监视。

操作：点击［维护］→［伺服监视］，如图 17-50 所示，可以对机器人各轴伺服电机的"位置""速度""电流""负载率"进行监视。图 17-50 中的画面是对电流进行监视。这样可以判断机器人抓取的质量和速度，加减速时间是否达到规范要求。如果电流过大，就要减少抓取工件质量或延长加减速时间。

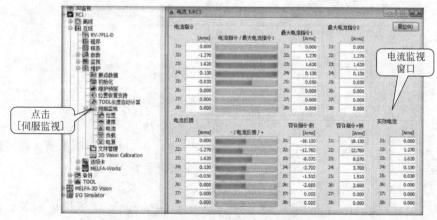

图 17-50 伺服系统工作状态监视画面

17.5.7 密码设定

功能：通过设置密码对机器人控制器内的程序、参数及文件进行保护。

17.5.8 文件管理

能够复制、删除、重命名机器人控制器内的文件。

17.5.9 2D 视觉校准

（1）功能

2D 视觉校准功能是标定视觉传感器坐标系与机器人坐标系之间的关系。可以处理 8 个视觉校准数据。

系统构成如图 17-51 所示，可按照此图进行设备连接。

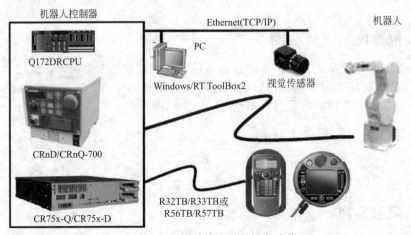

图 17-51　2D 视觉校准时的设备连接

（2）2D 视觉标定的操作程序

① 启动 2D 视觉标定，连接机器人　双击 [在线]→[维护]→[2D 视觉标定]。

② 选择标定编号　可选择任一标定编号，最大数＝8，如图 17-52 所示。

图 17-52　选择标定编号

（3）示教点

如图 17-53 所示：

① 点击示教点所在行，移动光标，将 TOOL 中心点定位到"标定点"。

② 点击 [Get the robot position] 以获得机器人当前位置。

"Robot. X"和"Robot. Y"的数据将自动显示，在 [Enable] 框中自动进行检查。

③ 在点击 [Get the robot position] 之前，不能编辑示教点数据。

④ 通过视觉传感器测量"标定指示器"的位置。

分别在（照相机 X）Camera. X 和（照相机 Y）Camera. Y 位置键入"X，Y"像素坐标。

如果视觉传感器坐标系与机器人坐标系的整合是错误的或示教点过于靠近，则可能出现

Teaching Points:

	Enabled	No.	Robot.X	Robot.Y	Camera.X	Camera.Y
▶	☑	1	703.680	210.820	100.000	0.000
	☐	2	0.000	0.000	0.000	0.000
	☐	3	0.000	0.000	0.000	0.000
	☐	4	0.000	0.000	0.000	0.000
	☐	5	0.000	0.000	0.000	0.000
	☐	6	0.000	0.000	0.000	0.000

🦿 Get the robot position |◀ ◀ 1 / 20 ▶ ▶| ✕

图 17-53　获得示教点视觉数据

错误的标定数据。

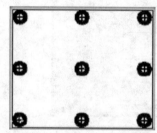

图 17-54　示教点的分布

视觉标定最少需要 4 个示教点，如果是精确标定则需要 9 个点或更多点，分布如图 17-54 所示。

（4）计算视觉标定数据

当［Teaching points］数据表已经有 4 个点以上时，［Calculate after selecting 4 pointsor more］按键就变得有效，点击该按键，计算结果数据将出现在［Result homography matrix］框内，如图 17-55 所示。

（5）写入机器人

点击［Write to robot］按键，将计算获得的视觉传感器标定数据［VSCALBl］写入控制器。

（6）保存数据

点击［Save］或［Save as…］按键保存示教点和计算结果数据。

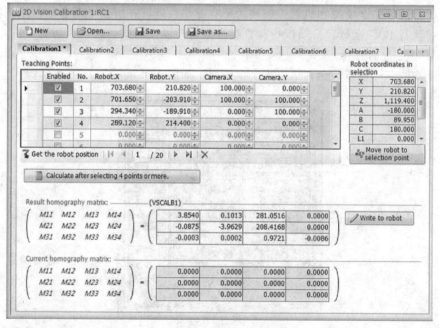

图 17-55　视觉标定计算结果

17.6 备份

（1）功能

将机器人控制器内的全部信息备份到电脑。

（2）操作

点击［在线］→［维护］→［备份］→［全部］，进入全部数据备份画面，如图 17-56 所示。选择［全部］→［OK］，即可将全部信息备份到电脑。

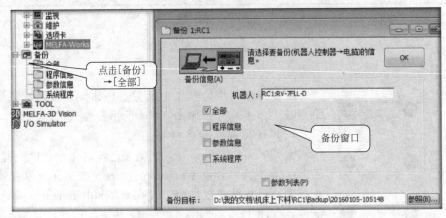

图 17-56　备份操作

17.7 模拟运行

17.7.1 选择模拟工作模式

模拟运行能够完全模拟和机器人连接的所有操作，能够在屏幕上动态地显示机器人运行程序，能够执行 JOG 运行、自动运行、直接指令运行以及调试运行，其功能很强大。

（1）模拟运行的显示

点击［在线］→［模拟］会弹出以下 2 个画面，如图 17-57、图 17-58 所示。

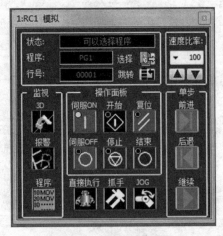

图 17-57　模拟操作面板

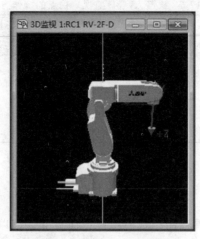

图 17-58　3D 运行显示屏

① 模拟操作面板。

② 3D 运行显示屏。

由于模拟运行状态完全模拟了实际的在线运行状态，所以大部分操作与"在线状态"相同。

（2）模拟操作面板的操作功能

① 选择"JOG"运行模式。

② 选择自动运行模式。

③ 选择调试运行模式。

④ 选择直接运行模式。

（3）模拟操作面板的监视功能

① 显示程序状态并选择程序。

② 显示并选择速度倍率。

③ 显示运行程序。

（4）在工具栏上的图标

在工具栏上的图标，其含义如图 17-59 所示。

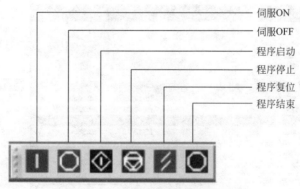

图 17-59　在工具栏上的图标

（5）机器人视点的移动

机器人视图（3D 监视）的视点，可以通过鼠标操作来变更。具体操作如表 17-6 所示。

表 17-6 机器人（3D 监视）视点的操作方法

要变更的视点	图形上的鼠标操作
视点的旋转	按住左键的同时，左右移动→以 Z 轴为中心的旋转 上下移动→以 X 轴为中心的旋转 按住左＋右键的同时，左右移动→以 Y 轴为中心的旋转
视点的移动	按住右键的同时，上下左右移动
图形的扩大·缩小	按住［Shift］键＋左键的同时上下移动

17.7.2 自动运行

（1）程序的选择

① 如果机器人控制器内有程序 在模拟操作面板上，可以点击［程序选择］图标，如图 17-60 所示，弹出程序选择框，如图 17-61 所示，选择程序，点击 OK，就可以选中程序。

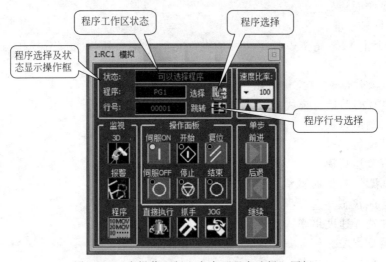

图 17-60 在操作面板上点击"程序选择"图标

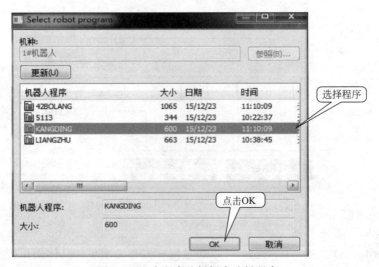

图 17-61 在程序选择框内选择程序

② 如果机器人控制器内没有程序 如果在程序选择框内没有程序，则需要将"离线状态"的程序写入"在线"，操作与常规状态相同。这样在"程序选择框"内就会出现已经写入的程序，就有选择对象了。

（2）程序的"启动/停止"操作

如图 17-62 所示，在模拟操作面板中，有一"操作面板区"，在"操作面板区"内有"伺服 ON""伺服 OFF""开始""复位""停止""结束"6 个按键。"操作面板区"用于执行"自动操作"，点击各按键执行相应的动作。

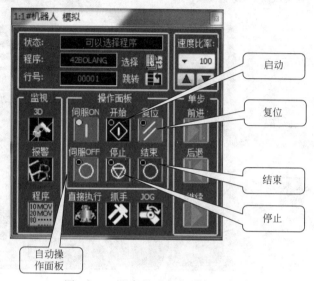

图 17-62　程序的"启动/停止"操作

17.7.3　程序的调试运行

在模拟状态下可以执行调试运行。调试运行的主要形式是"单步运行"。在模拟操作面板上有"单步运行框"，如图 17-63 所示。"单步运行框"内有"前进""后退""继续"3 个

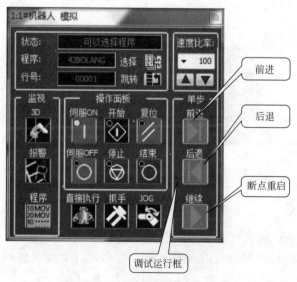

图 17-63　调试功能单步运行操作

按键，功能就是单步的前进、后退，与正常调试界面的功能相同。

17.7.4 运行状态监视

在模拟操作面板上有"运行状态监视框"，如图 17-64 所示。"运行状态监视框"内有"3D 显示选择""报警信息选择""当前运行程序界面选择"3 个按键，选择不同的按键会弹出不同的界面。图 17-65 是报警信息界面。

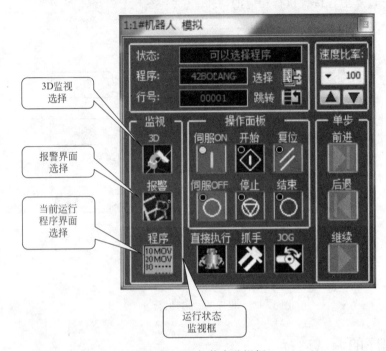

图 17-64　运行状态监视框

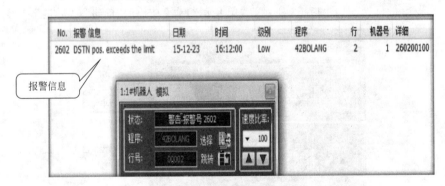

图 17-65　报警信息界面

17.7.5 直接指令

直接指令功能是指：输入或选择某一指令后，直接执行该指令。既不是整个程序的运行，也不是手动操作，是自动运行的一种形式，在调试时会经常使用。使用"直接运行指令"必须：

① 已经选择程序号。

② 移动位置点必须是程序中已经定义的"位置点"。

在模拟操作面板上点击"直接执行"图标,如图 17-66、图 17-67 所示。

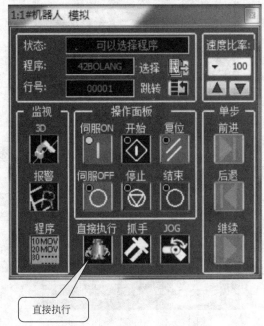

图 17-66　选择"直接执行"界面

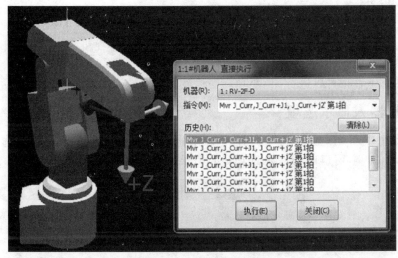

图 17-67　"直接执行"界面

17.7.6　"JOG"操作功能

模拟操作面板上有"JOG"操作功能。点击如图 17-68 所示的"JOG"图标就会弹出"JOG"画面,其操作与示教单元类似。

通过模拟"JOG"操作,可以更清楚地了解各坐标系之间的关系。

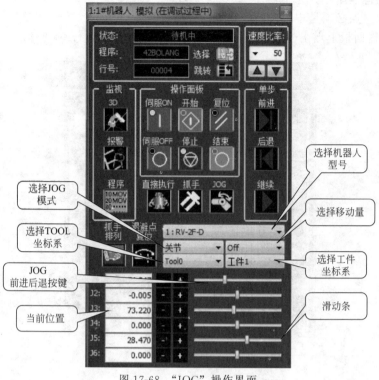

图 17-68 "JOG" 操作界面

17.8 3D 监视

3D 监视是机器人很人性化的一个界面,可以在画面上监视机器人的动作、运动轨迹、各外围设备的相对位置。

在离线状态下,也可以进行 3D 显示,当然最好是在模拟状态下进行 3D 显示。

17.8.1 机器人显示选项

点击菜单上的 [3D 显示]→[机器人显示选项],弹出 [机器人显示选项] 窗口,如图 17-69 所示。本窗口的功能是选择显示什么内容。

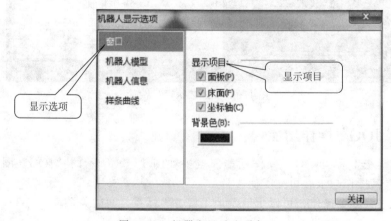

图 17-69 机器人显示选项窗口

（1）选择［窗口］

弹出以下选项：

① 是否显示操作面板；

② 是否显示工作台面；

③ 是否显示坐标轴线；

④ 设置屏幕的背景色。

（2）选择［机器人模型］

弹出以下选项，根据需要选择：

① 是否显示"机器人本体"；

② 是否显示"机器人法兰轴（TOOL 坐标系坐标轴）"；

③ 是否显示抓手；

④ 是否显示运行轨迹。

（3）选择［样条曲线］

显示样条曲线的形状。

17.8.2 布局

"布局"也就是"布置图"。"布局"的功能是模拟出外围设备及工件的大小、位置，同时模拟出机器人与外围设备的相对位置。

在本节中，有"零件"及"零件组"的概念。既要对每一零件的属性进行编辑，也要根据需要把相关零件归于"同一组"以方便更进一步地制作"布置图"。

系统自带矩形、球形、圆柱等 3D 部件，也可插入其他文件中的 3D 模型图。

点击［3D 显示］→［布局］，弹出［布局一览］窗口，如图 17-70 所示。

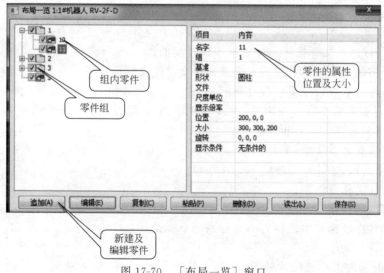

图 17-70　［布局一览］窗口

［布局一览］窗口中必须设置以下内容：

① 零件组—指一组零件，由多个零件组成。可以统一对零件组进行如移动、旋转等编辑。

② 零件—某具体的工件。零件可以编辑，如选择为矩形或球形。可以设置零件大小及在坐标系中的位置。

在［布局一览］窗口，选中要编辑的"零件"，点击［编辑］，弹出如图17-71所示的［布局编辑］框，可进行"零件"名称、组别、位置、大小的编辑。图17-71中编辑了一个球形零件，指定了球的大小及位置。

在编辑时，可以在3D视图中观察到"零件"的位置和大小。

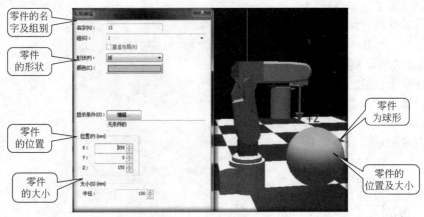

图 17-71 零件的编辑与显示

17.8.3 抓手的设计

（1）抓手设计的功能

抓手是机器人上的附件。本软件提供的抓手设计功能是一个示意功能。抓手的设计与零件的设计相同。先设计抓手的形状大小，在抓手设计画面中的原点位置就是机器人法兰中心的位置。

软件会自动将设计完成的抓手连接在机器人法兰中心。

操作方法：

① 点击［3D显示］→［抓手］进入抓手设计画面；

② 点击［追加］→［新建］进入一个新抓手文件定义画面；

③ 点击［编辑］进入抓手的设计画面。

一个抓手可能由多个零部件构成，所以一个抓手也就可以视为一个"零件组"，这样抓手的设计就与零件组的设计相同了。

（2）设计抓手的第1个部件

如图17-72所示：

① 设置部件名称及组别；

② 设计部件的形状和颜色；

③ 设置部件在坐标系中的位置（坐标系原点就是法兰中心点）；

④ 设计部件的大小。

设计完成的部件大小及位置如图17-72右边所示。

（3）设计抓手的第2个部件

如图17-73所示：

① 设置部件名称及组别；

② 设计部件的形状和颜色；

③ 部件在坐标系中的位置（坐标系原点就是法兰中心点）；

④ 设计部件的大小。

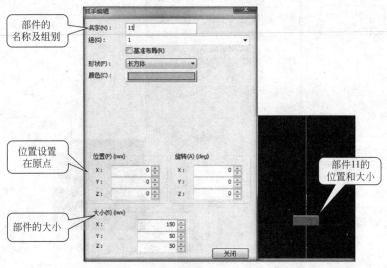

图 17-72　抓手部件 11 的设计

设计完成的部件大小及位置如图 17-73 右边所示：第 2 个部件叠加在第 1 个部件上。

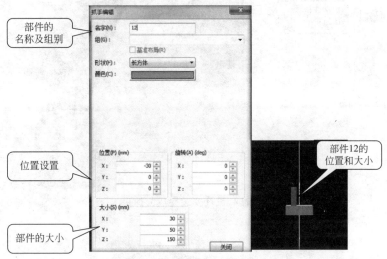

图 17-73　抓手部件 12 的设计

（4）设计抓手的第 3 个部件

如图 17-74 所示：

① 设置部件名称及组别；

② 设计部件的形状和颜色；

③ 设置部件在坐标系中的位置（坐标系原点就是法兰中心点）；

④ 设计部件的大小。

设计完成的部件大小及位置如图 17-74 右边所示：第 3 个部件叠加在第 1 个部件上。这样就构成了抓手的形状。

将以上文件保存完毕，再回到监视画面，抓手就连接在了机器人法兰中心上，如图 17-75 所示。

也可以将抓手设计成图 17-76 所示的形状。

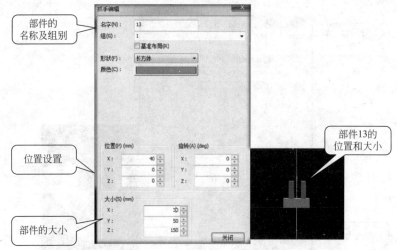

部件的
名称及组别

位置设置

部件的大小

部件13的
位置和大小

图 17-74　抓手部件 13 的设计

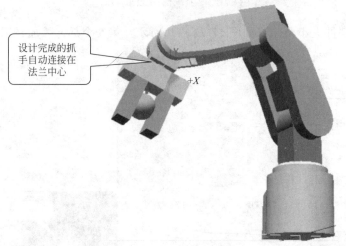

设计完成的抓
手自动连接在
法兰中心

+X

图 17-75　设计安装完成的抓手 1

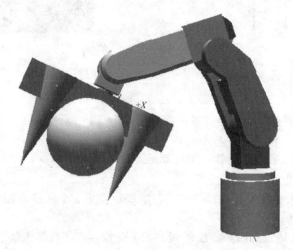

+X

图 17-76　设计安装完成的抓手 2

第 18 章

报警及故障排除

18.1 报警编号的含义

如图 18-1 所示。

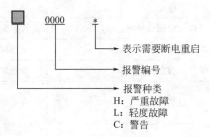

图 18-1　报警编号的含义

*—故障严重，需要断电重启。

0000—报警编号。

报警种类：

H—严重报警，伺服系统＝OFF；

L—轻度故障，停止动作；

C—警告，继续运行。

18.2 常见报警一览表

表 18-1 为常见报警一览表。

表 18-1　常见报警一览表

序号	报警编号	报警内容	排除方法
1	H0001	非正常电源 OFF	检查外部线路，重启电源
2	H0002	程序非正常停止	重启电源。多次发生本故障则报修
3	H0003	系统异常	重启电源。多次发生本故障则报修
4	H0004	CPU 异常	重启电源。多次发生本故障则报修
5	H0009	控制器软件升级信息	重启电源
6	C0010	控制器软件版本错误。程序被删除	重启电源
7	C0013 *	硬件存储区故障	做初始化
8	H0014	参数名称超过 14 个字符	修改参数名称
9	H0015	控制器内部信息错误	报修

序号	报警编号	报警内容	排除方法
10	L0016	电源启动错误	电源 OFF,延时较长时间后再启动电源 =ON
11	H0020	备份文件名重复	修改备份文件名
12	H0039	Door swith 信号线异常	检查 Door swith 信号线
13	H0040	Door swith 信号=OFF	将 Door swith 信号=ON
14	H0041 *	REMOTE I/O Channel 1 的连接异常	检查地线及其他配线
15	H0042 *	REMOTE I/O Channel 2 的连接异常	检查地线及其他配线
16	H0050	外部急停	检查引起急停的原因
17	H0051	外部急停配线错误	检查配线
18	H0053	附加轴外部急停	检查原因
19	H0060	操作面板急停=ON	检查原因
20	C043n(n 为轴号码,1~8)	电机过热警告	降低运行速度
21	C049n *(n 为风扇号码,1~8)	风扇异常	更换风扇
22	H0743 *	供电主回路异常,由于接触器不良,主回路电压过低	检查主回路
23	H0850 *	输入电源(L1、L2、L3)发生欠相	检查电源线路
24	H094n(n 为轴号码,1~8)	伺服驱动器过负荷	降低速度
25	H096n(n 为轴号码,1~8)	伺服 ON 中,位置指令及实际位置的偏差过大	检查负载、运行速度、配线情况
26	H097n(n 为轴号码,1~8)	伺服 OFF 时,位置指令及实际位置的偏差过大	请确认在伺服 OFF 操作时,不会发生手臂落下等轴移动的情况
27	C1760	原点设定数据不正确。 原因:原点设定数据有输入错误	请输入正确原点设定数据。请确认 O:O (字母)与 0:零(数字)、I:I(字母)与 1: 一(数字)等是否有误
28	C1770	原点设定未完成	请原点设定后再执行
29	C1781	在伺服开启中做原点设定	请将伺服关闭再做原点设定
30	H1790 *	动作范围参数 MEJAR 的设定不正确	请修正参数 MEJAR。MEJAR 的有效范围是 $-131072.00 \sim +131072.00$
31	H1800 *	ABS 动作范围参数 MEMAR 的设定不正确(出现一侧的值>0 或+侧的值<0 的情况)	请修正参数 MEMAR
32	H1810 *	用户原点设定参数 USERORG 的设定不正确	请修正参数 USERORG

序号	报警编号	报警内容	排除方法
33	L182n（n 为轴号码，1～8）	位置数据不一致。在电源 OFF 中，机器人位置改变（没有刹车的轴已动作，或在运输过程中由于外力或振动电机已旋转，或编码器保持的多回转资料发生变化）	请确认原点位置,如果发生偏离,仅对该轴进行 ABS 原点设定
34	L1830	执行的 JRC 命令超出动作范围	请确认当前位置及动作范围
35	L1860	路径方向参数 TLC 的设定不正确	请修正参数 TLC(＝X/Y/Z)
36	L2000	因伺服＝OFF 使机器人无法动作	指令伺服＝ON 后,再开始动作
37	H2031*	参数 JOGPSP、JOGJSP 设定不正确(JOGPSP、JOGJSP＝定长 high、定长 low)	定长量请设定在 5 以下
38	H216n（n 为轴号码，1～8）	n 轴的＋向关节移动量超过限制	确认参数[MEJAR]（关节动作范围）的值，调整指令使移动位置不超过参数设置范围
39	H217n（n 为轴号码，1～8）	n 轴的一向关节移动量超过限制	确认参数[MEJAR]（关节动作范围）的值，调整指令使移动位置不超过参数设置范围
40	H2181	X 轴的＋直交移动量超过限制	确认参数[MEPAR]（直交动作范围）的值，调整指令使移动目标位置不超过参数设置范围
41	H2182	Y 轴的＋直交移动量超过限制	确认参数[MEPAR]（直交动作范围）的值，调整指令使移动目标位置不超过参数设置范围
42	H2183	Z 轴的＋直交移动量超过限制	确认参数[MEPAR]（直交动作范围）的值，调整指令使移动目标位置不超过参数设置范围
43	H2191	X 轴的一直交移动量超过限制	确认参数[MEPAR]（直交动作范围）的值，调整指令使移动目标位置不超过参数设置范围
44	H2192	Y 轴的一直交移动量超过限制	确认参数[MEPAR]（直交动作范围）的值，调整指令使移动目标位置不超过参数设置范围
45	H2193	Z 轴的一直交移动量超过限制	确认参数[MEPAR]（直交动作范围）的值，调整指令使移动目标位置不超过参数设置范围
46	L2500	跟踪编码器数据异常	①请确认输送带速度是否急剧变化 ②检查编码器配线 ③检查接地线是否连接
47	L2510	跟踪编码器参数设定值相反 参数 ENCRGMN 和 ENCRGMX 最小值及最大值设定相反	重新检查和设置参数 ENCRGMN、EN-CRGMX

序号	报警编号	报警内容	排除方法
48	L2601	开始位置在动作范围外	修正开始位置数据。关节动作范围、直交动作范围分别参照参数 MEJAR、MEPAR，狭角、广角形位(POSE)请参照标准规格
49	L2602	指令位置在关节动作范围或直交动作范围之外，或狭角、广角形位(POSE)超标准范围	修正开始位置数据。关节动作范围、直交动作范围分别参照参数 MEJAR、MEPAR，狭角、广角形位(POSE)请参照标准规格
50	L2603	中间位置在关节动作范围或直交动作范围之外，或狭角、广角形位(POSE)超标准范围	确认直线插补的中途路径及圆弧插补的通过点是否在动作范围外。关节动作范围、直交动作范围请分别参照参数 MEJAR、ME-PAR，狭角、广角形位(POSE)请参照标准规格。修正开始位置、中间位置或目标位置数据
51	L2800	位置数据不当。该位置可能是机器人无法到达的位置或变成狭角、广角等形位(POSE)的情况	确认报警发生的程序行，根据该位置变量值确认通过特异点时是否在动作范围外，并修正位置变量值。 圆弧插补命令的情况下，请通过 3 点确认是否可以生成圆弧。请确认 2 点或 3 点是否重叠，或 3 点是否几乎都在一条直线上
52	L2801	起点位置数据不当。该点可能是机器人无法到达的起点位置或变成狭角、广角等形位(POSE)的情况	确认报警发生的程序行，确认起点位置是否为机器人无法到达的位置，修正位置数据
53	L2802	目标位置数据不当。该位置可能是机器人无法到达的终点位置或变成狭角、广角等形位(POSE)的情况	确认报警发生的程序行，确认目标位置是否为机器人无法到达的位置，修正位置数据
54	L2803	圆弧插补的辅助点位置数据不当	确认报警发生行，修正起点、中间点或目标位置数据
55	L2810	起始点及目标点的形位(POSE)标志不一致	调整位置数据
56	H2820	加减速比例过小	将加减速比例调大
57	L3100	超过程序用堆栈容量	修正程序。GoSub 必须回到 RETURN，另外，For~Next 的情况下，不得漏写 GoTo
58	L3110	自变量的值超范围	确认自变量的范围后再次输入
59	L3120	自变量的个数不正确	确认自变量的个数后再次输入
60	L3220	If 指令中的 If、For 指令中的 For 等的嵌套超过规定	修正程序
61	L3230	For 和 Next 的个数不一致	修正程序
62	L3240	嵌套数执行超过 16 段(For，While)	修正程序
63	L3250	While 和 Wend 的数不一致	修正程序
64	L3252	If 和 EndIf 的个数不一致	修正程序

序号	报警编号	报警内容	排除方法
65	L3255	If 和 Else 的个数不一致	修正程序
66	L3270	超过指令的长度	修改程序指令在 256 半角文字以下
67	L3282	程序未选择或属性不正确	请在指定的工作任务区加载程序,或者将程序启动条件的属性改为非 ERROR
68	L3285	程序运行中或中断中无法执行	将程序重置(RESET),解除中断状态
69	L3710	程序调用 Call 指令超过限制	减少 CallP 的调用次数(嵌套)。CallP 的调用最多为 8 层
70	L3810	四则运算、单项运算、比较运算或各函数的自变量的种类不同	指定正确自变量
71	L3840	未编制 GoSub 指令,而编制了 Return	修改程序
72	L3860	位置数据错误	确认位置数据
73	H5000	示教作业中。操作面板的键为 AUTO(自动)模式时,示教单元的 ENABLE 键为有效	将示教单元的 ENABLE(有效)键设定为 Disable(无效),或将操作面板的键设定为示教模式
74	L5100	在指定的任务区中没有选择程序	请选择程序
75	L5130	无法伺服 ON。原因是伺服 OFF 动作中	关闭伺服 OFF 信号后再指令伺服(ON)
76	L5150	未进行原点设定	执行原点设定
77	L5600	报警发生中,无法执行程序	先排除报警
78	C5610	停止信号输入中,无法执行程序	将停止信号关闭后再执行程序
79	L6020	未取得操作权	指令操作权＝ON
80	H6510	RS232C 接收报警(过速/帧/奇偶校检)	请在符合通信设定的参数后再开启电源
81	L6600	在专用输入输出信号中分配下述号码超出规定范围: ①257～799 ②808～899 ③8048～8999 ④9005～9999 ⑤18192～32767	确认专用输入输出信号的设置范围
82	H6640	专用信号参数的设定不正确	修正参数
83	C7500	控制器的电池电压低	更换控制器的电池

参 考 文 献

[1] 黄风. 数控系统现场调试实战手册 [M]. 北京：化学工业出版社，2016.

[2] 黄风. 机器人在仪表检测生产线中的应用. 金属加工，2016 (18)：60-64.

[3] 刘伟. 六轴工业机器人在自动装配生产线中的应用. 电工技术，2015 (8)：49-50.

[4] 吴昊. 基于 PLC 的控制系统在机器人码垛搬运中的应用 [J]. 山东科学，2011 (6)：75-78.

[5] 任旭，等. 机器人砂带磨削船用螺旋桨关键技术研究 [J]. 制造技术与机床，2015 (11)：127-131.

[6] 高强，等. 基于力控制的机器人柔性研抛加工系统搭建 [J]. 制造技术与机床，2015 (10)：41-44.

[7] 陈君宝. 滚边机器人的实际应用 [J]. 金属加工，2015 (22)：60-63.

[8] 陈先锋. 伺服控制技术自学手册. 北京：人民邮电出版社，2010.

[9] 杨叔子，杨克冲，等. 机械工程控制基础 [M]. 武汉：华中科技大学出版社，2011.

[10] 戎罡. 三菱电机中大型可编程控制器应用指南 [M]. 北京：机械工业出版社，2011.

[11] 黄风. 运动控制器与数控系统的工程应用 [M]. 北京：机械工业出版社，2014.